高等学校研究生教材

自由紊动射流理论

刘沛清　编著

北京航空航天大学出版社

内容简介

本书主要涉及自由紊动射流的基本特征、基本理论和计算方法。其中,第1章介绍紊动射流的定义和基本特征;第2章介绍紊动射流的基本方程、紊流模型和直接数值模拟;第3章介绍平面自由紊动射流的基本理论;第4章介绍圆形自由紊动射流的理论;第5章介绍复合自由紊动射流的理论;第6章介绍自由紊动混合层的理论;第7章介绍可压缩二维紊流自由射流;第8章简单介绍合成射流。

本书物理概念清晰,理论推导严谨,可作为高等工科院校流体力学研究生及高年级本科生的教材,也可供有关技术人员参考。

图书在版编目(CIP)数据

自由紊动射流理论/刘沛清编著. ——北京:北京航空航天大学出版社,2008.4
ISBN 978-7-81124-274-4

Ⅰ.自… Ⅱ.刘… Ⅲ.紊动—自由射流—理论 Ⅳ.O358

中国版本图书馆 CIP 数据核字(2007)第 192439 号

自由紊动射流理论

编 著 刘沛清

责任编辑 董 瑞

*

北京航空航天大学出版社出版发行

北京市海淀区学院路 37 号(100083) 发行部电话:010-82317024 传真:010-82328026
http://www.buaapress.com.cn E-mail:bhpress@263.net
北京市媛明印刷厂印装 各地书店经销

*

开本:787×1 092 1/16 印张:11.25 字数:288千字
2008年4月第1版 2008年4月第1次印刷 印数:3 000册
ISBN 978-7-81124-274-4 定价:26.00元

前　　言

该书是作者在北京航空航天大学航空科学与工程学院为硕士研究生开设的《紊流模型与射流理论》讲义的基础上撰写而成，主要是为流体力学专业的研究生介绍紊动射流的基本理论和分析方法。

紊动射流力学是研究喷射流体在各种边界条件和环境下的流动规律，是流体力学的重要分支之一，也是紊流力学研究的基础，而且在各工程领域得到了广泛的应用。全书以自由紊动射流为主线，在系统介绍各种自由紊动射流的基本特征和变化规律的基础上，详细论述了自由紊动射流的基本方程、紊流模型基本理论和计算方法等。其中，第1章介绍紊动射流的定义和基本特征；第2章介绍紊动射流的基本方程、紊流模型、大涡模拟技术和直接数值模拟；第3章介绍平面自由紊动射流的基本理论；第4章介绍圆形自由紊动射流的理论；第5章介绍复合自由紊动射流的理论；第6章介绍自由紊动混合层的理论；第7章介绍可压缩二维紊流自由射流；第8章简单介绍合成自由射流的特征。

本书在内容的取材和论述过程中，力图做到物理概念清晰，理论推导严谨，由浅入深、图文并茂。

在本书的编写过程中，得到靳健博士、徐南波硕士及张政硕士的大力帮助，在此一并致谢。

北京航空航天大学王晋军教授仔细地审阅书稿并提出许多宝贵意见和建议，在此表示感谢。

因本人水平有限，时间仓促，书中错误恳请读者批评指正，本人不胜感谢。

编　者
2007年6月

目　录

第0章　绪　论 ⋯⋯⋯⋯⋯⋯⋯⋯⋯⋯⋯⋯⋯⋯⋯⋯⋯⋯⋯⋯⋯⋯⋯⋯⋯⋯⋯⋯⋯⋯ 1

　0.1　工程中的射流现象 ⋯⋯⋯⋯⋯⋯⋯⋯⋯⋯⋯⋯⋯⋯⋯⋯⋯⋯⋯⋯⋯⋯⋯⋯ 1

　0.2　射流理论的发展及其研究方法 ⋯⋯⋯⋯⋯⋯⋯⋯⋯⋯⋯⋯⋯⋯⋯⋯⋯⋯ 4

第1章　紊动射流的基本特征 ⋯⋯⋯⋯⋯⋯⋯⋯⋯⋯⋯⋯⋯⋯⋯⋯⋯⋯⋯⋯⋯ 6

　1.1　紊动射流的定义及其类型 ⋯⋯⋯⋯⋯⋯⋯⋯⋯⋯⋯⋯⋯⋯⋯⋯⋯⋯⋯⋯ 6

　1.2　紊动射流的涡结构、卷吸与扩散作用 ⋯⋯⋯⋯⋯⋯⋯⋯⋯⋯⋯⋯⋯⋯⋯ 6

　1.3　紊动射流的分区结构 ⋯⋯⋯⋯⋯⋯⋯⋯⋯⋯⋯⋯⋯⋯⋯⋯⋯⋯⋯⋯⋯⋯ 8

　1.4　紊动射流速度分布的相似性 ⋯⋯⋯⋯⋯⋯⋯⋯⋯⋯⋯⋯⋯⋯⋯⋯⋯⋯⋯ 8

　1.5　紊动射流边界的线性扩展规律 ⋯⋯⋯⋯⋯⋯⋯⋯⋯⋯⋯⋯⋯⋯⋯⋯⋯⋯ 10

　1.6　紊动射流的等速度线 ⋯⋯⋯⋯⋯⋯⋯⋯⋯⋯⋯⋯⋯⋯⋯⋯⋯⋯⋯⋯⋯⋯ 11

　1.7　自由紊动射流的动量守恒 ⋯⋯⋯⋯⋯⋯⋯⋯⋯⋯⋯⋯⋯⋯⋯⋯⋯⋯⋯⋯ 12

　1.8　紊动射流的紊动特征 ⋯⋯⋯⋯⋯⋯⋯⋯⋯⋯⋯⋯⋯⋯⋯⋯⋯⋯⋯⋯⋯⋯ 12

第2章　紊动射流基本方程与紊流模型 ⋯⋯⋯⋯⋯⋯⋯⋯⋯⋯⋯⋯⋯⋯⋯⋯ 14

　2.1　紊动射流的分析方法简介 ⋯⋯⋯⋯⋯⋯⋯⋯⋯⋯⋯⋯⋯⋯⋯⋯⋯⋯⋯⋯ 14

　2.2　紊动射流的微分方程组 ⋯⋯⋯⋯⋯⋯⋯⋯⋯⋯⋯⋯⋯⋯⋯⋯⋯⋯⋯⋯⋯ 14

　2.3　紊动射流微分方程组的封闭问题与紊流模式 ⋯⋯⋯⋯⋯⋯⋯⋯⋯⋯⋯⋯ 19

　2.4　高级数值模拟 ⋯⋯⋯⋯⋯⋯⋯⋯⋯⋯⋯⋯⋯⋯⋯⋯⋯⋯⋯⋯⋯⋯⋯⋯⋯ 28

　2.5　紊动射流积分方程 ⋯⋯⋯⋯⋯⋯⋯⋯⋯⋯⋯⋯⋯⋯⋯⋯⋯⋯⋯⋯⋯⋯⋯ 44

　2.6　可压缩紊流输运方程 ⋯⋯⋯⋯⋯⋯⋯⋯⋯⋯⋯⋯⋯⋯⋯⋯⋯⋯⋯⋯⋯⋯ 51

　2.7　可压缩紊流模型 ⋯⋯⋯⋯⋯⋯⋯⋯⋯⋯⋯⋯⋯⋯⋯⋯⋯⋯⋯⋯⋯⋯⋯⋯ 54

第3章　平面自由紊动射流 ⋯⋯⋯⋯⋯⋯⋯⋯⋯⋯⋯⋯⋯⋯⋯⋯⋯⋯⋯⋯⋯⋯ 70

　3.1　平面自由射流的扩展厚度和轴向最大速度的衰变规律 ⋯⋯⋯⋯⋯⋯⋯⋯ 70

　3.2　平面自由射流时均速度分布理论解 ⋯⋯⋯⋯⋯⋯⋯⋯⋯⋯⋯⋯⋯⋯⋯⋯ 74

　3.3　平面自由紊动射流实验结果与分析 ⋯⋯⋯⋯⋯⋯⋯⋯⋯⋯⋯⋯⋯⋯⋯⋯ 79

第4章　圆形自由紊动射流 ⋯⋯⋯⋯⋯⋯⋯⋯⋯⋯⋯⋯⋯⋯⋯⋯⋯⋯⋯⋯⋯⋯ 89

　4.1　圆形自由射流的扩展厚度和轴向最大速度的衰变规律 ⋯⋯⋯⋯⋯⋯⋯⋯ 89

　4.2　圆形自由紊动射流时均速度分布理论解 ⋯⋯⋯⋯⋯⋯⋯⋯⋯⋯⋯⋯⋯⋯ 92

　4.3　圆形自由紊动射流实验结果与分析 ⋯⋯⋯⋯⋯⋯⋯⋯⋯⋯⋯⋯⋯⋯⋯⋯ 98

第5章 复合自由紊动射流 … 108

5.1 平面复合射流扩展厚度和轴向最大速度的衰变规律 … 108
5.2 平面复合强射流时均速度分布理论解 … 112
5.3 平面复合紊动射流实验结果与分析 … 117
5.4 圆形复合射流扩展厚度和轴向最大速度的衰变规律 … 121
5.5 圆形复合紊动射流实验结果与分析 … 125

第6章 自由紊动混合层 … 127

6.1 平面紊动混合层的相似性分析 … 127
6.2 平面紊动混合层时均速度分布理论解 … 129
6.3 平面紊动混合层实验结果与分析 … 133
6.4 平面复合混合层(剪切层)相似性分析 … 136
6.5 平面复合混合层(剪切层)时均速度分布规律 … 137
6.6 环形紊动混合层(剪切层) … 142
6.7 复合环形紊动混合层(剪切层) … 146

第7章 可压缩二维紊流自由射流 … 151

7.1 可压缩自由射流的基本方程及流速分布 … 151
7.2 射流主体段的基本方程及流速分布 … 154
7.3 不完全膨胀自由射流 … 155

第8章 合成射流简介 … 156

8.1 国内、国外发展现状 … 157
8.2 主动流动控制技术及其应用概述 … 159
8.3 合成射流技术 … 159
8.4 合成射流的数值模拟 … 162
8.5 计算结果与分析 … 166

参考文献 … 171

第0章 绪 论

紊动射流力学是研究喷射流体在各种边界条件下和环境中的流动规律。它不仅是流体力学的一个分支,而且在各个工程领域都得到了广泛的应用,譬如农田喷灌水射流、消防喷枪水射流、石油化工喷射泵(蒸汽的、液体的、气体的)射流、水力开采的水射流、航空航天器发动机喷气射流、水利工程中大坝各种孔口下泄的水射流等等。下面将分别介绍工程中的各种射流现象与射流理论的发展和研究方法。

0.1 工程中的射流现象

1. 高速喷气射流

在航空航天技术领域中,大量使用火箭发动机、涡轮喷气发动机、冲压喷气发动机等,如图0.1~0.4所示。从力学的观点来看,这些发动机所喷出的射流是作为一种受力载体而被使用的。当高压气体离开喷管后,将在喷管后形成高速射流,由此产生的反作用力就是发动机的推力。

图0.1 火箭发动机(神6)

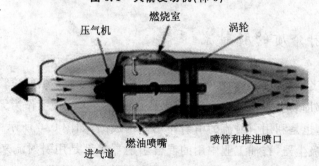

图0.2 涡轮喷气发动机

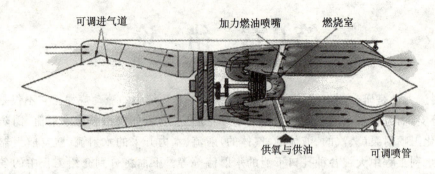

图 0.3 火箭/冲压组合式喷气发动机

2. 高压水射流

在水力开采中,常用高压水射流作为一种剥离岩石或煤层的工具;在许多机械工业生产中,用高压喷射流(空气和水混合液等)来清除油污碎屑;此外,农田喷灌水射流、消防水射流、气焊和气割喷射流以及冶金工业生产中的氧气顶(底)吹射流等均是用射流作为一种动力工具。流体在高压室内所承受的压力经管道、喷嘴(口)以较高的速度喷射出去来完成各种工作,如图 0.5 所示。

图 0.4 导弹喷射流

图 0.5 高压水射流

3. 作为引射介质的引射流

在许多高性能飞机的喷气发动机上已广泛采用了引射喷管。引射喷管是利用喷气流作为引射流,并在其外部加装引射套管而构成。另外,如工业流体机械中作为无动力机械的气体增压装置——引射器,也是利用引射流的引射作用而构成的,如图 0.6 所示;航空工业中应用的引射风洞、通风机、吸尘器,石油工业中用的混合引射器等都是用引射流来完成其功能的。就力学的观点而言,这种射流既不同于产生推力的喷气射流,也不同于产生动力的喷射流,它能将部分能量传递给周围的流体介质,并获得某种效能。此外,在现代飞机的增升装置中(如图 0.7 所示),吹(喷)气襟翼也是利用引射流技术达到在低速下增加升力的目的。当无吹气襟翼放下时,有可能引发机翼尾部的气流分离;而吹气襟翼利用了吹气流的引射卷吸作用,当它放下时可避免气流发生分离。

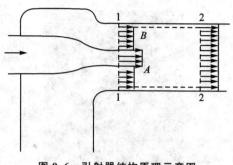

图 0.6 引射器结构原理示意图

4. 旋转雾化射流

在热动力机械中,液体燃料的雾化一般都是将高压液体燃料通过喷嘴形成雾化射流。农药喷雾器的雾化射流是旋转射流,这种雾化射流需要根据特殊要求设计出各型喷嘴才能形成。一种离心式喷嘴示意图如图 0.8 所示。

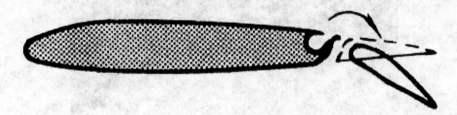

图 0.7 飞机的增升装置——吹(喷)气襟翼(吹气襟翼改善气流、增大弯度)

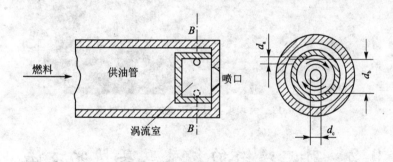

图 0.8 离心式喷嘴示意图

5. 其他射流

在射流应用领域,常见的还有浮射流(如图 0.9 所示)、附壁射流(如图 0.10 所示)、掺气水射流(如图 0.11 所示)、冲击射流等,此处不再赘述。

上述介绍的一些射流现象表明,作为一门学科,射流理论不仅有着广泛的工程应用前景,而且研究内容也是相当丰富的。

图 0.9 浮射流

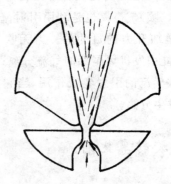

图 0.10 附壁于两侧壁的射流

图 0.11 大坝坝身孔口下泄的掺气水射流

0.2 射流理论的发展及其研究方法

从 20 世纪 20 年代起,前人利用实验、理论、数值模拟等手段,对不同的紊动射流进行了广泛深入的研究,现已积累了大量的研究成果,特别是对自由紊动射流所形成的一套较完整的分析方法是研究其他射流的理论基础。

1. 在实验方面

在实验方面,最早是测量射流时均物理量的变化过程,特别是纵向时均速度的分布及其衰变规律(如用皮托管测量射流的纵向时均速度分布)。后来随着量测技术的迅速发展,特别是热线(热膜)测速仪和激光测速仪的问世,人们对射流各种紊动物理量的变化及其分布进行了系统的研究,从而为揭示射流的扩散规律、卷吸机理和速度衰变等提供了坚实的实验资料。热线风速仪是20世纪30年代后期问世的,其基本原理是在流场中放置一根很细的金属丝,其上通电流加热,由于热交换作用,金属丝产生的热量将传给流体,并被流体带走,当流体速度变化时,这种热交换也会发生变化,金属丝的温度随之改变,从而使电阻值发生变化。若将该金属丝接到电桥的一个桥臂上,电桥将输出电压信号,其大小与流体速度之间存在一定的对应关系。通过测量电桥输出的电压,达到测量流速的目的。由于热线风速仪能测量脉动速度,从而使人们可较全面地了解射流在主体段的动量平衡、能量衰变、脉动特征、间歇性、微分尺度和积分尺度等。

激光测速仪(LDA)是20世纪70年代利用激光的多普勒效应而发展起来的测速技术。由于它具有不干扰流场、不需要标定、精度高、测点极小(<1 mm)、动态响应快、方向灵敏性好以及可以测量底部或近壁区域的流速等优点,在现代流体力学的测量中得到广泛应用。前人利用 LDA 测量了射流的卷吸过程,并由此得到平均速度和湍流强度分布的图像,这是在实验手段上的一大改进。

近年来,计算机技术的发展和高分辨率图形显示设备的出现导致了流场显示从定性研究进入到用计算机进行定量分析的阶段,特别是最近 CCD 光电面层图像传感器的应用,实现了流谱图的微机实时采集和处理,将流动显示的研究推向更高的水平。目前,流动显示技术在紊动射流的研究中也受到了高度重视。

2. 在理论分析方面

从20世纪20年代起,人们利用各种紊流的半经验理论和相似性假设求解了射流的边界层方程,获得的时均物理量的分布和变化规律(如时均速度、时均温度等)得到了实验资料的证实,由此形成了射流的经典理论。其基本思想是:从实验资料出发,引入普朗特的混合长模型,在假定射流诸参数沿程相似的基础上,将描述射流的连续性方程、动量方程、能量方程转化为一组相应的常微分方程,从而通过积分可求得时均量的分布。如 Tollmien 基于普朗特 1925 年建议的混合长理论建立的理论分析方法是分析自由射流的经典理论。

3. 在数值模拟方面

从20世纪70年代中叶起,计算机和流体数值技术的迅速发展以及许多新的精细紊流模型的不断问世,人们利用数值模拟技术直接求解紊动射流成为可能。与经典的积分方法相比,在数值模拟中不需要在积分方法中提出的各种假设。目前,人们已利用不同的数值模拟方法和紊流模型,成功地预报了各种射流的流动特性和物理量的分布规律。如 Chen 和 Nikitopolos 对静止环境中的自由紊动射流近区特性进行了预报,McGrirk 和 Rodi 利用 $k-\varepsilon$ 紊流模型预报了静止环境中矩形自由射流的三维特性,McGrirk 和 Rodi 计算了静止环境中的三维自由表面射流,Hossan 和 Rodi、Ii 和 Chen 对局部分层射流的特性进行了数值预报,Li 和 Huai 计算了静止环境中浮力射流的全场特性等。

从现有的研究成果看,虽然人们对各种射流进行了大量的研究,取得了许多有价值的研究成果,但理论方面较成熟的是自由紊动射流理论,这些经典的理论是分析其他射流的基础。为此,作为一本射流理论的基础教材,本书重点论述自由紊动射流的理论和研究成果。

第1章 紊动射流的基本特征

1.1 紊动射流的定义及其类型

1. 射流的定义

由各种排泄口喷出,流入到同种或另一种流体域内运动的一股流体,称为射流。

2. 射流的类型

(1) 按流态划分:层流射流和紊动射流。

设射流出口尺度为 L_0,出口流速为 u_0,则当射流出口 Re 小于 30 时为层流射流;否则为紊流射流。

(2) 按产生射流的原动力划分:纯射流、浮力羽流和浮射流。

纯射流:以射流出口动量作为原动力,也称为动量射流,常见于同种流体中的射流;

浮力羽流:射流出口无动量,形成射流的原动力为浮力(如烟流),射流的形状类似于羽毛状;

浮射流:形成射流的原动力为动量和浮力(如排污口的热水射流)。

(3) 按射流的物理性质划分:不可压缩射流、可压缩射流、等密度射流和变密度射流。

(4) 按射流喷口的断面形状划分:平面射流、圆形射流、矩形或方形射流等。

(5) 按射流周围的环境条件划分:自由射流和非自由射流。

自由射流:在无限空间中的射流;

非自由射流:在有限空间中的射流。

(6) 按射流周围流体的性质划分:淹没射流和非淹没射流。

淹没射流:在同种流体中的射流;

非淹没射流:在不同种流体中的射流。

1.2 紊动射流的涡结构、卷吸与扩散作用

研究发现,射流的能量传递、动量输运、流体卷吸和混掺扩散等物理机制与喷管出口处存在的速度间断面所产生的自由剪切层中涡结构的发展和演变过程密切相关。如图 1.1(a)所示,由喷管出口射入静止环境中的流体与其周围流体之间存在着速度间断面,此速度间断面是

不稳定的,一旦受到扰动将失去稳定而产生旋涡。这些旋涡通过分裂、变形、卷吸和合并等物理过程,除形成大量的随机运动小尺度紊动涡体外,还存在一部分有序的大尺度涡结构,即剪切层中的大涡拟序结构,如图1.1(b)所示。人们发现这些大尺度涡的拟序结构与剪切层的厚度同量级,不仅有明显的涡结构、高度的规律性和重复性,而且对紊流的产生、能量传递、动量输运和紊动混掺等均产生直接的影响。剪切层中的大涡拟序结构由纵向涡和展向涡组成,且剪切层的发展主要由大尺度的展向涡结构控制,而非小尺度涡紊动扩散作用的结果。这些展向涡几乎以不变的速度向下游移动,并通过涡的相互作用、合并和卷吸,使涡的尺度和涡距不断增大,从而控制着剪切层的发展,导致射流断面沿程扩大、流速沿程减小,且通过大涡卷吸作用使流量沿程增大,如图1.1(c)所示。

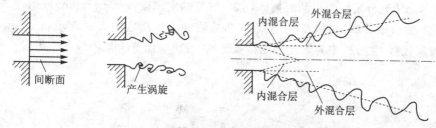

(a) 紊动射流剪切层的发展过程

(b) 在剪切层中的大涡拟序结构

(c) 在紊动射流中的涡结构

图1.1 紊动射流剪切层的发展与大涡拟序结构

1.3 紊动射流的分区结构

射流的整体结构是相当复杂的。为便于分析,常根据不同的流动特征将射流划分为几个区域,如图 1.2 所示。由喷管出口边界起向内外扩展的剪切流动区称为自由剪切层区(shear layer zone)或紊动混合区(turbulent mixing layer zone);中心部分未受紊动混掺影响,并保持喷管速度的区域称为射流核心区(potential core zone);沿着纵向从喷管出口至核心区末端的区域称为射流的初始段(initial region)或射流的发展区(flow developing region);在初始段下游区域绝大部分为充分发展的紊动混掺区,称为射流的主体段(main region)或射流的充分发展区(fully developed flow region);在射流的初始段和主体段之间有过渡段(transitional region)。过渡段较短,在分析中为简化起见常被忽略,仅将射流分为初始段和主体段。

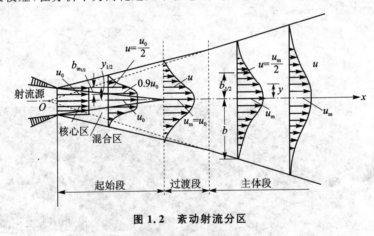

图 1.2 紊动射流分区

1.4 紊动射流速度分布的相似性

紊动射流一个重要的特点是:在射流的主体段,各断面纵向时均速度分布是相似的(similarity)或自保持的,即各断面纵向时均速度分布可用一个函数表示为

$$\frac{u}{u_m} = f\left(\frac{y}{b}\right) \tag{1.1}$$

式中,u 为某断面任一点纵向时均速度;u_m 为断面中心轴线上的纵向最大时均速度;b 为射流的半扩展厚度,也称为射流的理论半扩展厚度。由于射流边界的不规则性,实验上很难确定 b,故常用其他定义方式给出射流的特征半厚度,也称为射流的各义半扩展厚度。如 $b_{1/2}$ 定义为 $u=\frac{1}{2}u_m$ 时的 y 值,b_e 定义为 $u=\frac{1}{e}u_m$ 时的 y 值,$b_{0.1}$ 定义为 $u=0.1u_m$ 时的 y 值。图 1.3(a)为静止流体中平面射流不同断面时均速度分布实验资料,图 1.3(b)为主体段上各断面量纲为 1 的纵向时均速度分布。实验资料表明:(1) 在射流任一断面上,随着横向坐标 y 的增加,射流纵向时均速度 u 从中心轴处的最大值逐渐地衰减到零值;(2) 随着纵向坐标 x 的增加,射流中心轴线纵向时均速度 u_m 不断减小,纵向时均速度分布也趋于平坦;(3) 在射流主体段,若用 u_m 和

b 或 $b_{1/2}$ 作为量纲为 1 的速度和长度尺度,则不同断面上的量纲为 1 的纵向时均速度分布可归一在同一条曲线上,这就是射流速度分布的相似性。

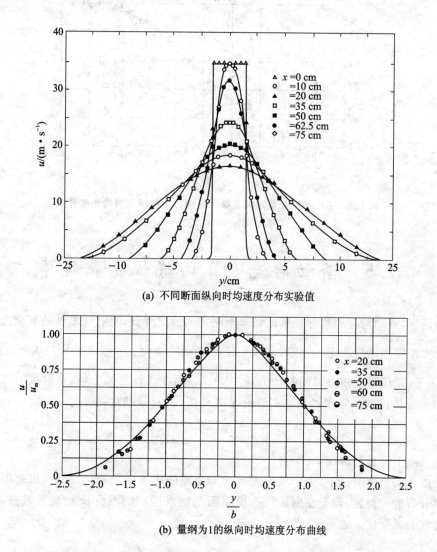

(a) 不同断面纵向时均速度分布实验值

(b) 量纲为1的纵向时均速度分布曲线

图 1.3 平面淹没射流主体段纵向时均速度分布(引自 Forthmann 的实验资料)

另外,实验还表明射流的这种相似性不仅仅针对射流主体段纵向时均速度的分布,且在射流初始段剪切层区纵向时均速度分布也是相似的,在远离喷口下游某一位置以后,射流的某些紊动特征量的统计平均值分布也是相似的。图 1.4 为平面射流初始段剪切层区量纲为 1 的纵向时均速度分布的实验资料,图中纵坐标为 $\dfrac{u}{u_0}$,横坐标为 $\dfrac{\Delta y_c}{\Delta y_b}$,量纲为 1 的曲线方程为

$$\frac{u}{u_0} = f\left(\frac{\Delta y_c}{\Delta y_b}\right) \tag{1.2}$$

式中,u_0 为射流出口速度;$\Delta y_c = y_c - y$,y_c 为 $u = 0.5u_0$ 的 y 值;$\Delta y_b = y_{0.1} - y_{0.9}$,$y_{0.9}$ 为 $u = 0.9u_0$ 的横坐标 y 值,$y_{0.1}$ 为 $u = 0.1u_0$ 的 y 值。

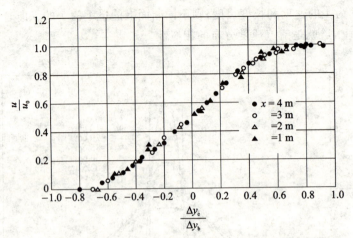

图 1.4 平面射流初始段剪切层区量纲为 1 的纵向时均速度分布
（引自 Albertson 实验资料）

1.5 紊动射流边界的线性扩展规律

严格而言，紊动射流的边界是紊流和非紊流之间的交界面，是有间歇性的复杂流动。此界面由紊流大尺度涡结构决定，并随时间发生极不规则的变化。一些实验资料表明，在 $\frac{u_x}{u_m}=0.1$ 处，间歇因子（紊流时间占总时间的比值）约为 0.5。但在统计意义上，如设射流的时均厚度为 $2b$（b 为射流主体段的半厚度），则由实验发现，b 是按线性扩展的，则有

$$\frac{b}{x} = \text{const} \tag{1.3}$$

这一性质可由下面分析得出。

在自由紊动射流情况下，由于质点的脉动不受固体边界的限制，Prandtl 根据射流主体段时均速度分布的相似性，假定在射流任一横断面上质点运动的混合长度 l_m 为常数，且与同一断面上射流的半厚度 b 成正比，即

$$\frac{l_m}{b} = \alpha = \text{const} \tag{1.4}$$

实验表明，紊动射流边界随时间的变化速率与射流的横向脉动速度 v' 成正比。如进一步引入 Prandtl 的混合长度理论（mixing length theory）$v' \propto l_m \frac{\partial u}{\partial y}$，则有

$$\frac{db}{dt} \propto v' \propto l_m \frac{\partial u}{\partial y} \tag{1.5}$$

在这里，由于 $b=b(x)$，因此

$$\frac{db}{dt} = \frac{\partial b}{\partial t} + u\frac{\partial b}{\partial x} = u\frac{\partial b}{\partial x} \propto u_m \frac{db}{dx} \tag{1.6}$$

以及由射流时均速度分布的相似性质，有

$$l_m \frac{\partial u}{\partial y} \propto l_m \frac{u_m}{b} = \alpha u_m \tag{1.7}$$

现将式(1.7)和式(1.6)代入式(1.5)，得

$$\frac{db}{dx} \propto \frac{l_m}{b} = \alpha = \mathrm{const} \tag{1.8}$$

且有

$$b = Cx \tag{1.9}$$

式中，C 为比例常数。这个关系式表明，在统计意义上射流的边界是按线性规律扩展的。紊动射流的这一线性扩展规律具有相当普遍的意义，对于平面射流、轴对称射流的主体段和初始段的剪切层区都是适用的。

1.6 紊动射流的等速度线

若以紊动射流主体段边界线的延长线与射流轴线的交点作为坐标原点(称为射流源点或极点)，则由紊动射流区时均速度分布的相似性和线性扩展规律可知，量纲为 1 的时均速度可表示为

$$\frac{u}{u_m} = f\left(\frac{y}{b}\right) = f_1\left(\frac{y}{x}\right)$$

上式说明，射流主体段量纲为 1 的时均速度的等值线是一族通过射流极点的直线，如图 1.5(a)所示。如果用喷管出口 u_0 作为量纲为 1 的射流速度尺度，则量纲为 1 的时均速度 $\dfrac{u}{u_0}$ 与有量纲时均速度的等值线是重合的，且也非直线，而是曲线，如图 1.5(b)所示。

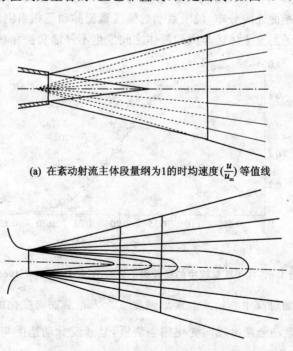

(a) 在紊动射流主体段量纲为1的时均速度($\dfrac{u}{u_m}$)等值线

(b) 在紊动射流区量纲为1的时均速度($\dfrac{u}{u_0}$)等值线

图 1.5 紊动射流区的等速度线

1.7 自由紊动射流的动量守恒

自由紊动射流沿射流轴向动量的守恒性质与压强的分布和变化有关。有关资料表明,自由紊动射流区任一点的压强与射流周围环境的静压分布略有差别,但最大差值不超过 ρu_m^2 的 5%~6%,一般分析时可按周围环境的静压分布处理,则沿射流轴向的时均压强梯度为零,即

$$\frac{\partial p}{\partial x} = 0 \tag{1.10}$$

由此根据动量定律可得:单位时间通过自由射流各断面流体的总动量,即动量通量保持守恒,也就是

$$\int u \, dm = \int_A \rho u^2 \, dA = \text{const} \tag{1.11}$$

此外,射流具有纵向尺度远大于其横向尺度的特点,这些为分析问题提供了简化条件。

1.8 紊动射流的紊动特征

在紊动射流中,射流的某些紊动特征及其分布对认识射流的扩散规律和控制射流时均物理量的变化具有重要意义。以下给出近代人们用热线、热膜和激光测速仪获得的自由射流的一些紊动特征量实验资料。图 1.6 为平面射流间歇因子(intermittency factor)γ(γ=紊流时间/全部时间)在不同断面处的分布,说明紊动射流区紊流脉动是相当剧烈的,且紊流和非紊流不断地间歇出现导致了射流主体区与周围流体之间发生不停地交换和卷吸。

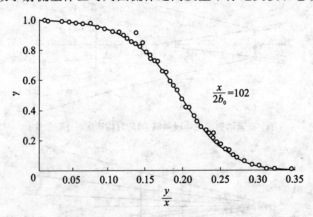

图 1.6 在平面射流中的间歇因子分布(引自 Heskestad,1965)

图 1.7 给出了平面射流中心轴线上紊动强度 $\sqrt{\overline{u'^2}}/u_m$ 沿轴向变化的实验资料,由该图可见,当 $\frac{x}{2b_0}$ 大于 40 后,紊动强度沿轴向变化相当缓慢,且紊流脉动速度与当地时均速度属于同一量级,如在射流中心线上纵向脉动速度的均方根值 $\sqrt{\overline{u'^2}}/u_m$ 的最大值约 0.23~0.3 时,横向脉动速度的均方根值 $\sqrt{\overline{v'^2}}/u_m$ 的最大值约 0.2。图 1.8(a)~1.8(c)为平面射流主体段紊动动

能 $k(k=(\overline{u'^2}+\overline{v'^2}+\overline{w'^2})/2)$ 分量在横断面上的分布；图 1.8(d)为平面射流主体段紊动切应力分布（由时均速度资料计算得到）。图 1.8(a)~1.8(c)表明，在射流主体段三个方向的紊动强度量级相同，且紊动动能的最大值不在射流轴线上，而在距轴线约 $0.7b_{1/2}$ 处。如图 1.8(c)所示的那样，该处也在射流紊动切应力最大值附近，说明射流中的时均速度最大区是紊流脉动产生的主区域。

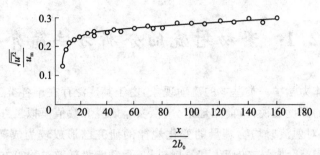

图 1.7 平面射流中心轴线上紊动强度沿程变化曲线（引自 Heskestad,1965）

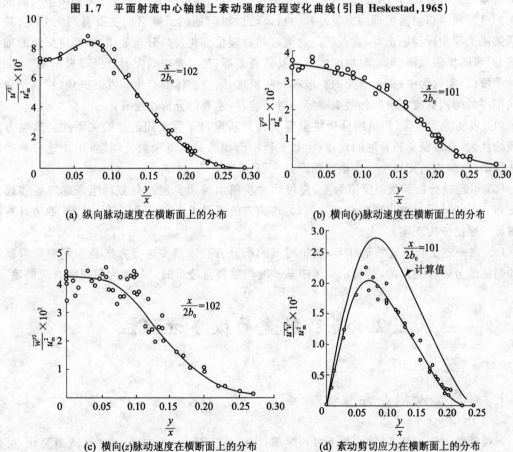

(a) 纵向脉动速度在横断面上的分布　　(b) 横向(y)脉动速度在横断面上的分布

(c) 横向(z)脉动速度在横断面上的分布　　(d) 紊动剪切应力在横断面上的分布

图 1.8 平面射流区一些紊动特征量分布（引自 Heskestad,1965）

上述讨论的紊动射流的主要特征，不仅是针对平面自由射流而言的，对圆形断面射流也有类似特性，此处限于篇幅不再列举。

第 2 章 紊动射流基本方程与紊流模型

2.1 紊动射流的分析方法简介

紊动射流是流体力学中一类基本的流动现象，由于其广泛存在于各类工程领域，因此长期以来一直受到人们的高度重视，目前在理论分析、实验研究和数值模拟三方面已取得许多重要的研究成果，特别是对射流时均物理量的变化规律的研究已形成较为成熟的理论分析方法。对射流紊动量的分布、紊动涡体的产生和发展过程、紊动能量耗散过程等方面的诸多实验成果是人们分析和认识射流机理的重要基础。对紊动射流问题的研究目前主要有两大分支，其一是从解决工程实际问题出发，重点研究射流时均物理量变化及其分布规律，如确定射流的轴线轨迹、射流的扩展范围、射流时均速度分布及其衰变等；其二是以研究射流机理为出发点，利用各种手段（以实验为主）揭示射流的扩散和卷吸机理、紊动涡体的产生和发展机理（特别是紊动大涡拟序结构）、射流能量的耗散机理等。对于前者，主要的分析途径有：

（1）以实验为主，采用量纲分析法整理实验资料求得工程实用的经验关系式。这类方法虽经验性大，难以获得较普遍的规律；但对工程中出现的一些复杂射流问题，用理论分析手段无法解决时，该方法无疑是一个重要的研究途径。

（2）以理论分析和数值模拟为主，直接通过求解射流边界层微分方程组来确定各物理量的分布。近代计算机的出现和高速发展，为这类方法提供了强有力的工具。目前，数值计算各种射流问题已变为现实。

（3）在一定实验研究的基础上，利用射流的积分方程求解。这类方法是为了避免求解复杂的射流微分方程提出的，是确定射流中某些时均物理量分布的一条较为简便而有效的途径。

2.2 紊动射流的微分方程组

1. 时均运动微分方程组

根据紊动射流的基本特性，对不可压缩流体运动的 Reynolds 方程组进行适当简化，可得到控制紊动射流的微分方程，也称边界层（薄剪切层）方程。在直角坐标系中，描述不可压缩流体瞬时运动的 N-S 方程组为
瞬时运动方程

$$\frac{\partial u_i^*}{\partial t} + u_j^* \frac{\partial u_i^*}{\partial x_j} = F_i^* - \frac{1}{\rho}\frac{\partial p^*}{\partial x_i} + \frac{1}{\rho}\frac{\partial}{\partial x_j}\left(\mu \frac{\partial u_i^*}{\partial x_j}\right) \tag{2.1}$$

连续方程

$$\frac{\partial u_i^*}{\partial x_i} = 0 \tag{2.2}$$

式中,u_i^* 和 p^* 分别为紊流场的瞬时流速分量和压强;ρ 和 μ 分别为流体的密度和动力粘度;F_i^* 为单位质量力的瞬时分量。Reynolds 基于时均值的概念,将瞬时量分解为时均量和脉动量之和,于1886年从不可压缩的 N-S 方程出发导出了表征紊流时均运动的 Reynolds 方程组,即

$$u_i^* = u_i + u_i', \qquad p^* = p + p'$$

时均运动方程

$$\frac{\partial u_i}{\partial t} + u_j \frac{\partial u_i}{\partial x_j} = -\frac{1}{\rho}\frac{\partial p}{\partial x_i} + \frac{1}{\rho}\frac{\partial}{\partial x_j}\left(\mu \frac{\partial u_i}{\partial x_j} - \rho \overline{u_i' u_j'}\right) + F_i \tag{2.3}$$

连续方程

$$\frac{\partial u_i}{\partial x_i} = 0 \tag{2.4}$$

式中,$i,j = 1,2,3$;u_i 为时均速度分量;u_i' 为脉动速度分量;p 为时均压强;F_i 为单位质量体积力的时均值;$-\rho \overline{u_i' u_j'}$ 为脉动速度的二阶相关项,也称为 Reynolds 或紊动应力项,物理上被解释为由脉动运动引起的动量交换项。

现选取 x 为射流的纵轴,y,z 为射流的横轴,则由紊动射流基本特性可知:

(1) 紊动射流的横向尺度 b 远小于纵向尺度 L,即 $2b \ll L, y \ll x, z \ll x$;

(2) 紊动射流的横向时均速度远小于纵向时均速度,即 $v \ll u, w \ll u$;

(3) 紊动射流时均物理量的纵向梯度远小于横向梯度,即 $\frac{\partial}{\partial x} \ll \frac{\partial}{\partial y}, \frac{\partial}{\partial x} \ll \frac{\partial}{\partial z}$;

利用紊动射流的这些基本特征,并通过量级比较忽略小量,方程(2.3)和(2.4)可简化为边界层方程。如对于平面射流问题,在忽略质量力情况下,边界层方程为

$$\frac{\partial u}{\partial t} + u\frac{\partial u}{\partial x} + v\frac{\partial u}{\partial y} = -\frac{1}{\rho}\frac{\partial p}{\partial x} + \frac{1}{\rho}\frac{\partial}{\partial y}\left(\mu \frac{\partial u}{\partial y} - \rho \overline{u'v'}\right) \tag{2.5}$$

$$\frac{\partial p}{\partial y} = 0 \tag{2.6}$$

连续方程为

$$\frac{\partial u}{\partial x} + \frac{\partial v}{\partial y} = 0 \tag{2.7}$$

令 $\tau_l = \mu \frac{\partial u}{\partial y}$ 为粘性切应力项,$\tau_t = -\rho \overline{u'v'}$ 为紊动切应力项,则方程(2.5)可写为

$$\frac{\partial u}{\partial t} + u\frac{\partial u}{\partial x} + v\frac{\partial u}{\partial y} = -\frac{1}{\rho}\frac{\partial p}{\partial x} + \frac{1}{\rho}\frac{\partial}{\partial y}(\tau_l + \tau_t) \tag{2.8}$$

在紊动射流中粘性切应力项远小于紊动切应力项,一般可将前者忽略不计。又对于紊动自由射流,轴向时均压力梯度认为是一个可忽略的小量,即 $\frac{\partial p}{\partial x} = 0$。这样对于平面自由射流而言,边界层控制方程为

$$\frac{\partial u}{\partial t} + u\frac{\partial u}{\partial x} + v\frac{\partial u}{\partial y} = \frac{1}{\rho}\frac{\partial \tau_t}{\partial y} \tag{2.9}$$

$$\frac{\partial u}{\partial x}+\frac{\partial v}{\partial y}=0 \qquad (2.10)$$

对于沿 x 方向流动的轴对称紊动射流问题,采用类似分析方法所得到的边界层控制方程为

$$\frac{\partial u}{\partial t}+u\frac{\partial u}{\partial x}+v\frac{\partial u}{\partial r}=-\frac{1}{\rho}\frac{\partial p}{\partial x}+\frac{1}{\rho r}\frac{\partial r(\tau_l+\tau_t)}{\partial r} \qquad (2.11)$$

$$\frac{\partial ru}{\partial x}+\frac{\partial rv}{\partial r}=0 \qquad (2.12)$$

式中,$\tau_l=\mu\frac{\partial u}{\partial r}$ 为粘性切应力项;$\tau_t=-\rho\overline{u'v'}$ 为紊动切应力项;r 为径向坐标;v 为径向时均速度。同样,如略去粘性切应力项,并对自由射流而言,略去轴向压力梯度,则最后的简化形式为

$$\frac{\partial u}{\partial t}+u\frac{\partial u}{\partial x}+v\frac{\partial u}{\partial r}=\frac{1}{\rho r}\frac{\partial r\tau_t}{\partial r} \qquad (2.13)$$

$$\frac{\partial ru}{\partial x}+\frac{\partial rv}{\partial r}=0 \qquad (2.14)$$

对于三维紊动射流,如 x 仍表示射流的纵轴,y 和 z 表示垂直于 x 的横向坐标,通过量级比较得到的边界层方程为

$$\frac{\partial u}{\partial t}+u\frac{\partial u}{\partial x}+v\frac{\partial u}{\partial y}+w\frac{\partial u}{\partial z}=-\frac{1}{\rho}\frac{\partial p}{\partial x}+\frac{1}{\rho}\frac{\partial}{\partial y}\left(\mu\frac{\partial u}{\partial y}-\rho\overline{u'v'}\right)+$$

$$\frac{1}{\rho}\frac{\partial}{\partial z}\left(\mu\frac{\partial u}{\partial z}-\rho\overline{u'w'}\right) \qquad (2.15)$$

$$\frac{\partial p}{\partial y}=0 \qquad (2.16)$$

$$\frac{\partial p}{\partial z}=0 \qquad (2.17)$$

连续方程为

$$\frac{\partial u}{\partial x}+\frac{\partial v}{\partial y}+\frac{\partial w}{\partial z}=0 \qquad (2.18)$$

2. 时均动能输运方程

紊动射流时均动能输运方程可通过 Reynolds 方程组导出,它是了解射流能量输运和耗散机理的重要方程之一。现用 u_i 乘以式(2.3)的两边,并去掉质量力项,有

$$u_i\frac{\partial u_i}{\partial t}+u_iu_j\frac{\partial u_i}{\partial x_j}=-u_i\frac{1}{\rho}\frac{\partial p}{\partial x_i}+u_i\frac{1}{\rho}\frac{\partial}{\partial x_j}\left(\mu\frac{\partial u_i}{\partial x_j}-\rho\overline{u_i'u_j'}\right) \qquad (2.19)$$

令 $E=\frac{u_i^2}{2}$ 为单位质量流体的时均动能,并利用连续方程,整理后可得

$$\frac{\partial E}{\partial t}+u_j\frac{\partial E}{\partial x_j}=-\frac{u_i}{\rho}\frac{\partial p}{\partial x_i}+u_i\frac{1}{\rho}\frac{\partial}{\partial x_j}\left(\mu\frac{\partial u_i}{\partial x_j}-\rho\overline{u_i'u_j'}\right) \qquad (2.20)$$

或

$$\frac{\partial E}{\partial t} + u_j \frac{\partial E}{\partial x_j} = \frac{\partial}{\partial x_j}\left(-\frac{p}{\rho}u_j + \nu \frac{\partial E}{\partial x_j} + \frac{(-\rho \overline{u_i'u_j'})}{\rho}u_i\right) -$$
$$\frac{1}{\rho}\left(-\rho \overline{u_i'u_j'}\frac{\partial u_i}{\partial x_j}\right) - \nu \frac{\partial u_i}{\partial x_j}\frac{\partial u_i}{\partial x_j} \tag{2.21}$$

式中，$\nu = \frac{\mu}{\rho}$ 为流体的运动粘度。这两个式子均为紊流时均动能的输运方程。式(2.21)中各项的物理意义是：

(1) 等号左边两项分别表示时均动能的局部和对流输运变化率；

(2) 等号右边第一项表示因时均压强、时均粘性应力和紊动应力所做的功之和，为时均动能的扩散输运变化率；

(3) 等号右边第二项为紊动应力所做的变形功率，对时均运动产生负贡献（损失），相当于从时均运动中取出能量提供给紊流脉动，是紊动产生项；

(4) 等号右边第三项表示时均粘性应力所做的变形功率，是时均动能的粘性耗散项。

归结起来，式(2.21)表明，单位质量流体微团时均运动动能随时间的变化率 $\frac{D\left(\frac{1}{2}u_iu_i\right)}{Dt}$ $\left(\frac{D}{Dt} = \frac{\partial}{\partial t} + u_k \frac{\partial}{\partial x_k}\right)$ 取决于时均压强、时均粘性应力和紊动应力对机械能的输运，以及时均运动的粘性耗散和时均运动动能向紊动动能的转化。

对于平面自由射流，忽略轴向压力梯度，则对式(2.21)进行简化或用 u 直接乘以边界层方程(2.5)后可得

$$\frac{\partial E}{\partial t} + u\frac{\partial E}{\partial x} + v\frac{\partial E}{\partial y} = u\frac{1}{\rho}\frac{\partial}{\partial y}\left(\mu \frac{\partial u}{\partial y} - \rho \overline{u'v'}\right) = u\frac{1}{\rho}\frac{\partial(\tau_l + \tau_t)}{\partial y} \tag{2.22}$$

式中，$E = \frac{u^2 + v^2}{2} \approx \frac{u^2}{2}$。式(2.22)即为平面射流的时均动能方程。

对于轴对称的圆形自由射流，通过类似的处理，所得到的时均动能方程为

$$\frac{\partial E}{\partial t} + u\frac{\partial E}{\partial x} + v\frac{\partial E}{\partial r} = \frac{u}{\rho r}\frac{\partial}{\partial r}r\left(\mu \frac{\partial u}{\partial r} - \rho \overline{u'v'}\right) = \frac{u}{\rho r}\frac{\partial r(\tau_l + \tau_t)}{\partial r} \tag{2.23}$$

3. 紊动量输运方程

(1) 脉动速度输运方程

由瞬时运动方程(2.1)减去时均运动方程(2.3)，得紊流脉动速度方程（不计质量力），即

$$\frac{\partial u_i'}{\partial t} + \frac{\partial(u_iu_j' + u_ju_i' + u_i'u_j')}{\partial x_j} = -\frac{1}{\rho}\frac{\partial p'}{\partial x_i} + \frac{1}{\rho}\frac{\partial}{\partial x_j}\left(\mu \frac{\partial u_i'}{\partial x_j} + \rho \overline{u_i'u_j'}\right) \tag{2.24}$$

$$\frac{\partial u_i'}{\partial x_i} = 0 \tag{2.25}$$

(2) 紊动应力输运方程

用脉动速度 u_j' 乘以脉动速度 u_i' 的输运方程(2.24)，再加上用脉动速度 u_i' 乘以脉动速度 u_j' 的输运方程后，取时均运算得紊动应力输运方程，即

$$\frac{\partial \overline{u_i' u_j'}}{\partial t} + u_k \frac{\partial \overline{u_i' u_j'}}{\partial x_k} = \frac{\partial}{\partial x_k}\left[-\overline{u_i' u_j' u_k'} - \overline{\frac{p'}{\rho}(\delta_{jk} u_i' + \delta_{ik} u_j')} + \nu \frac{\partial \overline{u_i' u_j'}}{\partial x_k}\right] +$$

$$\left(-\overline{u_i' u_k'} \frac{\partial u_j}{\partial x_k} - \overline{u_j' u_k'} \frac{\partial u_i}{\partial x_k}\right) - 2\nu \overline{\frac{\partial u_i'}{\partial x_k} \frac{\partial u_j'}{\partial x_k}} + \overline{\frac{p'}{\rho}\left(\frac{\partial u_i'}{\partial x_j} + \frac{\partial u_j'}{\partial x_i}\right)} \quad (2.26)$$

上式等号右边第一项为由紊动应力和粘性应力引起的扩散项；第二项为紊动应力产生项；第三项为紊动应力耗散项；第四项为压力变形相关项（pressure-strain），也称为紊流脉动能量的再分配项。这个输运方程是1940年由我国著名科学家周培源教授建立的。

(3) 紊动动能 K 输运方程

对式(2.26)进行指标缩并，取 $i=j$，令 $K = \frac{\overline{u_i' u_i'}}{2}$ 为单位质量流体的紊动动能，则得 K 方程为

$$\frac{\partial K}{\partial t} + u_j \frac{\partial K}{\partial x_j} = \frac{\partial}{\partial x_j}\left[-\overline{\frac{u_i' u_i'}{2} u_j'} - \overline{\frac{p' u_j'}{\rho}} + \nu \frac{\partial K}{\partial x_j}\right] - \overline{u_i' u_j'} \frac{\partial u_i}{\partial x_j} - \nu \overline{\frac{\partial u_i'}{\partial x_j} \frac{\partial u_i'}{\partial x_j}} \quad (2.27)$$

同样，式(2.27)等号右边第一项为紊动动能扩散项，表示因紊动应力、脉动压力和脉动粘性应力对紊动动能的输运；第二项为紊动动能产生项；第三项为紊动动能耗散项，表示流体微团的脉动粘性应力抵抗脉动变形所做的变形功率，它总是起耗散紊动动能的作用，并使其转化为热能。

(4) 紊动动能耗散率 ε 输运方程

根据紊动动能输运方程(2.27)各项的物理意义，紊动动能耗散率 ε 定义为

$$\varepsilon = \nu \overline{\frac{\partial u_i'}{\partial x_j} \frac{\partial u_i'}{\partial x_j}}, \qquad \varepsilon' = \nu \frac{\partial u_i'}{\partial x_j} \frac{\partial u_i'}{\partial x_j} \quad (2.28)$$

在紊流中存在不同尺度的紊动涡体（eddies），大尺度涡源源不断地从时均运动中提取能量，然后逐级传递给小尺度涡，最终在某一级小尺度涡下将传来的能量通过粘性而耗散。因此，紊动动能耗散过程主要发生在分子输运起作用的小尺度涡范围内，但其能量是由大尺度涡提供的。这样，耗散率的数值决定于由大尺度涡体向小尺度涡体传递能量的速率，相当于不同尺度涡之间的能流。因此，紊动动能耗散率 ε 也可看做一个紊动输运量，并有其自身的输运方程。紊动动能耗散率 ε 输运方程的推导过程是：将紊流脉动速度 u_i' 方程(2.24)对 x_j 求偏导，然后乘以 $2\nu \frac{\partial u_i'}{\partial x_j}$，再取时均运算，便得如下 ε 的精确方程。推导细节可参阅有关文献。

$$\frac{\partial \varepsilon}{\partial t} + u_j \frac{\partial \varepsilon}{\partial x_j} = \frac{\partial}{\partial x_k}\left[-\overline{\varepsilon' u_k'} - \frac{2}{\rho} \nu \overline{\frac{\partial u_k'}{\partial x_j} \frac{\partial p'}{\partial x_j}} + \nu \frac{\partial \varepsilon}{\partial x_k}\right] -$$

$$2\nu \overline{u_k' \frac{\partial u_i'}{\partial x_j} \frac{\partial^2 u_i}{\partial x_k \partial x_j}} - 2\nu \overline{\frac{\partial u_i}{\partial x_j}\left(\frac{\partial u_k'}{\partial x_i} \frac{\partial u_k'}{\partial x_j} + \frac{\partial u_i'}{\partial x_k} \frac{\partial u_j'}{\partial x_k}\right)} -$$

$$2\nu \overline{\frac{\partial u_i'}{\partial x_j} \frac{\partial u_i'}{\partial x_k} \frac{\partial u_j'}{\partial x_k}} - 2 \overline{\left(\nu \frac{\partial^2 u_i'}{\partial x_k \partial x_k}\right)^2} \quad (2.29)$$

式中，等号右边第一项为紊动动能耗散率的扩散输运项（包括紊动输运和粘性输运）；第二项和第三项为紊动耗散率的产生项；第四项为由紊动旋涡伸长变形引起的产生或破毁项（destruction）；第五项为粘性耗散项。

2.3 紊动射流微分方程组的封闭问题与紊流模式

1. 紊动射流微分方程组的封闭问题概述

在时均运动的 Reynolds 方程组中所出现的紊动应力项(即脉动速度二阶相关项)是未知的,从而导致 Reynolds 方程组不封闭。如果继续建立二阶相关项的输运方程,则会引出三阶相关项的未知量,方程仍是不封闭的。以此类推,三阶方程会出现四阶项未知量,四阶方程会出现五阶项未知量……方程永不能封闭。这就是著名的紊流方程组的封闭问题。为了封闭紊流基本方程组,使之成为工程紊流计算的基本方程,必须借助于经验假设建立与各种脉动量相关的补充方程,特别是紊动应力的补充方程。

从 20 世纪 20 年代起,对紊流的研究就形成了两大分支:一类是以 Taylor 为代表的研究紊流机理的统计理论;一类是以 Prandtl 为代表的从实用角度出发,为解决紊流工程计算的实用紊流理论,即半经验理论(semi-empirical theory)。在近几十年中所发展起来并得到广泛应用的紊流模式理论,也属半经验理论的范畴。实用紊流理论的实质是以 Reynolds 时均运动方程和有关脉动量输运方程为基础,依靠理论和经验的结合,引进一系列模型假设,建立一组紊流时均运动的封闭方程组来解决紊流工程计算的方法论。应指出的是,实用紊流理论虽然对紊流机理的认识作用不大,但对工程问题中所遇到的大量复杂紊流计算是不可缺少的。因此,长期以来该理论在紊流理论体系中一直占有相当重要的地位。

2. 零方程模式(混合长理论)

在诸多紊流模式中,最常用最简单的还是建立在涡粘性基础上的时均流动模式,也称零方程模式。早在 1877 年 Boussinesq 首先通过紊动应力和分子粘性应力类比,提出了著名的涡粘性概念,并建立了紊动应力和时均速度梯度的联系。虽然涡粘性的概念早于 Reynolds 方程组的出现,但却为后来的紊流方程半经验理论奠定了基础。对于简单的时均二元流动,有

$$\frac{\tau_t}{\rho} = -\overline{u'v'} = \nu_t \frac{\partial u}{\partial y} \tag{2.30}$$

式中,ν_t 为涡粘度(turbulent or eddy viscosity)。后经 Hinze 等人推广到一般的流动问题中,即

$$-\overline{u'_i u'_j} = -\frac{2}{3} K \delta_{ij} + \nu_t \left(\frac{\partial u_j}{\partial x_i} + \frac{\partial u_i}{\partial x_j} \right) \tag{2.31}$$

涡粘度 ν_t 与分子粘度 ν 相比,ν_t 不是流体的物理属性,而是紊流运动状态的函数。这样紊流方程的封闭问题,就归结为如何确定 ν_t 的大小和分布。起初 Boussinesq 认为 ν_t 是常数,后来人们发现 ν_t 不仅对不同的流动问题取值不同,且对同一流动问题,ν_t 也不一定是常数。根据紊流运动特性,ν_t 可在流场中发生明显的变化。如果把紊流场看做是由一系列大小不同流体团的碰撞和动量交换的结果,则从唯象学观点出发,如同分子粘度那样(分子粘度正比分子

运动的平均速度 c 和平均自由程 L，$\nu \propto cL$）认为：涡粘度 ν_t 正比于表征大尺度涡（载能涡）运动的特征速度尺度 V 和特征长度尺度 L 的乘积，即

$$\nu_t \propto VL \tag{2.32}$$

涡粘性概念的重要性是，引进了紊动动量输运的梯度型假定。这一假定得到广泛的应用。但值得一提的是，正如 Corrsin 和 Bradshaw 所指出的那样，分子运动和紊流运动相类比在原理上是不正确的。这是因为紊流旋涡并不是保持不变的刚性质点，而是随时均运动发生不断变形、伸缩、分解和破碎的，且对动量交换起主要作用的大涡的"平均运移程"与流动区域相比也不是小量。

为了确定式（2.32）中紊动涡体的特征尺度 V 和 L，Prandtl 通过对剪切层型（壁面边界层和各类自由剪切层，如图 2.1 所示）流动问题的研究，于 1925 年首次将 ν_t 与时均物理量建立了联系，提出了著名的混合长假设（mixing-length hypothesis），即对于剪切层型的流动问题，Prandtl 认为紊动涡体的特征速度 V 正比于时均速度梯度和混合长度（流体质点受紊动涡体的作用发生自由混掺的平均尺度与紊动涡体的平均尺度同量级）的乘积，也就是

$$V \propto l_m \left| \frac{\partial u}{\partial y} \right| \tag{2.33}$$

利用上式，并将比例系数吸收在混合长度 l_m 中，则由式（2.33）可得混合长模式为

$$\nu_t = l_m^2 \left| \frac{\partial u}{\partial y} \right| \tag{2.34}$$

$$\frac{\tau_t}{\rho} = -\overline{u'v'} = l_m^2 \frac{\partial u}{\partial y} \left| \frac{\partial u}{\partial y} \right| \tag{2.35}$$

对于一般的三维流动问题，式（2.35）可写为

$$\nu_t = l_m^2 \left[\left(\frac{\partial u_i}{\partial x_j} + \frac{\partial u_j}{\partial x_i} \right) \frac{\partial u_i}{\partial x_j} \right]^{\frac{1}{2}} \tag{2.36}$$

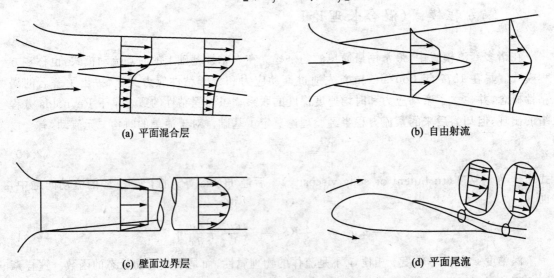

(a) 平面混合层　　　　　　　　　　(b) 自由射流

(c) 壁面边界层　　　　　　　　　　(d) 平面尾流

图 2.1　一些常见的剪切层流动问题

这个模型建立了涡粘度和当地时均速度梯度的关系，现在的问题归结到如何确定未知参数 l_m。对于常见的一些剪切层流动问题，混合长度由比较简单的经验关系式确定。若用 b 表示

剪切层的厚度(对于壁面边界层为边界层厚度 δ,对于自由射流为射流的半厚度),则 l_m 与 b 关系由表 2.1 列出。

表 2.1 一些常见剪切层流动问题的混合长度取值

流动类型	平面混合层	壁面边界层	静止环境平面射流	静止环境圆射流	静止环境径向射流	平面尾流
l_m	$l_m=0.7b$	内层:$l_m=0.41y$ 外层:$l_m=0.09b$	$l_m=0.9b$	$l_m=0.075b$	$l_m=0.125b$	$l_m=0.16b$

1942 年,Prandtl 通过对自由剪切层型(混合层、射流和尾流)流动问题研究,进一步提出了一个适应于这类流动的更为简单的涡粘性模型。Prandtl 认为在自由剪切层型流动问题中,因没有壁面的限制和影响,确定涡粘度 ν_t 不能用壁面律而应采用尾迹律,即 ν_t 在剪切层的任一横断面上是常数,紊动涡体的特征长度尺度正比于剪切层的厚度 b,特征速度尺度正比于剪切层横断面上最大的速度差,则由式(2.34)可知

$$\nu_t = \alpha b \mid u_{\max} - u_{\min} \mid \tag{2.37}$$

式中,α 为经验常数。对于静止环境中的自由射流,式(2.37)可写为

$$\nu_t = \alpha b u_m \tag{2.38}$$

不同的流动类型,经验常数 α 的取值由表 2.2 列出。

表 2.2 一些常见自由剪切层流动问题经验常数 α 的取值

流动类型	平面混合层	静止环境平面射流	静止环境圆射流	静止环境径向射流	平面尾流
α	0.01	0.014	0.011	0.019	0.026

与混合长理论相平行的还有 Taylor(1932)的涡量输运理论,Karman(1930)的相似性理论等。由于这些模式只考虑了紊动应力和时均速度梯度的关系,未引入表征紊流高阶统计量的微分方程,故被称为半经验理论或零方程模式(zero-equation model)。半经验理论成功地解决了诸如紊流边界层、紊动射流、紊动尾流和管道紊流等一些剪切层流动问题时均物理量的紊流计算,可以说在计算机出现之前是紊流工程计算的主要依据,甚至目前仍然是工程上广泛采用的一类模型。

3. 一方程模式

虽然混合长模型较为成功地解决了一些剪切层流动问题,但由于其在模化过程中仅着眼于涡粘性与时均量的关系,而未考虑紊流的扩散和对流输运,即假定紊流处于局部平衡状态,认为流场中任一点处紊动能量的产生和耗散是相等的,这意味着任一点的紊动量不可能通过紊动输运而影响流场中的其他点,显然这是不合理的,由此导致混合长模型存在下列若干缺点:(1) 混合长模型中的经验常数缺乏通用性,不同的流动问题经验常数取值不同;(2) 混合长模型不适用于处理那些紊动输运过程起主要作用的流动问题,如快速发展的流动、弱剪切流动和分离流动等;(3) 对于较复杂的流动问题,混合长度 l_m 值不易确定。

(1) 紊动动能 K 方程模式

为了克服混合长模型的这些缺陷，Kolmogorov(1942)和 Prandtl(1945)首先提出一方程模式(one-equation model)。他们的基本思想是，用紊动动能 $K(K=\overline{u'_i u'_i}/2)$ 来代替紊流速度尺度 V，即取

$$V = \sqrt{K} \tag{2.39}$$

式中，K 用微分输运方程来描述。这样，涡粘度 ν_t 写为

$$\nu_t = C'_\mu \sqrt{K} L \tag{2.40}$$

这就是著名的 Kolmogorov-Prandtl 表达式。式中，C'_μ 为通用常数；L 为紊流特征长度尺度，由实验确定。紊动动能 K 方程模式由精确方程(2.27)通过模化获得。在 K 的精确方程

$$\frac{\partial K}{\partial t} + u_j \frac{\partial K}{\partial x_j} = \frac{\partial}{\partial x_j}\left[-\frac{\overline{u'_i u'_i}}{2}u'_j - \frac{\overline{p' u'_j}}{\rho} + \nu \frac{\partial K}{\partial x_j}\right] - \overline{u'_i u'_j}\frac{\partial u_i}{\partial x_j} - \nu \overline{\frac{\partial u'_i}{\partial x_j}\frac{\partial u'_i}{\partial x_j}}$$

中，需要模化的有紊动扩散项和紊动耗散率 ε。对于紊动动能扩散项，通常假定与 K 的梯度成正比（梯度型假定），即

$$-\frac{\overline{u'_i u'_i}}{2}u'_j - \frac{\overline{p' u'_j}}{\rho} = \frac{\nu_t}{\sigma_K}\frac{\partial K}{\partial x_i} \tag{2.41}$$

式中，σ_K 为经验扩散系数。紊动动能耗散过程虽然发生在粘性起作用的小尺度涡范围内，但耗散率 ε 的大小是由大尺度涡提供的，这些大尺度的涡可用 $V(V=\sqrt{K})$ 和 L 来表征。通过量纲分析，有

$$[\varepsilon] = \left[\nu \overline{\frac{\partial u'_i}{\partial x_j}\frac{\partial u'_i}{\partial x_j}}\right] = \left[LV\frac{V}{L}\frac{V}{L}\right] = \left[\frac{V^3}{L}\right]$$

这样，ε 常用的一个模化式为

$$\varepsilon = C_D \frac{K^{3/2}}{L} \tag{2.42}$$

式中，C_D 是另一个经验系数。使用上述模化假定，紊动动能 K 方程模式为

$$\frac{\partial K}{\partial t} + u_j \frac{\partial K}{\partial x_j} = \frac{\partial}{\partial x_j}\left[\left(\frac{\nu_t}{\sigma_K}+\nu\right)\frac{\partial K}{\partial x_j}\right] - \overline{u'_i u'_j}\frac{\partial u_i}{\partial x_j} - C_D \frac{K^{3/2}}{L} \tag{2.43}$$

一方程模式中的经验系数，有关文献的推荐值为 $C'_\mu C_D \approx 0.08, \sigma_K = 1.0$。应指出的是，对紊流场起作用的是经验系数 C'_μ 和 C_D 的乘积，而不是它们独立的取值。

作为式(2.43)的特例，如果不计 K 方程中的对流输运项和扩散输运项，也就是说紊动动能的产生项等于耗散项，即紊流处于局部平衡状态，也就是

$$0 = -\overline{u'_i u'_j}\frac{\partial u_i}{\partial x_j} - C_D \frac{K^{3/2}}{L}$$

对于薄剪切层流动，上式可进一步简化为

$$\nu_t \left(\frac{\partial u}{\partial y}\right)^2 = C_D \frac{K^{3/2}}{L} \tag{2.44}$$

利用上式解出的 K 代入到式(2.40)中，经整理可得

$$\nu_t = \left(\frac{C'^3_\mu}{C_D}\right)^{1/2} L^2 \left|\frac{\partial u}{\partial y}\right| \tag{2.45}$$

这个公式即为混合长模式。这个推导清楚地表明，混合长模式仅适应于紊流处于局部平衡状态的流动。

(2) 紊动剪切应力输运方程模式

除上述用紊动动能 K 方程给出的一方程模式外,Bradshaw(1967 年)针对剪切流动问题,放弃了涡粘性的概念,提出用紊动切应力取代紊动动能 K,发展了一个用紊动切应力 $-\rho\overline{u'v'}$ 表征的一方程模式。则对于二维薄剪切层流动,紊动动能 K 的精确方程(2.27)可简化为

$$\frac{\partial K}{\partial t}+u\frac{\partial K}{\partial x}+v\frac{\partial K}{\partial y}=\frac{\partial}{\partial y}\left[-\overline{\frac{u'_i u'_i}{2}v'}-\overline{\frac{p'v'}{\rho}}\right]-\overline{u'v'}\frac{\partial u}{\partial y}-\varepsilon \quad (2.46)$$

为封闭这个方程,Bradshaw 定义了下列三个量,即

$$a_1=\frac{-\overline{u'v'}}{K} \quad \text{(量纲为 1 的数)} \quad (2.47)$$

$$L=\frac{(-\overline{u'v'})^{3/2}}{\varepsilon} \quad \text{(长度尺度)} \quad (2.48)$$

$$G=\frac{\left(\overline{\frac{u'_i u'_i}{2}v'}+\overline{\frac{p'v'}{\rho}}\right)}{(-\overline{u'v'})(-\overline{u'v'})^{1/2}_{\max}} \quad \text{(量纲为 1 的量)} \quad (2.49)$$

将以上各式代入式(2.46)中,得剪切应力输运模式为

$$\frac{\mathrm{D}}{\mathrm{D}t}\left(\frac{-\overline{u'v'}}{a_1}\right)=(-\overline{u'v'})\frac{\partial u}{\partial y}-\frac{\partial}{\partial y}[G(-\overline{u'v'})(-\overline{u'v'})^{1/2}_{\max}]-\frac{(-\overline{u'v'})^{3/2}}{L} \quad (2.50)$$

对于这个模式中出现的三个量 a_1,G,L,在求解方程前必须事先给定。在壁面边界层流动问题中,Bradshaw 利用大量的实验数据给出了这些量的经验关系式,其中,系数 a_1 近似等于 0.3,G 和 L 是离壁面距离 $\frac{y}{\delta}$ 的函数。

另外,由式(2.50)可见,如果不计这个方程中的对流输运项和扩散输运项,同样可得到混合长模式,即

$$0=(-\overline{u'v'})\frac{\partial u}{\partial y}-\frac{(-\overline{u'v'})^{3/2}}{L}$$

Bradshaw 的剪应力模式,在许多壁面边界层流动问题中得到成功的应用,且精度相当高。目前,这一模式已被引申到有换热的不可压和可压缩三维流动的计算中。

4. 二方程模式

一方程模式虽然比零方程模式大大地前进了一步,引进了表征紊流脉动场的 K 方程;但这类模式仍含有需要通过实验确定的特征长度尺度 L,对问题的依赖性较强,因此未得到广泛应用。

为了避免由实验方法确定 L,受一方程模式的启发,人们期望用一个微分输运方程来确定 L,由此出现了二方程模式(two-equation models)。二方程模式的主要特点是:表征大尺度涡运动的特征速度尺度 V 和特征长度尺度 L 均用微分输运方程来描述。一般 $V(V=\sqrt{K})$ 仍用紊动动能 K 方程;而为推导方程方便,常常不直接取 L 作为未知量(也有选 L 作为未知数的学者,如 Rotta(1951)、Spalding(1967)),而是以 $Z=K^m L^n$ 作为未知量来间接地确定 L。表 2.3 给出部分学者为确定 L 所选择的 Z。虽然不同的 Z 变量所表达的物理过程不同(如表 2.3 所列),但最终的模化结果是相似的。关于 Z 变量输运方程的一个通用模式是

$$\underbrace{\frac{\partial Z}{\partial t} + u_j \frac{\partial Z}{\partial x_j}}_{\text{对流输运}} = \underbrace{\frac{\partial}{\partial x_j}\left(\frac{\sqrt{K}L}{\sigma_Z}\right)\frac{\partial z}{\partial x_j}}_{\text{扩散输运}} + \underbrace{C_{Z1}\frac{Z}{K}P}_{\text{产生项}} - \underbrace{C_{Z2}\frac{\sqrt{K}}{L}Z}_{\text{破毁项}} + S \qquad (2.51)$$

式中,$P = -\overline{u_i'u_j'}\frac{\partial u_i}{\partial x_j}$ 为紊动动能产生项;σ_Z,C_{Z1} 和 C_{Z2} 为经验系数;S 是针对不同的 Z 所出现的二次源项(主要是在近壁区起作用),但在紊动动能耗散率 ε 方程不需要此项。由式(2.51)可见,在表征载能涡尺度的输运方程中,所包含的物理过程与紊动动能 K 的输运方程类似,同样具有对流输运、扩散输运、紊动产生和耗散过程。

表 2.3 部分学者确定 L 所选的 Z

学者(年)	Z	代 号	物理意义
Kolmogorov(1942)	$K^{1/2}/L$	f	大尺度涡频率
Chou(1945),Davidov(1961) Harlow-Nakayama(1968) Jones-Launder(1972)	$K^{3/2}/L$	ε	紊动动能耗散率
Rotta(1951),Spalding(1967)	L	L	载能涡特征尺度
Rotta(1968,1971) Rodi-Spalding(1970) Ng-Spalding(1972)	KL	KL	
Spalding(1969)	K/L^2	W	大尺度涡涡量

在诸多有关 L 的输运方程中,目前以 $\varepsilon = K^{3/2}/L$ 作为未知量应用最广。其主要原因是,ε 作为未知量具有明确的物理意义,表示紊动能耗散率 $\left(\varepsilon = \nu \overline{\frac{\partial u_i'}{\partial x_j}\frac{\partial u_i'}{\partial x_j}}\right)$,不仅容易推导精确输运方程,而且作为未知量的 ε 直接出现在 K 方程中,不需要在 K 方程中建立模型。这样对于二方程模式,涡粘性 ν_t 被看做 K,ε 的函数,通过量纲分析可表示为

$$\nu_t = C_\mu \frac{K^2}{\varepsilon} \qquad (2.52)$$

式中,C_μ 为经验常数。为了封闭精确的 K 方程(2.27)和 ε 方程(2.29),现对这些方程中出现的未知量给出如下模化。

(1) 紊动扩散输运项的梯度型假设

在 K 方程和 ε 方程中的紊动扩散输运项均采用梯度型假设,即
K 方程中的紊动扩散项

$$\text{Diff}(K) = -\overline{\frac{u_i'u_i'}{2}u_j'} - \overline{\frac{p'u_j'}{\rho}} = \frac{\nu_t}{\sigma_K}\frac{\partial K}{\partial x_j} \qquad (2.53)$$

ε 方程中的紊动扩散项

$$\text{Diff}(\varepsilon) = -\overline{\varepsilon'u_k'} - \frac{2}{\rho}\nu\overline{\frac{\partial u_k'}{\partial x_j}\frac{\partial p'}{\partial x_j}} = \frac{\nu_t}{\sigma_\varepsilon}\frac{\partial \varepsilon}{\partial x_k} \qquad (2.54)$$

对于非各向同性的扩散,可考虑采用下列模型:

$$\text{Diff}(K) = C_K \frac{K}{\varepsilon}\overline{u_j'u_k'}\frac{\partial K}{\partial x_k} \quad \text{和} \quad \text{Diff}(\varepsilon) = C_K \frac{K}{\varepsilon}\overline{u_j'u_k'}\frac{\partial \varepsilon}{\partial x_k} \qquad (2.55)$$

(2) 紊动耗散的各向同性假设

根据 Kolmogorov 局部各向同性假定,在高 Re 数情况下,紊流大尺度涡决定的性质不受粘性的影响,而小尺度涡结构在统计上则与时均运动和大尺度涡运动无关,是各向同性的。考虑到紊动耗散过程主要决定于各向同性的小尺度涡运动,因此可认为紊动耗散也是各向同性的。从各向同性紊流的统计理论出发,不难导出

$$\nu \overline{\frac{\partial u_i'}{\partial x_k}\frac{\partial u_j'}{\partial x_l}} = \frac{\varepsilon}{30}(4\delta_{ij}\delta_{kl} - \delta_{ik}\delta_{jl} - \delta_{il}\delta_{jk}) \tag{2.56}$$

当指标 $k=l$ 时,由上式可得

$$\nu \overline{\frac{\partial u_i'}{\partial x_k}\frac{\partial u_j'}{\partial x_k}} = \frac{1}{3}\delta_{ij}\varepsilon \tag{2.57}$$

式中,δ_{ij} 表示 Kronecker 记号。这样,在 ε 方程中产生项

$$-2\nu \frac{\partial u_i}{\partial x_j}\left(\overline{\frac{\partial u_k'}{\partial x_i}\frac{\partial u_k'}{\partial x_j}} + \overline{\frac{\partial u_i'}{\partial x_k}\frac{\partial u_j'}{\partial x_k}}\right) = -2\frac{\partial u_i}{\partial x_j}\left(\frac{2}{3}\delta_{ij}\right)\varepsilon = -\frac{4}{3}\varepsilon\frac{\partial u_j}{\partial x_j} = 0 \tag{2.58}$$

可略去不计。

此外,通过量级比较表明,在 ε 方程中另一产生项

$$-2\nu \overline{u_k'\frac{\partial u_i'}{\partial x_j}}\frac{\partial^2 u_i}{\partial x_k \partial x_j} = o\left(\frac{1}{Re}\right) \to 0 \tag{2.59}$$

与 Re 数的倒数同量级。因此,在高 Re 数下,这一项也是可略去的小量。

(3) 小涡拉伸引起的产生项和粘性耗散项的模化

在 ε 方程中,这两项的表达式是

$$I = -2\nu \overline{\frac{\partial u_i'}{\partial x_j}\frac{\partial u_i'}{\partial x_k}\frac{\partial u_j'}{\partial x_k}} - 2\overline{\left(\nu\frac{\partial^2 u_i'}{\partial x_k \partial x_k}\right)^2} \tag{2.60}$$

上式中等号右端第一项表示小涡拉伸引起的产生项,相当于紊动动能耗散率 ε 的一个源项,从物理角度看应正比于紊动动能产生项 P。这是因为 P 的增大会引起紊动动能增加,从而导致 ε 也相应增加。等号右端第二项是粘性耗散项,为 ε 方程中的一个汇项,应与紊动动能耗散率 ε 成正比。由于这两项之差对 ε 的发展起主要作用,故通常这两项不分开模化。如 Lumley 根据紊流在局部平衡状态下 $P=\varepsilon$ 的条件,认为这两项之差应与 $\left(\dfrac{P}{\varepsilon}-1\right)$ 成正比,并通过量纲分析可得

$$I \propto \frac{\varepsilon^2}{K}\left(\frac{P}{\varepsilon} - 1\right) \tag{2.61}$$

写成等式关系式为

$$I = C_{\varepsilon 1}\frac{\varepsilon}{K}P - C_{\varepsilon 2}\frac{\varepsilon^2}{K} = \frac{\varepsilon}{K}(C_{\varepsilon 1}P - C_{\varepsilon 2}\varepsilon) \tag{2.62}$$

现将上述各模化式(2.53)~(2.62)代入到 K 和 ε 精确方程(2.27)和(2.29)中,得标准 K-ε 模式为

紊动动能 K 方程

$$\frac{\partial K}{\partial t} + u_j\frac{\partial K}{\partial x_j} = \frac{\partial}{\partial x_j}\left[\left(\frac{\nu_t}{\sigma_K} + \nu\right)\frac{\partial K}{\partial x_j}\right] + P - \varepsilon \tag{2.63}$$

湍动动能耗散率 ε 方程

$$\frac{\partial \varepsilon}{\partial t} + u_j \frac{\partial \varepsilon}{\partial x_j} = \frac{\partial}{\partial x_j}\left[\left(\frac{\nu_t}{\sigma_\varepsilon} + \nu\right)\frac{\partial \varepsilon}{\partial x_j}\right] + C_{\varepsilon 1} \frac{\varepsilon}{K} P - C_{\varepsilon 2} \frac{\varepsilon^2}{K} \qquad (2.64)$$

式中，$P = -\overline{u_i' u_j'}\frac{\partial u_i}{\partial x_j}$ 为湍动动能产生项。模式中各经验常数须由实验确定，目前多数学者推荐的各常数取值为：$C_\mu = 0.07 \sim 0.09, \sigma_K = 1.0, \sigma_\varepsilon = 1.3, C_{\varepsilon 1} = 1.41 \sim 1.45, C_{\varepsilon 2} = 1.9 \sim 1.92$。

$K-\varepsilon$ 模式被广泛地用于湍流的工程计算中，现已得到许多成功的算例，如各种湍动射流、突扩分离流和其他一些剪切流动问题。

5. 湍动应力输运模式和代数应力模式

因 $K-\varepsilon$ 模式是建立在各向同性涡粘性假设基础上的，所以对那些各向异性较强或个别湍动正应力项起主要作用的复杂流动，这些湍流模式就无能为力了。为此，人们进一步提出以湍动应力 $-\overline{u_i' u_j'}$ 作为未知量的湍动应力输运模式，以及由此简化而来的代数应力模式等。下面分别给出湍动应力精确输运方程(2.26)中有关未知量的模化式。

(1) 湍动扩散项的梯度型假定

$$-\overline{u_i' u_j' u_k'} - \overline{\frac{p'}{\rho}(\delta_{jk}u_i' + \delta_{ik}u_j')} = C_K \frac{K^2}{\varepsilon}\frac{\partial \overline{u_i' u_j'}}{\partial x_k} \qquad (2.65)$$

(2) 湍动耗散项的各向同性假定

$$\varepsilon_{ij} = 2\nu \overline{\frac{\partial u_i'}{\partial x_k}\frac{\partial u_j'}{\partial x_k}} = \frac{2}{3}\delta_{ij}\varepsilon \qquad (2.66)$$

(3) 压力变形相关项的模化

在湍动应力方程中，如将压力变形项（pressure - strain correlation）

$$\pi_{ij} = \overline{\frac{p'}{\rho}\left(\frac{\partial u_i'}{\partial x_j} + \frac{\partial u_j'}{\partial x_i}\right)} \qquad (2.67)$$

中的脉动压力用 Poisson 方程

$$\nabla^2 \frac{p'}{\rho} = -\left[\frac{\partial u_i}{\partial x_j}\frac{\partial u_j'}{\partial x_i} + \frac{\partial^2 (u_i' u_j' - \overline{u_i' u_j'})}{\partial x_i \partial x_j}\right] \qquad (2.68)$$

的解取代，则 π_{ij} 可定性上分解成两项之和。其中，一项为由脉动速度相互作用引起的 $\pi_{ij,1}$；另一项为由时均变形和脉动速度相互作用引起的 $\pi_{ij,2}$，即

$$\pi_{ij} = \pi_{ij,1} + \pi_{ij,2} \qquad (2.69)$$

Rotta 考虑到 $\pi_{ij,1}$ 是表征湍流各向异性程度的，于 1950 年首次推荐了一个模化式，即

$$\pi_{ij,1} = -C_1 \frac{\varepsilon}{K}\left(\overline{u_i' u_j'} - \frac{2}{3}\delta_{ij}K\right) \qquad (2.70)$$

对于第二项，Naot 和 Reynolds 提出的一个较简单的模化式为

$$\pi_{ij,2} = -C_2\left(P_{ij} - \frac{2}{3}\delta_{ij}P\right) \qquad (2.71)$$

式中，$P_{ij} = -\overline{u_i' u_k'}\frac{\partial u_j}{\partial x_k} - \overline{u_j' u_k'}\frac{\partial u_i}{\partial x_k}$ 为湍动应力产生项；$P = -\overline{u_i' u_j'}\frac{\partial u_i}{\partial x_j}$。这个模化式与式(2.70)相类似，相当于假定 $\pi_{ij,2}$ 正比于湍动应力产生项的各向异性程度。

将式(2.65)~(2.71)代入紊动应力精确方程(2.29)中,最后可得目前常用的一种紊动应力输运模式

$$\frac{\partial \overline{u_i'u_j'}}{\partial t} + u_k \frac{\partial \overline{u_i'u_j'}}{\partial x_k} = \frac{\partial}{\partial x_k}\left[C_k \frac{K^2}{\varepsilon} \frac{\partial \overline{u_i'u_j'}}{\partial x_k} + \nu \frac{\partial \overline{u_i'u_j'}}{\partial x_k}\right] + P_{ij} - \frac{2}{3}\varepsilon\delta_{ij} -$$
$$C_1 \frac{\varepsilon}{K}\left(\overline{u_i'u_j'} - \frac{2}{3}K\delta_{ij}\right) - C_2\left(P_{ij} - \frac{2}{3}P\delta_{ij}\right) \quad (2.72)$$

模式中通用常数的取值范围为: $C_k=0.09 \sim 0.11, C_1=1.5 \sim 2.2, C_2=0.4 \sim 0.5$。

考虑到紊动应力输运模式计算工作量大,应用起来很不方便,故通过对紊动应力输运模式的简化,提出了代数应力模式(algebraic stress models)。最简单的代数应力模式是将紊动应力方程(2.72)中的对流输运和扩散输运项直接消去获得的,即

$$0 = P_{ij} - \frac{2}{3}\varepsilon\delta_{ij} - C_1 \frac{\varepsilon}{K}\left(\overline{u_i'u_j'} - \frac{2}{3}K\delta_{ij}\right) - C_2\left(P_{ij} - \frac{2}{3}P\delta_{ij}\right) \quad (2.73)$$

整理后,有

$$\overline{u_i'u_j'} = \frac{2}{3}K\delta_{ij} + K\left[\frac{1-C_2}{C_1}\frac{P_{ij}}{\varepsilon} + \frac{2}{3}\delta_{ij}\frac{1}{C_1}\left(C_2\frac{P}{\varepsilon} - 1\right)\right] \quad (2.74)$$

考虑到上述代数应力模式所做的近似处理过于粗糙,Rodi(1972)提出了一种更有效的近似处理方法。他假定紊动应力$\overline{u_i'u_j'}$的输运正比于紊动动能K的输运,且比例因子为$\overline{u_i'u_j'}/K$,不是常数,即

$$\frac{D\overline{u_i'u_j'}}{Dt} - \text{Diff}(\overline{u_i'u_j'}) = \frac{\overline{u_i'u_j'}}{K}\left(\frac{DK}{Dt} - \text{Diff}(K)\right) \quad (2.75a)$$

$$\frac{\overline{u_i'u_j'}}{K}\left(\frac{DK}{Dt} - \text{Diff}(K)\right) = \frac{\overline{u_i'u_j'}}{K}(P - \varepsilon) \quad (2.75b)$$

式(2.75b)是由K方程得到的。这样紊动应力输运方程(2.72)就简化为常用的另一个代数应力模式,即

$$\frac{\overline{u_i'u_j'}}{K}(P-\varepsilon) = P_{ij} - \frac{2}{3}\varepsilon\delta_{ij} - C_1\frac{\varepsilon}{K}\left(\overline{u_i'u_j'} - \frac{2}{3}K\delta_{ij}\right) - C_2\left(P_{ij} - \frac{2}{3}P\delta_{ij}\right) \quad (2.76)$$

或者

$$\frac{\overline{u_i'u_j'}}{K} = \left[\frac{2}{3}\delta_{ij} + \frac{(1-C_2)\left(\frac{P_{ij}}{\varepsilon} - \frac{2}{3}\delta_{ij}\frac{P}{\varepsilon}\right)}{C_1 + \frac{P}{\varepsilon} - 1}\right] \quad (2.77)$$

紊动应力输运模式和代数应力模式已成功地预报了不对称槽流、弯曲的混合层或壁射流、有环向流的射流、在非圆形管流或渠流横截面上由紊流应力场的强各向异性引起的二次流等。不过由于这类模式数值计算工作量大,因此尚未得到广泛的应用。

最后应指出的是,紊流模式理论是建立在时间分解意义上的,通过时均运算抹平了脉动场的全部细节,因此用它们只能预报工程上感兴趣的时均流动和一些脉动统计特征量的分布,而无法了解流场的任何细节信息。为此,近年来出现了紊流的直接数值模拟技术(direct simulation),它是在不引入任何紊流模式的前提下,用计算机直接数值模拟三维非定常的N-S方程组。通过数值求解紊流瞬时运动,不仅可获得紊流时均运动和脉动运动统

计特征量的全部信息,而且可为研究紊流中不同尺度涡的运动学、动力学行为和它们之间的相互作用机理提供充足的数值实验资料。有兴趣的读者可参阅张兆顺等人编著的《湍流理论与模拟》与是勋刚编著的《湍流》。

2.4 高级数值模拟

1. 直接数值模拟技术

(1) 紊流直接数值模拟的基本原理

紊流是一个极其复杂的多尺度、多层次结构的流动现象,对其的预测与控制和人们的认知程度与需要了解的细节密切相关。如果仅站在时均层次看待紊流,可用雷诺时均方程(Reynolds Averaged Navie-Stokes,RANS)求解;如果需要了解大尺度的紊流结构,则相继发展了大涡模拟技术(Large Eddy Simulation,LEM);如果需要了解紊流场的全部信息,必须从完全精确的控制方程入手,发展全尺度紊流运动的直接数值模拟技术(Direct Numerical Simulation,DNS)。以上三种模拟技术对流场的分辨率不同,对模拟的紊流尺度也不同。一般而言,直接数值模拟要求模拟所有尺度的紊流分量,最小尺度到耗散尺度量级,相当于网格 Re 数接近 1.0;在雷诺时均方法中,紊流脉动分量用统计量表征的紊流模型进行了封闭,数值模拟的网格尺度可由时均流动的性质决定;对于大涡模拟技术,网格尺度在惯性子区以上,耗散尺度分量用模化方程取代,因此这种技术可模拟大尺度的紊流分量。直接数值模拟技术是 20 世纪 70 年代发展起来的,Orzag 和 Patterson(1972)最早用直接数值模拟计算了各向同性紊流,受当时计算机所限,网格数只有 32^3,相应的雷诺数 $Re_\lambda = 35$。从现代 DNS 水平来看,这个算例的网格分辨率是远远不够的,但当时是了不起的成就。随着计算机的不断发展,目前直接数值模拟各向同性紊流的最大网格数可达 $4\,096^3$,相应的雷诺数 $Re_\lambda \sim O(10^3)$,数值实验证实了 Kolmogorov 理论的部分假定。对于切变紊流,模拟的流动雷诺数还远远低于工程实际中发生的紊流。以槽道紊流为例,目前能够实现直接数值模拟的流动雷诺数约 10^4。

直接数值模拟可以获得紊流场的全部信息,所付出的代价是巨大的计算内存和高的运算速度。与此相反,实验测量仅能获得有限的流场信息,包括有限尺度的紊流分量。例如,紊流流场中的涡量分布很难测量,因此至今湍涡结构的发展与演化只有通过流动显示定性观察或通过数值模拟给出定量结果。由于直接数值模拟能够实时获取流动演化过程,因此是研究紊流机理和控制湍涡的有效工具。利用直接数值模拟的数据库还可以评价已有紊流模型,进而研究改进紊流模型的途径。

因湍涡尺度演变和湍涡的不规则性,其与层流运动的数值模拟主要差别是:首先紊流脉动具有宽带的波数谱和频谱,因此紊流直接数值模拟要求有很高的时间和空间分辨率;其次,为了获得紊流的统计特征,要求模拟足够多的样本流场。如果紊流是平稳随机过程,需要足够长的时间序列,通常在充分发展的紊流中,需要 10^5 以上的时间积分步,这就需要内存大、速度快的计算机才能实现紊流的直接模拟。

(2) 紊流直接数值模拟的空间分辨率

为了说明紊流直接模拟的空间分辨率和流动雷诺数的关系,以均匀各向同性的紊流为例,假定各向同性紊流的含能尺度或积分尺度为 l,Kolmogorov 耗散尺度为 η(Re 数接近 1.0)。要想在一个长度为 L 的正方形体中获取紊流分量的全部信息,一方面立方体的长度 L 应大于含能尺度 l,以便准确地模拟紊流的大尺度涡运动;另一方面为了保证模拟紊流小尺度涡的运动,网格计算尺度 Δ 应小于耗散涡尺度 η。由此可见,一维网格数至少应满足的不等式为

$$N_x = L/\Delta > l/\eta$$

由于 Kolmogorov 耗散尺度 $\eta=(v^3/\varepsilon)^{1/4}$,而 $\varepsilon \sim u'^3/l$(u' 是脉动速度均方根值),将以上关系带入上式,可得

$$N_x > (Re_l)^{3/4}$$

式中,$Re_l=u'l/v$。三维总网格数 N 则应满足

$$N = N_x N_y N_z > (Re_l)^{9/4} \tag{2.78}$$

对于工程中常见的紊流而言,这是一个天文数字。例如,对于均匀各向同性紊流,如果 $Re_l=10^3$,则需要的网格数约为 10^7。对于切变紊流,所要求的网格数更多。例如,计算紊流边界层,如取横向计算域长度 $L_y \sim O(\delta)$,纵向计算域长度 $L_x \sim 10\delta$,它们都大于紊流脉动的积分尺度。因此,按照上式要求,直接数值模拟切变紊流所需要的网格数比各向同性紊流所需的网格数至少多一个量级。为了实现切变紊流的 DNS,常放宽耗散尺度的限制条件。由于紊动能耗散的峰值尺度大于 Kolmogorov 耗散尺度,因此可取网格尺度 $\Delta \sim O(\eta)$,而不要求 $\Delta < \eta$。Moser 和 Moin(1987)曾估计,在槽道紊流中,绝大部分的紊动能耗散发生在尺度大于 15η 的紊流脉动中。因此在大部分壁紊流的 DNS 算例中,除了垂直于壁面方向的近壁分辨率外,在流向和展向的分辨率均大于 η,例如取 $\Delta_x \sim (5)\eta$,$\Delta_z \sim 10y$。结果表明,这样的处理对于研究壁紊流中的紊流输运过程和雷诺应力的生成是足够准确的。

此外,最小网格的选取除了与上述紊流最小尺度的大小有关外,还与计算格式和计算方法有关。谱方法的数值精度最高,差分法的精度和差分格式有关。Moin 等人(1998)指出,在同等计算精度下,如取谱方法的网格长度是 1.5η,则二阶中心差分格式的网格长度应是 0.26η,四阶中心差分的网格长度则为 0.55η。

有文献指出,均匀紊流直接数值模拟的计算域长度由紊流脉动的大尺度确定。根据经验,计算域的长度应是积分尺度的 8~10 倍,过小的积分域将丧失一部分大尺度紊动能。对于壁紊流,流向计算域长度应当大于 $2\,000\nu/u_\tau$(约为近壁条带平均长度的 2 倍),展向计算域长度应当大于 $400\nu/u_\tau$(约为近壁条带平均间距的 4 倍),过小的计算域将不能包含紊流大尺度拟序结构,不能够正确模拟壁紊流中动量和能量输运。

(3) 紊流直接数值模拟的时间分辨率

采用不同的数值离散格式,数值计算的稳定性条件不同。如对于显格式,数值稳定性条件的计算时间步长必须满足 CFL 条件,即

$$\Delta t < \frac{\Delta}{u'} \tag{2.79}$$

由于时间推进的积分长度应当数倍于大涡的特征时间尺度 L/u'，因此可以推算总的计算步数 N_t 应大于 $L/\Delta \sim Re_l^{3/4}$。

对于隐格式，可以增大时间推进步长。可考虑采用全隐格式，也可用部分隐格式（例如，粘性项采用隐式，而对流项仍采用显式）。显然，式(2.79)是紊流模拟的基本要求。

(4) 初始条件和边界条件

在紊流直接数值模拟中，如何给出流动的初始条件和边界条件是相当困难的问题。由于紊流脉动的随机性，对于紊流直接数值模拟，其开边界上速度应当是一次流动实现的瞬间速度(包括时均速度和脉动速度)，如果时均值是定常的紊流场(平稳随机过程)，可参照类似的流动近似给出开边界上的时均速度场。由于脉动速度随时间的变化是不规则和随机的，事先并不知道具体的随机样本过程；类似地，对于初始紊流场也是无法预先确定空间随机分布，这样一来，随机样本流动的初始场和开边界上的脉动速度分布不可能在数值计算以前准确地给出。因此，在实施紊流直接数值模拟时，只能先近似地给出不违背流动控制方程和相关物理约束条件的恰当的初始条件和边界条件，譬如，不可压缩流动的初始速度场的散度必须等于零；然后进行数值推进计算，对于时间平稳的紊流场，当推进上万步后，流动进入到稳态过程，可认为再现了"真实的"紊流状态，然后继续推进足够的时间步，以便完成长时间序列的统计量的计算。上述处理过程，严格而言仅适用于平稳随机过程，对于非平稳随机过程不适应。也就是说，在非平稳的紊流场中，紊流场的时间序列与初始场有关。对于均匀各向同性的紊流，在处理边界条件时也有类似情况，脉动速度场的远距离相关总是等于零，因此可以将计算的边界向外扩展，从计算边界到实际边界间的紊流场不是真实的紊流，真实的紊流从计算域下游截面开始。至于判断流动是否进入到真实的紊流状态，常用的方法是随时监视统计量。

具体而言，在初始条件构造中，对于均匀紊流的初始场也是统计均匀的，可以用计算机发送随机数的方法构造初始脉动场，同时要求它既满足连续方程，又具有给定的能谱。对于切变紊流，理想的初始条件是从层流状态开始，加上适当的扰动，让扰动自然发展到紊流。这种设想看来最为合理，但是直接数值模拟自然转捩过程十分困难，其原因是：① 流动转捩到紊流可能通过不同途径，什么样的扰动能够转捩到紊流还是需要研究的问题；② 即使给定的扰动能够转捩到紊流，往往需要很长的时间；③ 紊流转捩的最后阶段，流动十分复杂，要求数值耗散非常之小，网格分辨率和计算精度甚至比直接数值模拟紊流还要高(Kleiser,1991)。以直槽流动为例，在低于线性不稳定的临界雷诺数的条件下（如 $Re = 3000$），给出抛物线速度分布加上某种三维线性扰动模态的组合，希望由于扰动非线性相互作用而导致紊流。实际计算进程可能是：扰动经初始的短时间衰减后，由于非线性相互作用而急剧增长，经过相当长的时间推进后，从速度分布和扰动强度分布来看，似乎快要到达紊流状态；突然，扰动又开始衰减，最后又回到层流状态。克服这种数值逆转捩的方法是在开始衰减后，叠加一个满足连续方程的随机扰动场，强迫脉动继续增长，这种计算相当于转捩实验中施加绊线。

对于具有线性不稳定性的流动(如混合层或其他自由切变流动)，因扰动始终增长，此时以层流状态加不稳定扰动模态作为初始场，可以较容易地模拟紊流发展的全过程。

在边界条件构造中,常遇到固壁无滑移条件、周期条件、渐进条件、进出口条件等。

如果湍流脉动在某一方向是平稳的,即统计均匀的,那么在这一方向上可以采用周期条件。由于湍流的空间平稳性,统计均匀方向上入口和出口的湍流脉动的随机性质是完全相同的。对于空间均匀湍流,在三个方向上都采用周期条件。周期条件在数值方法上是很容易计算的,所以对于缓变的非均匀湍流,也常常采用周期条件作为近似边界条件。

对于湍流边界层或其他薄湍流切变层,湍流脉动或涡量集中在薄层中。在一般三维物体绕流情况下,湍流脉动或涡量也集中在物面附近和尾迹中。在远离薄层和物面的渐近区域,速度场趋近于无旋的均匀场,因此对于不可压缩流体可以采用

$$\lim_{y\to\infty} u = U_\infty, \qquad v = w = 0 \tag{2.80a}$$

在离开薄层或物体横向一定距离的平面上设置虚拟边界,在虚拟边界 $y = H$ 上给出以下条件:

$$u = U_\infty, \qquad v = w = 0 \tag{2.80b}$$

这种近似方法称刚盖假定,其计算精度依赖于虚拟边界离薄层或固壁的距离 H。另一种更好的方法是先做一个指数变换,将无限域变到有限域,令

$$\eta = 1 - \exp(-my) \qquad (m \text{ 是正数}) \tag{2.81}$$

然后,在有限域里数值求解 N-S 方程。如果 $y = 0$ 是固壁,则在指数变换时,在 $y=0$ 附近自动加密网格,而在 η 方向则是均匀网格。在 (x, η, z) 坐标系里,原渐进条件可写为

$$u = U_\infty, \qquad v = w = 0, \qquad \eta = 1 \tag{2.82}$$

因为指数变换式在 $y \to \infty$ 时导数 $d\eta/dy=0$,具有奇异性,收敛性较差,所以有人主张采用代数变换(Metcalfe,1987),例如 $\eta = y/(1+y)$。Spalart 等人(1991)分析了指数变换收敛性问题,用附加基函数的方法改善指数变换的收敛性,在计算时间上优于代数变换。

对于单方向均匀湍流,如直槽湍流,可以在垂直于流动的进、出口面上采用周期条件。

对于空间发展的流动,如湍流边界层,必须给出进口的速度分布。较简单的空间发展湍流,如流向衰减的格栅湍流、准平行的平面混合层等,可以利用 Taylor 冻结假定将计算简化。在一个等速坐标系中将原来的空间发展问题变换成时间演化问题,在时间演化问题中,流向可以采用周期条件。

对于更为复杂湍流,不能采用流向均匀性的近似,这时必须给定进口条件。现有的方法大体可以分为两类。第一种方法是前面介绍过的,将进口截面向上游移动,为了更好地近似真实湍流,进口截面给定时间上随机的速度分布。应用上述边界条件做时间推进时,进口随机脉动向下游传输,显然它们并非真实的湍流,但是在向下游传输相当长距离后(约为进口平均位移厚度的 50 倍),可认为发展到真实的湍流状态。另一种改进的方法是在进口以前用流向均匀条件(即流向采用周期性条件)计算一个湍流场,以该算例的出口速度场作为实际问题的进口条件,用这种方法,初始的发展阶段可以缩短到 20 倍进口位移厚度。

和进口条件类似,出口属于开边界,出口的脉动量是随机的。对于流向均匀的脉动场,采用进、出口周期条件。由于湍流速度场是随时间变化的,对于流向发展的湍流必须采用非定常的出口条件。在出口处,近似条件是

$$\frac{\partial Q}{\partial t} + u \frac{\partial Q}{\partial x} = 0 \tag{2.83}$$

式中，Q 是任意流动变量。在出口附近的紊流场不是真实流动,类似进口条件,应当把数值出口边界移到真实出口下游一定距离处。

对于可压缩紊流在进出口和渐近边界上,都需要根据特征分析给出条件。如果忽视特征分析,在进出口和渐近边界上会产生非物理反射波而影响准确解。有关无反射条件已有很多研究,可参见 Lele(1997)的综述文章。

初始紊流脉动场的特征量可以根据给定的能谱函数 $E(k)$ 近似确定(k 为波数),然后通过这些特征量确定计算网格数和推进时间步长。按照均匀各向同性紊流理论,紊流脉动强度 σ_u,紊动能耗散率 ε, Taylor 微尺度 λ(表征耗散涡的尺度)和紊动耗散尺度 η 的计算公式列出如下:

$$\sigma_u^2 = \sqrt{\overline{u'^2}} = \frac{2}{3}\int_0^\infty E(k)\,dk \tag{2.84}$$

$$\varepsilon = \nu \overline{\frac{\partial u_i'}{\partial x_j}\frac{\partial u_i'}{\partial x_j}} = \nu \int_0^\infty k^2 E(k)\,dk \tag{2.85}$$

$$\lambda = \sqrt{\frac{15\nu \sigma_u^2}{\varepsilon}} \tag{2.86}$$

$$\eta = \left(\frac{\nu^3}{\varepsilon}\right)^{1/4} \tag{2.87}$$

紊流的积分尺度 l 和时间尺度 τ 常用的计算公式为

$$l = \frac{\sigma_u^3}{\varepsilon} \tag{2.88}$$

$$\tau = \frac{l}{\sigma_u} \tag{2.89}$$

(5) 紊流直接数值模拟的谱方法

由于均匀各向同性紊流场可以采用周期性边界条件进行数值计算,因此利用傅里叶展开方法是最准确和有效的,这就是数值计算的谱方法原理。谱方法是一种加权余量法的数值计算方法,它利用傅里叶变换将微分方程离散化为代数方程组,如下是其基本原理。设有微分方程

$$L(u) = f(u)$$

式中,L 表示微分算子,$f(u)$ 是已知函数。将未知函数 u 用一组完备的线性独立函数族 $\{\phi_k\}_{k=0,1,\cdots}$ 展开

$$u^N = \sum_{k=0}^N u_k \phi_k \tag{2.90}$$

在加权余量法中,函数族 ϕ_k 称为试探函数,u_k 为函数 u 的展开系数。当展开式只取有限项时,式(2.90)是原函数 u 的近似。把 u^N 代入原来的微分方程将产生误差,并称该误差为残差或余量,用 R^N 表示。

$$R^N = L(u^N) - f(u^N) \tag{2.91}$$

用另一组完备的线性独立函数族 ψ_k 作为权函数,要求余量的加权积分等于零,即

$$\int_\Omega [L(u^N) - f(u^N)]\psi_k\,d\Omega = 0 \tag{2.92}$$

式中,Ω 是流动问题的求解域。因试探函数和权函数都是已知函数族,式(2.87)是展开系数

u_k 的代数方程组。如果微分算子 L 是线性的,则最后求解的是线性代数方程组;如果微分算子 L 是非线性的,则最后求解的是非线性代数方程组。求出代数方程的解,就得到原微分方程的近似解。根据权函数和试探函数的选择不同,加权余量法又可分为三种形式:

① 伽辽金方法(Galerkin 法)。权函数和试探函数相同,均为无限光滑的完备函数族,并满足求解问题的边界条件。

② Tau 方法。权函数和试探函数相同,均为无限光滑的完备函数族,但是不要求试探函数满足求解问题的边界条件,这时需要附加额外的关于边界条件的方程。

③ 配置点法。权函数是离散点(也称为配置点)上的 δ 函数,因此加权积分的结果是在配置点上数值解严格满足微分方程。

谱方法的优点是精度高,计算速度快。如果选用试探函数和权函数为三角函数,则可利用快速傅里叶变换求解。在简单几何边界的问题中,谱方法是非常好的方法,例如周期边界条件的问题,可以用三角函数族作为试探函数;在平行平板间,可以用正交多项式作为试探函数。不过,适应复杂边界的试探函数十分难找,所以对于复杂边界的紊流问题,特别是对于流场中存在间断的情况,只能采用差分离散方法。

(6) 伪谱法

对于线性微分方程,谱方法的精度取决于谱展开的精度,即谱截断误差。对于非线性方程,有限项谱展开的非线性项会产生附加误差,这种误差在谱方法中称为混淆误差。为了消除混淆误差,提出了伪谱法。物理空间中非线性项,例如函数的二次乘积,经过谱变换后,在谱空间中是卷积求和。具体而言,N-S 方程通过傅里叶变换为

$$\frac{\partial u_i(k,t)}{\partial t} + ik_j \sum_{m+n=k} u_j(m,t) u_i(n,t) = -ik_i p(k,t) - vk^2 u_i(k,t) \qquad (2.93)$$

其中,对流项是卷积求和。以一维计算为例,如果函数的傅里叶展开为 N 项,则对流项的运算次数是 N^2,对于分辨率很高的直接数值模拟,这是耗时很大的计算。而一次快速傅里叶变换的运算次数是 $N\ln N$,为了减小计算量,不采用完全的谱展开方式,而是在物理空间计算非线性项,把它作为一个原函数在谱空间中展开,这种做法称为伪谱法。

(7) 差分法

谱方法只能适用于简单的几何边界,对于空间发展的紊流和复杂几何边界的紊流需要采用有限差分或有限体积离散方法。紊流的直接数值模拟需要高分辨率和高精度格式,又需要很长的推进时间,选用差分格式是很重要的。根据近十年来直接数值模拟的经验和流体力学计算方法的进展,紊流直接数值模拟应当采用高精度格式。这是因为高精度格式允许较大的空间步长,在同样的网格数条件下,可以模拟较高雷诺数的紊流;另一方面,如果采用隐式推进的高精度格式,还可以加大时间步长,减少计算时间。差分离散方法的基本思想是:通过选定结点(离散点)上函数值(f_i)的线性组合来逼近结点上的导数值。这种表达式称为导数的差分式。设 F_j 为函数 $(\partial f/\partial x)_j$ 的差分格式,则有

$$F_j = \sum a_i f_i \qquad (2.94)$$

上式中系数 a_i 由差分格式的精度确定。也可以用结点上函数值的线性组合来逼近结点上导数值的线性组合,这种方法称为紧致格式

$$\sum b_j F_j = \sum a_i f_i \tag{2.95}$$

将导数的逼近式代入控制流动的微分方程,得到流动数值模拟的差分方程。差分方程的精度决定于差分格式的精度,而差分格式的精度又依赖于求解函数 Taylor 级数展开的近似程度。譬如,一阶精度格式为

$$\left(\frac{\partial f}{\partial x}\right)_i = \frac{f_{i+1} - f_i}{\Delta x} + E(\Delta x) \tag{2.96}$$

二阶精度格式为

$$\left(\frac{\partial f}{\partial x}\right)_i = \frac{-3f_{i-1} + 4f_i - f_{i+1}}{2\Delta x} + E(\Delta x^2) \tag{2.97}$$

显然,精度愈高,差分格式中所包含的离散点数愈多,这给计算边界附近点的导数带来困难。为此提出了紧致高精度格式,其出发点是利用较少的离散点计算导数的近似值,而又能获得较高的精度。

差分离散方程必须满足相容性条件和稳定性条件,就是说当差分步长趋近于零时,差分方程趋向于原来的微分方程,这就是相容性;如果随时间推进过程中,初始误差的增长有界,则称差分格式是稳定的。对于线性微分方程,满足相容性和稳定性的差分方程的解必定收敛到原微分方程的解(Lax 等价原理)。对于非线性方程还没有一般的收敛性证明,只能借用线性微分方程的 Lax 等价原理作为近似判断差分格式收敛性的条件。

作为一个紊流直接数值模拟的典型例子,如图 2.2 所示为各向同性紊流的直接数值模拟

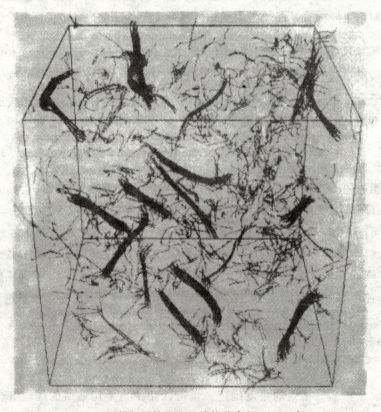

图 2.2　各向同性紊流涡结构分布(She,1990)

结果。该图清楚表明,在各向同性紊流中,强涡以细长管形式出现,其中涡管的直径是 Kolmogorov 尺度,涡管的平均长度是积分尺度,涡管的强度(环绕涡管的环量)随 Re_λ 的增大而增大。图中管状结构是涡量的等值面,虽然它们并非真正的涡管,但由于强涡量集中在很细的管状结构中,可以推断它们接近于当地的涡管。

2. 大涡模拟技术

在雷诺时均值概念的指导下,人们把瞬时紊流分解为时均运动与脉动运动两部分之和,而其中的脉动运动是完全不规则的随机运动。从工程角度出发,如果仅对紊流的时均运动和紊动量的统计性质感兴趣,而不关心脉动运动的时空演变细节,则对紊流运动进行理论分析或计算的主要方法是雷诺时均方法,这就是实用紊流理论的出发点。时均值的运算是一种积分运算,因此数学上时均的结果将抹平脉动运动时空演变细节,失去了包含在脉动运动内的紊动涡体的全部信息。并且由于脉动运动的随机性和 N-S 方程的非线性,时均的结果必然导致方程的不封闭性,形成了紊流理论的方程不封闭问题。为了求得一组有限的封闭方程组,人们不得不借助经验数据,通过简化假定、物理类比,甚至直觉想象等手段构造出不同的紊流模型,形成了实用紊流理论的基础,并在工程实际问题中发挥了很大的作用。但深究起来,这样处理紊流的方法存在以下两个重大缺陷:

① 它通过时均运算抹平脉动运动分量的行为细节,使得求解结果丢失了包含在脉动运动中大量关于紊动涡的信息。现已发现,在紊流运动中除了存在许多随机性很强的小尺度涡体外,还存在着一些组织性相当好的大尺度涡结构,它们有比较规则的旋涡运动图画,它们的形态和尺度对于同一类型的紊流运动具有普遍意义,它们对紊流中的雷诺应力和各种物理量的紊流输运过程起重要作用。然而不管大尺度的拟序涡还是小尺度的随机涡,紊流模式理论通过时均积分运算一概抹平,对大涡结构无法分辨。

② 任何紊流模型都有一定的局限性和对经验数据的依赖性。这一方面是因为在构造模型时,人们对许多未知项缺乏了解,也无直接测量数据参考,所做的假设主观臆测程度大,从而限制了模型的通用性。譬如,在紊动能耗散率 ε 的模拟方程中,模型的可靠性很差。另一方面,在构造紊流模型时,将所有不同尺度的紊动涡均等对待,不加区分大小,认为都是各向同性的,但实际情况并非如此。从紊动涡体的演变细节看,紊流中所含的大小尺度涡体,除尺度的差别外,大涡和小涡对时均运动的作用是不同的。如大尺度涡与时均流动之间存在强烈的相互作用,它直接从时均运动中吸取能量,对于流动的初始条件和边界形状与性质有强烈的依赖性,其形态与强度因流动的不同而改变,因而是高度各向异性的,且是有组织的(拟序涡结构)。反过来,大尺度涡又对时均运动有强烈的影响,大部分质量、动量、能量的输运都是由其引起的。而小涡主要是通过大涡之间的非线性相互作用间接产生,其与时均运动或流动边界形状关系不大,近似表现为各向同性的和随机的,它对时均运动只产生间接的影响,主要起粘性耗散作用。如将大小涡混在一起,则不可能找到一种紊流模型把具有不同的流动结构大尺度涡统一考虑进去。因此,找一个普适的紊流模型是相当困难的。然而,小涡运动的普实性模型是可实现的。基于这样的认识,似乎有可能实现将紊流大尺度涡和小尺度涡分开模化,这就是大涡模拟的基本思想。

湍流的直接数值模拟虽然可以获取湍流场所有尺度涡的全部细节,但长期受到计算机速度与容量的限制。主要困难在于湍流脉动运动中包含着大大小小不同尺度的涡运动,其最大尺度 L 与时均运动的特征长度同量级,最小尺度则取决于粘性耗散涡尺度,即 Kolmogorov 涡尺度 $\eta = (\nu^3/\varepsilon)^{1/4}$。这样在湍流中,大小尺度涡体的跨度很大,它们的尺度比值随着 Re 数的增高而迅速增大。在湍流统计理论中已经证明了

$$\frac{L}{\eta} \sim Re_L^{3/4}$$

式中,$Re_L = \frac{u'L}{\nu}$。为了模拟湍流流动,一方面计算区域的尺寸应大到足以包含最大尺度的涡;另一方面计算网格的尺度应小到足以分辨最小涡的运动。于是,在一个空间方向上的网格数目应至少不小于这一量阶。因此整个计算区域上的网点总数应至少为

$$N \sim Re_L^{9/4}$$

计算要模拟的时间长度应大于大涡的时间尺度 $\frac{L}{u'}$,而计算的时间步长又应小于小涡的时间尺度 $\frac{\eta}{u'}$。因此需要计算的时间步长应不小于 $\frac{L}{\eta} \sim Re_L^{3/4}$。故总的计算量正比于 Re_L^3。如此巨大的计算量使湍流的直接数值模拟受到限制。为此大涡模拟(Large Eddy Simulation,LES)的主要思想是:放弃全尺度范围湍动涡的数值模拟,改为只将比网格尺度大的大涡运动用 N-S 方程进行直接数值模拟,而对于比网格尺度小的小涡运动对大尺度涡运动的影响则通过建立通用模型来模拟。可见,一定意义上大涡模拟是介于直接数值模拟与一般模式理论之间的折中技术。用于模拟小涡运动对大尺度运动的影响的模型称为亚格子尺度模型(subgrid scale model)。大涡模拟方法最早由气象学家 Smagorinsky(1963)在研究全球气象预报时提出,后来气象学家 Deardoff(1970)首次将该方法用于槽道中湍流的模拟。

在大涡模拟技术中,引入具有一定普遍意义的小尺度涡模型,其重要的作用是引进一种耗能机制,它能从计算网格尺度上恰当地吸取能量,以便尽可能真实地模拟实际的能量级串输运过程。

如前所述,由于小尺度涡运动受流动边界条件和大涡运动的影响甚少,且近似认为是各向同性的,所以有可能找到一种较为普实的模型;同时因为流动中的大部分质量、动量或能量的输运主要来自大涡运动,这部分贡献现在可以直接计算出来,需要通过模型提供的部分只占很小的份额,因而总体的结果对模型的不可靠性不甚敏感。

(1) 滤波与尺度分解原理

把包括脉动运动在内的湍流瞬时运动通过某种滤波方法分解成大尺度运动和小尺度运动两部分。大尺度量要通过数值求解运动微分方程直接模拟。小尺度运动对大尺度运动的影响将在运动方程中表现为类似于雷诺应力一样的应力项,称之为亚格子雷诺应力。它们将通过建立模型来模拟。因此,大涡模拟的首要任务是要将一切流动变量分解为大尺度量与小尺度量,这一过程称之为滤波。如 $f(x,t)$ 是瞬时流动的任意物理变量,则其大尺度量可通过以下在物理空间区域上的加权积分来获得。

$$\bar{f}(x,t) = \int G \mid x - x' \mid f(x',t) d\sigma \tag{2.98}$$

式中,权函数 $G(|x-x'|)$ 亦称为滤波函数。

与式(2.98)相对应,在谱空间中关系式为

$$\bar{f}(k,t) = G(k)f(k,t) \tag{2.99}$$

式中,k 为波数;$f(k,t)$ 为谱空间中的谱函数。谱空间中的滤波函数 G 只是 $k=|k|$ 的函数。瞬时量与大尺度量之差

$$f' = f - \bar{f} \tag{2.100}$$

则反映了小尺度运动对 f 的贡献,称为 f 的亚格子分量或小尺度分量。不同的学者喜欢采用不同的滤波函数,常用的有以下几种,如图 2.3 所示。

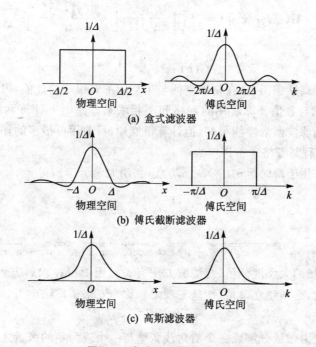

图 2.3 常用的几种滤波函数

① Deardorff 的 Box 方法

取滤波函数为

$$G(|x-x'|) = \begin{cases} \dfrac{1}{\Delta x_1 \Delta x_2 \Delta x_3} & \left(|x'_i - x_i| \leqslant \dfrac{\Delta x_i}{2}\right) \\ 0 & \left(|x'_i - x_i| > \dfrac{\Delta x_i}{2}\right) \end{cases}, \quad i=1,2,3 \tag{2.101}$$

式中,x_i 为任一网格节点的坐标,Δx_i 为第 i 方向的网格尺度。大尺度量 $\bar{f}$ 实际上是在以 x_i 为中心的长方体单元(Box)上的体积平均值,故这种滤波方法也称为 Box 方法。这种方法很简单,缺点是它的傅里叶变换在某些区间里有负值,并且由于滤波函数在单元边界上的间断性,难以进行微分运算。

② 傅氏截断滤波器

它实际上是 Box 滤波器在谱空间的翻版,即在傅里叶展开式中简单地截去所有波数绝对值高于 K_0 的分量。

$$G(k) = \begin{cases} 1 & (|k| \leqslant K_0) \\ 0 & (|k| > K_0) \end{cases} \tag{2.102}$$

而它在物理空间对应的滤波函数

$$G(x) = \frac{1}{\sqrt{2\pi}} \int_{-\infty}^{+\infty} G(k) e^{-ikx} dk \tag{2.103}$$

同样有在某些区间内有负值和难于求微分的缺陷。

③ 高斯型滤波器

该滤波器的滤波函数取

$$G(|x-x'|) = \prod_{i=1}^{3} \left(\frac{6}{\pi\Delta^3}\right) \exp\left[-\frac{6(x_i-x_i')}{\Delta^2}\right] \tag{2.104}$$

或

$$G(k) = e^{-k^2\Delta^2/24} \tag{2.105}$$

它的傅里叶变换也是高斯型函数，在物理空间与谱空间都有很好的性能，可以微分任意次。滤波器宽度 Δ 并不必须与数值计算所用的网格间距相联系。原则上计算网格的尺寸应小于滤波器宽度。虽然高斯滤波函数性能很好，但计算很麻烦，目前用得最多的还是前两种滤波器。

(2) 大涡模拟方程与亚格子雷诺应力

将上述滤波运算用于瞬时运动的 N-S 方程（将瞬时量分解），得

$$\frac{\partial \overline{u_i}}{\partial t} + \frac{\partial}{\partial x_j}(\overline{u_i' u_j'}) = -\frac{1}{\rho}\frac{\partial \overline{p}}{\partial x_i} + \nu \nabla^2 \overline{u_i} \tag{2.106}$$

式中

$$\overline{u_i u_j} = \overline{(\overline{u_i}+u_i')(\overline{u_j}+u_j')} = \overline{\overline{u_i}\,\overline{u_j}} + \overline{\overline{u_i}u_j'} + \overline{u_i'\overline{u_j}} + \overline{u_i'u_j'}$$

其中，第一项代表流场的大尺度分量（与滤波方法有关），因而可在求解方程中计算出来；而后面三项包含小尺度量，必须建立模型，把这三项之和称为亚格子雷诺应力。

$$R_{ij} = \overline{\overline{u_i}u_j'} + \overline{u_i'\overline{u_j}} + \overline{u_i'u_j'} \tag{2.107}$$

通常把亚格子雷诺应力张量分解成一个对角线张量与一个迹为零的张量之和

$$R_{ij} = \left(R_{ij} - \frac{1}{3}\delta_{ij}R_{kk}\right) + \frac{1}{3}\delta_{ij}R_{kk} = -\tau_{ij} + \frac{1}{3}\delta_{ij}R_{kk}$$

式中

$$\tau_{ij} \equiv -R_{ij} + \frac{1}{3}\delta_{ij}R_{kk} \tag{2.108}$$

将对角线张量部分与压力项合并，可定义一个修正的压力

$$P = \frac{\overline{p}}{\rho} + \frac{1}{3}R_{kk} \tag{2.109}$$

于是滤波后的 N-S 方程可写成

$$\frac{\partial \overline{u_i}}{\partial t} + \frac{\partial}{\partial x_j}\overline{u_i}\,\overline{u_j} = -\frac{\partial P}{\partial x_i} + \nu \frac{\partial^2 \overline{u_i}}{\partial x_j \partial x_j} + \frac{\partial \tau_{ij}}{\partial x_j} \tag{2.110}$$

在引入 τ_{ij} 的模型以后，方程(2.110)要与连续方程 $\frac{\partial \overline{u_i}}{\partial x_i}=0$ 联立求解。

① Deardorff 与 Schumann 用 Box 方法的处理技术

他们采用 Box 方法进行滤波，所有的大尺度量都只在网格节点上才有定义，可以认为在

一个以网格节点为中心的长方体体积单元上大尺度分量是常数,而在单元的边缘上则是间断的。因而若在单元体积上再做一次滤波运算,必有

$$\bar{\bar{u}}_i = \bar{u}_i \quad \text{和} \quad \overline{u'} = 0$$

于是

$$\overline{\bar{u}_i \bar{u}_j} = \bar{u}_i \bar{u}_j \tag{2.111}$$

$$\overline{\bar{u}_i u'_j} = \overline{u'_i \bar{u}_j} = 0$$

$$R_{ij} = \overline{u'_i u'_j} \tag{2.112}$$

这样,得到亚格子雷诺应力张量的简化形式。所形成的大涡模拟方程在形式上与普通的雷诺时均运动方程一样。

② Leonard 应力项模型

式(2.111)只在 Box 滤波情况下成立,如用一般的滤波函数,这样的等式是不成立的,可把原等式两端项之差定义为 Leonard 应力。

$$\lambda_{ij} \equiv \overline{\bar{u}_i \bar{u}_j} - \bar{u}_i \bar{u}_j \tag{2.113}$$

Leonard 建议在体积 $\Delta\sigma$ 上函数 $\bar{u}_i(x')$ 用的 x 点展开的 Taylor 级数表示为

$$\bar{u}_i(x') = \bar{u}_i(x) + (x'-x) \cdot \nabla \bar{u}_i(x) + \frac{1}{2}(x'-x)(x'-x) \cdot \nabla \nabla \bar{u}_i(x) + o(|x'-x|^3)$$

根据定义,并用上述 Taylor 展开式,得

$$(\overline{\bar{u}_i \bar{u}_j}) \equiv \int G(|x-x'|) \bar{u}_i(x') \bar{u}_j(x') d\sigma =$$

$$\int G(|x-x'|) \{\bar{u}_i(x) \bar{u}_j(x) + (x'-x) \cdot [\bar{u}_i(x) \nabla \bar{u}_j(x) + \bar{u}_j(x) \nabla \bar{u}_j(x)] + (x'-x)(x'-x) \cdot$$

$$\left[\nabla \bar{u}_i \nabla \bar{u}_j + \frac{1}{2} (\bar{u}_i \nabla \nabla \bar{u}_j + \bar{u}_j \nabla \nabla \bar{u}_i) \right] + \cdots \} d\sigma \tag{2.114}$$

式中,$\bar{u}_i(x)$,$\bar{u}_j(x)$ 及其微商都与积分变量无关,可提到积分号外面,再考虑到剩下的被积函数对于积分区域的对称性和非对称性,则有

$$\int G(x-x') \bar{u}_i(x) \bar{u}_j(x) d\sigma = \bar{u}_i(x) \bar{u}_j(x)$$

$$\int G(|x-x'|)(x'-x) \cdot [\bar{u}_i(x) \nabla \bar{u}_j(x) + \bar{u}_j(x) \nabla \bar{u}_i(x)] d\sigma = 0$$

$$\int G(|x-x'|)(x'-x)(x'-x) \cdot \left[\nabla \bar{u}_i \nabla \bar{u}_j + \frac{1}{2} (\bar{u}_i \nabla \nabla \bar{u}_j + \bar{u}_j \nabla \nabla \bar{u}_i) \right] d\sigma =$$

$$\frac{1}{2} \nabla \nabla (\bar{u}_i \bar{u}_j) \cdot \int G(|x-x'|)(x'-x)(x'-x) d\sigma \approx \nabla^2 (\bar{u}_i \bar{u}_j) \frac{\Delta^2}{24}$$

若采用 Box 滤波函数,则最后的等式准确成立;若采用其他滤波函数,此等式也近似的成立。故有

$$\overline{\bar{u}_i \bar{u}_j} \approx \bar{u}_i \bar{u}_j + \frac{\Delta^2}{24} \nabla^2 (\bar{u}_i \bar{u}_j) \tag{2.115}$$

因此,Leonard 应力

$$\lambda_{ij} = \frac{\Delta^2}{24} \nabla^2 (\bar{u}_i \bar{u}_j) \tag{2.116}$$

于是方程(2.110)可改写为

$$\frac{\partial \bar{u}_i}{\partial t} + \frac{\partial}{\partial x_j}(\bar{u}_i \bar{u}_j) = -\frac{\partial P}{\partial x_i} + \nu \frac{\partial^2 \bar{u}_i}{\partial x_j \partial x_j} + \frac{\partial \tau_{ij}}{\partial x_j} - \frac{\partial \lambda_{ij}}{\partial x_j} \tag{2.117}$$

③ Clark 修正项模型

Clark 认为在式(2.114)中，$\bar{u}_i \nabla^2 \bar{u}_j$ 与 $\bar{u}_j \nabla^2 \bar{u}_i$ 项都很接近零，因而提出的近似表达式为

$$\overline{\bar{u}_i \bar{u}_j} \approx \bar{u}_i \bar{u}_j + \frac{\Delta^2}{12} \nabla \bar{u}_i \cdot \nabla \bar{u}_j \tag{2.118}$$

等号右边最后一项就是 Clark 的修正项。大涡模拟方程(2.117)中的 λ_{ij} 应以此式来代替。

(3) 亚格子雷诺应力的方程

如果以 u_j 乘以 u 分量的 N-S 方程，再以 u_i 乘以 u_j 分量的 N-S 方程，将两式相加，再进行滤波处理，则获得 $\overline{\bar{u}_i \bar{u}_j}$ 的微分输运方程。将这两方程相减，并滤波处理，可得亚格子雷诺应力 R_{ij} 的方程为

$$\frac{\partial R_{ij}}{\partial t} + \bar{u}_k \frac{\partial}{\partial x_k} R_{ij} = -\underbrace{\left[(R_{ik} + \lambda_{ik}) \frac{\partial \bar{u}_j}{\partial x_k} + (R_{jk} + \lambda_{jk}) \frac{\partial \bar{u}_i}{\partial x_k} \right]}_{\text{产生项}} +$$

$$\underbrace{\overline{\frac{p}{\rho}\left(\frac{\partial u_i}{\partial x_j} + \frac{\partial u_j}{\partial x_i}\right)} - \frac{\bar{p}}{\rho}\left(\frac{\partial \bar{u}_i}{\partial x_k} + \frac{\partial \bar{u}_j}{\partial x_i}\right)}_{\text{再分配项}} -$$

$$\underbrace{2\nu \left[\overline{\frac{\partial u_i}{\partial x_k} \frac{\partial u_j}{\partial x_k}} - \frac{\partial \bar{u}_i}{\partial x_k} \frac{\partial \bar{u}_j}{\partial x_k} \right]}_{\text{耗散项}} + \text{扩散项} \tag{2.119}$$

将方程(2.119)中的指标 i,j 收缩就可得到一个亚格子涡紊流动能 R_{kk} 的方程，其中再分配项不再出现。从方程(2.119)减去 $\frac{1}{3}\delta_{ij}$ 倍的 R_{kk} 的方程就给出 τ_{ij} 的方程。

方程(2.119)中所有的项都与熟知的一般模式理论中的雷诺应力方程极其相似，名称也相同，但也有重要差别。方程(2.119)中包含了更多的项，某些项在一般的雷诺时均方法中不出现，而用滤波法时才产生出来。特别指出的是，产生项中出现了 Leonard 应力，方程(2.119)等号右边所有的项都需要建立模型。

(4) 亚格子尺度模型

大涡模拟中所用的亚格子尺度模型几乎沿袭了一般紊流模式理论的思想，提出了涡粘性的亚格子模型、尺度相似模型、动力输运模型以及谱空间中的涡粘性模型等。

① Smargorinsky 涡粘性模型

假定用滤波器滤掉的小尺度脉动是局部各向同性的和局部平衡的，认为由大尺度运动向小尺度运动输运的能量等于紊动动能耗散率，由此建立的涡粘性亚格子模型为

$$\tau_{ij} = \nu_t \left(\frac{\partial \bar{u}_i}{\partial x_j} + \frac{\partial \bar{u}_j}{\partial x_i} \right) = 2\nu_t \overline{S_{ij}} \tag{2.120}$$

式中，ν_t 为亚格子涡粘度。Smagorinsky 假设

$$\nu_t = (c\Delta)^2 \left[\frac{\partial \bar{u}_i}{\partial x_j} \left(\frac{\partial \bar{u}_i}{\partial x_j} + \frac{\partial \bar{u}_j}{\partial x_i} \right) \right]^{1/2} = (c\Delta)^2 [2 \overline{S_{ij}} \overline{S_{ij}}]^{1/2} \tag{2.121}$$

式中，c 为量纲为 1 的常数，也称为 Smagorinsky 常数，通常取 $c=0.10$；Δ 表示滤波器宽度或网格宽度。如果滤波器为各向异性的时候，有人建议

$$\Delta = (\Delta x_1 \cdot \Delta x_2 \cdot \Delta x_3)^{1/3} \tag{2.122}$$

Brdina 等选择

$$\Delta = (\Delta x_1^2 + \Delta x_2^2 + \Delta x_3^2)^{1/2} \tag{2.123}$$

后来有一些作者又证明了式(2.121)只当紊流的积分尺度小于 Δ 时才是正确的，而大涡模拟显然不是为此而设计的。Ferziger 建议

$$K = c\Delta^{4/3} L^{2/3} \left[\frac{\partial \bar{u}_i}{\partial x_j} \left(\frac{\partial \bar{u}_i}{\partial x_j} + \frac{\partial \bar{u}_j}{\partial x_i} \right) \right]^{1/2} \tag{2.124}$$

式中，紊流积分尺度 L 按 $L = \dfrac{k^{3/2}}{\varepsilon}$ 来估计。

利用高 Re 数各向同性紊流的能谱可以近似确定 Smagorinsky 常数。给定滤波尺度在惯性子区，则由大尺度向小尺度的能量传输率等于紊动动能耗散率，有

$$\varepsilon = 2\nu_t \overline{S_{ij}} \overline{S_{ij}} = (C\Delta)^2 (2 \overline{S_{ij}} \overline{S_{ij}})^{3/2}$$

Lilly 利用 $-5/3$ 紊动能谱曲线，可得到 Smagorinsky 常数为

$$c = \frac{1}{\pi} \left(\frac{2}{3C_k} \right)^{3/4}$$

如果取 $C_k = 1.4$，则 $c = 0.18$。

当将上述涡粘性模型用于近壁区域的流动时，发现并不成功，耗散过大。有人引进过由两部分组成的涡粘性，一部分称为非均匀部分，用来考虑时均运动剪切率的贡献，它主要由壁面的存在而引起；另一部分称为各向同性部分，用来模拟来自其余大尺度运动的贡献，其基本上就是原来的涡粘性项。Pinmel-li 与 Ferziger 和 Moin 建议的一个长度尺度的修正公式为

$$l = C_s [1 - \exp(-y^{+3}/A^{+3})]^{1/2} (\Delta_1 \Delta_2 \Delta_3)^{1/3} \tag{2.125}$$

式中，$C_s = 0.065$，$A^+ = 26$。

② 二阶封闭模型

在紊流模式理论中所发展的一系列二阶封闭模型，如一方程模型、二方程模型、代数应力模型与完全的雷诺应力模型，在大涡模拟中也都有类似的模型，它们中的一些也都有人用过。Lilly 假定 $\nu_t = c\Delta\sqrt{k}$，式中 k 为亚格子尺度的动能，提出一方程模式，k 方程可由 N-S 方程出发导出。如果长度尺度 l 通过 $\varepsilon = C_2 q^3 / l$ 的 ε 确定，则还需引入关于紊动动能耗散率 ε 方程，由此得到二方程模型。但是一方程模型、二方程模型与简单的涡粘性模型相比都没有明显的改进。要获得比涡粘性模型的重大改进，可能有必要进入完全的雷诺应力模型。这样做所需的计算工作量与费用将增加很多。

(5) 初始条件与边界条件

① 初始条件

初始时刻流场的全部细节不可能直接得自实验数据，因为实验数据总是极不完整的。绝大部分初始数据将用计算机虚构出来，但要由实验数据提供时均速度与紊流强度的分布，还有关于长度尺度与能谱分布的信息。初始流场由三部分之和组成。

第一部分是时均速度分布,必须满足连续方程,对于简单几何边界的流动,是容易给出的。

第二部分是具有随机性的脉动速度场,它除满足无散度条件外,还必须满足规定的紊流度分布与能谱分布。最容易实现的一种方法是:

(a) 在物理空间对每一个分量的每一个网点分配一个计算机产生的随机数。对于紊流度分布非均匀的情形,可以乘上一个均方根分布的形状函数,以得到所希望的空间分布。这样产生的随机向量场的散度并不为零,也不具有所希望的谱。

(b) 求该向量场的旋度,就得到散度为零的速度场。

(c) 求速度场的傅里叶变换,对每一个傅里叶分量按所希望的谱分布指定振幅,再求逆变换,便得到所希望的初始场。

第三部分,对于槽道流动或混合层等切变流动,为防止亚格子模型耗散掉太多的紊流动能而趋向层流,必须在流动中加入大尺度结构。它们是流动稳定性理论提供的最不稳定的扰动波解。

② 边界条件

由于 N-S 方程是非线性的,并不总是很清楚应该怎样设定边界条件才能使数学问题提法适定。对于流动在某个方向统计上是均匀的情形,可以在这一方向的两端边界面上采用周期性边界条件,即规定在两个相对的边界面上的点流体状态完全相同。这样就避免了需要在边界面上规定高度随机的运动细节。对于流动在统计上是非均匀的方向,有两类边界需要处理。

在自由剪切流中,在离剪切层无穷远处流动应趋近均匀流。对此处理方法是:

(a) 用有限的计算区域,在区域的顶和底上,规定水平速度分量的垂直导数和垂直速度分量都是零。这种边界条件等价于在计算区域外面存在着镜像流动。为保证镜像流动不干扰实际流动,在流场中间的剪切层的厚度相对于计算区域的高度必须很小。

(b) 在垂直方向用一坐标变换将无限区域变为有限区域,然后可用标准的方法规定边界条件。

对于充分发展的紊流边界层或槽道流动的壁面边界条件,其处理方法是:

(a) 不直接处理壁面边界,将计算区域的边界设在对数速度剖面的区域内。边界条件必须保证在边界附近的速度剖面是对数剖面,此外还必须规定一些关于紊流脉动在边界上的性质。但许多近壁流动的物理现象不可能用这种方法模拟。

(b) 准确处理壁面上的无滑流边界条件。这意味着在垂直壁面的方向必须用一非均匀的网格。

更难处理的是在非均匀方向的入流与出流边界条件,这实际上还是一个未妥善解决的问题。入流条件似乎更关键,因为上游条件的影响将在下游持续很长距离。在某些研究转捩的问题里,如上游还是层流,则必须在层流之上叠加若干 N-S 方程的不稳定模;如上游已是紊流,则入流边界条件也必须加上随机脉动。不恰当的出流边界条件会将扰动反馈回流场内。

(6) 算 例

目前,人们已经利用大涡模拟技术对平面自由紊动射流和圆形自由紊动射流进行了数值模拟,并成功地预测出了紊动射流中逆序结构的演化过程,如图 2.4 和图 2.5 所示。

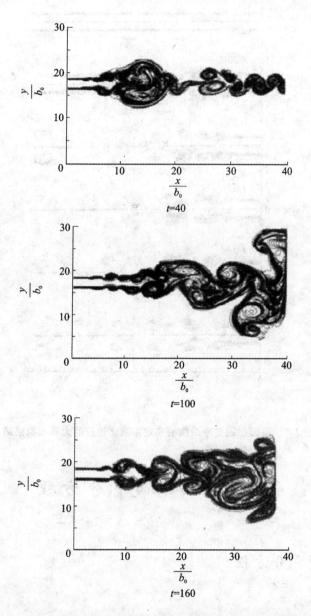

图 2.4 圆形紊动射流逆序结构的非定常演化过程的大涡模拟结果

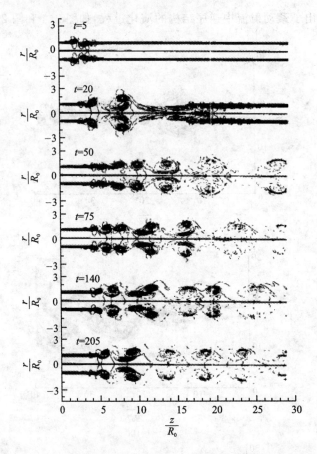

图 2.5 平面射流逆序结构的非定常演化过程的大涡模拟结果

2.5 紊动射流积分方程

1. 时均动量积分方程

(1) 平面自由射流

紊动射流的动量积分方程是将微分方程在射流的横断面上积分得到的,在射流分析中起重要的作用。如对平面问题,从 $y=0$ 到 $y=\infty$ 积分式(2.25)可得

$$\int_0^\infty \rho \frac{\partial u}{\partial t} dy + \int_0^\infty \rho u \frac{\partial u}{\partial x} dy + \int_0^\infty \rho v \frac{\partial u}{\partial y} dy = \int_0^\infty -\frac{\partial p}{\partial x} dy + \int_0^\infty \frac{\partial}{\partial y}(\tau_l + \tau_t) dy \qquad (2.126)$$

对于定常流动问题,上式等号左边第一项为零,在平面自由射流中纵向压力梯度可略去不计,这样上式等号右边第一项也可消去,则式(2.126)变为

$$\int_0^\infty \rho u \frac{\partial u}{\partial x} dy + \int_0^\infty \rho v \frac{\partial u}{\partial y} dy = \int_0^\infty \frac{\partial}{\partial y}(\tau_l + \tau_t) dy \qquad (2.127)$$

对于上式中各项分别处理如下：

$$\int_0^\infty \rho u \frac{\partial u}{\partial x} dy = \frac{1}{2}\int_0^\infty \frac{\partial \rho u^2}{\partial x} dy = \frac{1}{2}\frac{d}{dx}\int_0^\infty \rho u^2 dy$$

$$\int_0^\infty \rho v \frac{\partial u}{\partial y} dy = \rho \int_0^\infty v \frac{\partial u}{\partial y} dy = \rho \left(uv \mid_0^\infty - \int_0^\infty u \frac{\partial v}{\partial y} dy \right) = \rho \int_0^\infty u \frac{\partial u}{\partial x} dy = \frac{1}{2}\frac{d}{dx}\int_0^\infty \rho u^2 dy$$

注意，在上式推导中，利用了射流的对称和边界条件，即在射流对称轴上，$y=0, u=u_m, v=0$；在静止环境射流边界上，$y \to \infty, u=0, v=v_e$。

$$\int_0^\infty \frac{\partial}{\partial y}(\tau_l + \tau_t) dy = (\tau_l + \tau_t) \mid_0^\infty = 0$$

现将以上三式代入式(2.126)中，得到

$$\frac{d}{dx}\int_0^\infty \rho u^2 dy = 0 \tag{2.128}$$

式(2.128)表明，对于平面自由射流，沿射流纵向动量通量保持守恒。如果假定射流喷管厚度为 $2b_0$，出口速度为 u_0，则射流出口动量为 $M_0 = 2\rho u_0^2 b_0$，这是一个控制平面射流特征的重要物理量。由式(2.128)可得

$$2\int_0^\infty \rho u^2 dy = M_0 = 2\rho u_0^2 b_0 \tag{2.129}$$

上式即为静止环境中平面自由射流的动量积分方程。

(2) 轴对称圆形自由射流

对于静止环境中的轴对称圆形自由射流，在横断面上积分式(2.14)可得

$$\int_0^\infty \rho u \frac{\partial u}{\partial x} 2\pi r dr + \int_0^\infty \rho v \frac{\partial u}{\partial r} 2\pi r dr = \int_0^\infty \frac{1}{r}\frac{\partial r\tau_t}{\partial r} 2\pi r dr \tag{2.130}$$

对上式各项进行同样的处理，即

$$\int_0^\infty \rho u \frac{\partial u}{\partial x} 2\pi r dr = \frac{1}{2}\frac{d}{dx}\int_0^\infty \rho u^2 \cdot 2\pi r dr$$

$$\int_0^\infty \rho v \frac{\partial u}{\partial r} 2\pi r dr = 2\pi\rho \int_0^\infty vr \frac{\partial u}{\partial r} dr = 2\pi\rho \left(uvr \mid_0^\infty - \int_0^\infty u \frac{\partial vr}{\partial r} dr \right) =$$

$$2\pi\rho \int_0^\infty u \frac{\partial ru}{\partial x} dr = \frac{1}{2}\frac{d}{dx}\int_0^\infty \rho u^2 \cdot 2\pi r dr$$

$$\int_0^\infty \frac{1}{r}\frac{\partial r\tau_t}{\partial r} 2\pi r dr = 2\pi(r\tau_t) \mid_0^\infty = 0$$

并代入式(2.130)中，得

$$\frac{d}{dx}\int_0^\infty \rho u^2 \cdot 2\pi r dr = 0 \tag{2.131}$$

$$\int_0^\infty \rho u^2 \cdot 2\pi r dr = M_0 = \rho\pi r_0^2 u_0 \quad (r_0 \text{ 为射流出口半径}) \tag{2.132}$$

2. 时均动能积分方程

(1) 平面自由射流

对于平面自由射流,可用 u 乘以式(2.8)的两边,并忽略纵向压力梯度,然后在射流的横断面上积分(从 $y=0$ 到 $y=\infty$ 积分)或直接积分时均动能方程(2.23),可得

$$\int_0^\infty \frac{\partial E}{\partial t}\mathrm{d}y + \int_0^\infty u\frac{\partial E}{\partial x}\mathrm{d}y + \int_0^\infty v\frac{\partial E}{\partial y}\mathrm{d}y = \int_0^\infty u\frac{1}{\rho}\frac{\partial}{\partial y}(\tau_1+\tau_\mathrm{t})\mathrm{d}y \tag{2.133}$$

设 $E=\dfrac{u^2+v^2}{2}\approx\dfrac{u^2}{2}$,表示单位质量流体射流的时均动能。对上式右边项进行如下处理:

$$\int_0^\infty \frac{1}{\rho}u\frac{\partial}{\partial y}(\tau_1+\tau_\mathrm{t})\mathrm{d}y = \frac{1}{\rho}u(\tau_1+\tau_\mathrm{t})\Big|_0^\infty - \int_0^\infty \frac{1}{\rho}\tau_1\frac{\partial u}{\partial y}\mathrm{d}y - \int_0^\infty \frac{1}{\rho}\tau_\mathrm{t}\frac{\partial u}{\partial y}\mathrm{d}y = -P_\mu - P_\mathrm{t} \quad (\mathrm{A})$$

上式中, $P_\mu=\displaystyle\int_0^\infty \frac{1}{\rho}\tau_1\frac{\partial u}{\partial y}\mathrm{d}y$ 为时均流粘性切应力所做的功,表示单位质量流体时均剪切变形所耗散的能量; $P_\mathrm{t}=\displaystyle\int_0^\infty \frac{1}{\rho}\tau_\mathrm{t}\frac{\partial u}{\partial y}\mathrm{d}y$ 为紊动切应力所做的功,表示单位质量流体时均流提供给紊流的能量,对时均流动而言为机械能(动能)的损失(所谓损失是指无法再次回收的能量),对紊流而言为紊动能量的产生项。现将式(A)代入式(2.133)中,可得

$$\int_0^\infty \frac{\partial E}{\partial t}\mathrm{d}y + \int_0^\infty u\frac{\partial E}{\partial x}\mathrm{d}y + \int_0^\infty v\frac{\partial E}{\partial y}\mathrm{d}y = \int_0^\infty \left(\frac{\mathrm{D}E}{\mathrm{D}t}\right)\mathrm{d}y = -(P_\mu+P_\mathrm{t}) \tag{2.134}$$

这就是平面自由射流的时均动能积分方程。该式说明,射流的时均动能不可能同动量一样保持守恒,而是沿程衰减的,其衰减的量一小部分被时均剪切变形所耗散,另外绝大部分提供给紊流,用于紊动涡体的生成与紊动耗散。这是因为

$$\frac{P_\mathrm{t}}{P_\mu} = \frac{\displaystyle\int_0^\infty \tau_\mathrm{t}\frac{\partial u}{\partial y}\mathrm{d}y}{\displaystyle\int_0^\infty \tau_1\frac{\partial u}{\partial y}\mathrm{d}y} \propto \frac{\tau_\mathrm{t}}{\tau_1} = \frac{\rho\nu_\mathrm{t}\dfrac{\partial u}{\partial y}}{\rho\nu\dfrac{\partial u}{\partial y}} = \frac{\nu_\mathrm{t}}{\nu} \propto \frac{VL}{\nu} = Re_\mathrm{t} \gg 1 \tag{2.135}$$

这样式(2.134)也可进一步写为

$$\int_0^\infty \left(\frac{\mathrm{D}E}{\mathrm{D}t}\right)\mathrm{d}y = -P_\mathrm{t} \tag{2.136}$$

为便于分析射流时均动能沿程的变化,通常式(2.136)还可改写成另一种形式。由于

$$\int_0^\infty \left(\frac{\mathrm{D}E}{\mathrm{D}t}\right)\mathrm{d}y = \int_0^\infty \left(\frac{\partial E}{\partial t} + u\frac{\partial E}{\partial x} + v\frac{\partial E}{\partial y}\right)\mathrm{d}y$$

对于定常流动问题, $\dfrac{\partial E}{\partial t}=0$;上式等号右端积分中其他两项可写为

$$\int_0^\infty u\frac{\partial E}{\partial x}\mathrm{d}y = \int_0^\infty \left(\frac{\partial uE}{\partial x} - E\frac{\partial u}{\partial x}\right)\mathrm{d}y$$

$$\int_0^\infty v\frac{\partial E}{\partial y}\mathrm{d}y = \int_0^\infty \left(\frac{\partial vE}{\partial y} - E\frac{\partial v}{\partial y}\right)\mathrm{d}y = \left(vE\Big|_0^\infty + \int_0^\infty E\frac{\partial u}{\partial x}\mathrm{d}y\right) = \int_0^\infty E\frac{\partial u}{\partial x}\mathrm{d}y$$

$$\int_0^\infty \left(\frac{\mathrm{D}E}{\mathrm{D}t}\right)\mathrm{d}y = \int_0^\infty \left(u\frac{\partial E}{\partial x} + v\frac{\partial E}{\partial y}\right)\mathrm{d}y = \int_0^\infty \left(\frac{\partial uE}{\partial x} - E\frac{\partial u}{\partial x} + E\frac{\partial u}{\partial x}\right)\mathrm{d}y = \int_0^\infty \frac{\partial uE}{\partial x}\mathrm{d}y = \frac{\mathrm{d}}{\mathrm{d}x}\int_0^\infty Eu\,\mathrm{d}y$$

由此可得

$$\int_0^\infty \left(\frac{\mathrm{D}E}{\mathrm{D}t}\right)\mathrm{d}y = \frac{\mathrm{d}}{\mathrm{d}x}\int_0^\infty Eu\,\mathrm{d}y = -P_t = -\int_0^\infty \frac{1}{\rho}\tau_t\frac{\partial u}{\partial y}\mathrm{d}y \tag{2.137}$$

上式表明,平面自由射流时均动能通量沿程衰减速率等于紊动能量的产生速率。

(2) 轴对称圆形自由射流

对于静止环境中的轴对称圆形自由射流,可用 u 乘以式(2.11)的两边并在横断面上积分或直接积分式(2.23),得

$$\int_0^\infty \left(\frac{\partial E}{\partial t} + u\frac{\partial E}{\partial x} + v\frac{\partial E}{\partial r}\right)2\pi r\,\mathrm{d}r = \int_0^\infty \left(\frac{\mathrm{D}E}{\mathrm{D}t}\right)2\pi r\,\mathrm{d}r = \int_0^\infty \frac{u}{\rho r}\frac{\partial r(\tau_l + \tau_t)}{\partial r}2\pi r\,\mathrm{d}r \tag{2.138}$$

同样,上式等号右边项可写为

$$\int_0^\infty \frac{u}{\rho r}\frac{\partial}{\partial r}r(\tau_l + \tau_t)2\pi r\,\mathrm{d}r = \frac{2\pi}{\rho}ur(\tau_l + \tau_t)\Big|_0^\infty - \int_0^\infty \frac{1}{\rho}(\tau_l + \tau_t)\frac{\partial u}{\partial r}2\pi r\,\mathrm{d}r = -P_\mu - P_t \tag{B}$$

式中,$P_\mu = \int_0^\infty \frac{1}{\rho}\tau_l\frac{\partial u}{\partial r}2\pi r\,\mathrm{d}r$ 和 $P_t = \int_0^\infty \frac{1}{\rho}\tau_t\frac{\partial u}{\partial r}2\pi r\,\mathrm{d}r$ 的物理意义同前。

现将式(B)代入式(2.138)中,得

$$\int_0^\infty \left(\frac{\partial E}{\partial t} + u\frac{\partial E}{\partial x} + v\frac{\partial E}{\partial r}\right)2\pi r\,\mathrm{d}r = \int_0^\infty \left(\frac{\mathrm{D}E}{\mathrm{D}t}\right)2\pi r\,\mathrm{d}r = -P_\mu - P_t \tag{2.139}$$

对于定常流动问题,$\frac{\partial E}{\partial t} = 0$,且将等号左边的对流输运项进行如下处理,即

$$\int_0^\infty u\frac{\partial E}{\partial x}2\pi r\,\mathrm{d}r = \frac{\mathrm{d}}{\mathrm{d}x}\int_0^\infty uE\cdot 2\pi r\,\mathrm{d}r - \int_0^\infty E\frac{\partial u}{\partial x}2\pi r\,\mathrm{d}r$$

$$\int_0^\infty v\frac{\partial E}{\partial r}2\pi r\,\mathrm{d}r = 2\pi\int_0^\infty rv\frac{\partial E}{\partial r}\mathrm{d}r = 2\pi rvE\Big|_0^\infty - \int_0^\infty 2\pi E\frac{\partial rv}{\partial r}\mathrm{d}r = \int_0^\infty E\frac{\partial u}{\partial x}2\pi r\,\mathrm{d}r$$

将以上两式代入式(2.139)中,得

$$\frac{\mathrm{d}}{\mathrm{d}x}\int_0^\infty uE\cdot 2\pi r\,\mathrm{d}r = -P_\mu - P_t \tag{2.140}$$

或者

$$\frac{\mathrm{d}}{\mathrm{d}x}\int_0^\infty uE\cdot 2\pi r\,\mathrm{d}r = -P_t \tag{2.141}$$

上式同样说明,轴对称自由射流时均动能通量沿程衰减速率等于紊动能量的产生速率。

3. 紊动动能积分方程

紊动动能积分方程对研究紊动射流机械能的转化和消能机理具有重要意义。下面分别针

对平面问题和轴对称问题给出分析。

(1) 平面自由射流

对于平面问题,紊动动能 K 方程(2.63)可写为

$$\frac{\partial K}{\partial t}+u\frac{\partial K}{\partial x}+v\frac{\partial K}{\partial y}=\frac{\partial}{\partial x}\left[\left(\frac{\nu_\mathrm{t}}{\sigma_K}+\nu\right)\frac{\partial K}{\partial x}\right]+\frac{\partial}{\partial y}\left[\left(\frac{\nu_\mathrm{t}}{\sigma_K}+\nu\right)\frac{\partial K}{\partial y}\right]+P-\varepsilon \quad (2.142)$$

利用薄剪切层近似,式(2.142)可简化为

$$\frac{\partial K}{\partial t}+u\frac{\partial K}{\partial x}+v\frac{\partial K}{\partial y}=\frac{\partial}{\partial y}\left[\left(\frac{\nu_\mathrm{t}}{\sigma_K}+\nu\right)\frac{\partial K}{\partial y}\right]+(-\overline{u'v'})\frac{\partial u}{\partial y}-\varepsilon \quad (2.143)$$

或者写为

$$\frac{\partial K}{\partial t}+u\frac{\partial K}{\partial x}+v\frac{\partial K}{\partial y}=\frac{\partial}{\partial y}\left[\left(\frac{\nu_\mathrm{t}}{\sigma_K}+\nu\right)\frac{\partial K}{\partial y}\right]+\frac{\tau_\mathrm{t}}{\rho}\frac{\partial u}{\partial y}-\varepsilon \quad (2.144)$$

这两个方程即为平面自由紊动射流的紊动动能输运方程。在射流的横断面上积分(从 $y=0$ 到 $y=\infty$ 积分)式(2.144),有

$$\int_0^\infty\left(\frac{\partial K}{\partial t}+u\frac{\partial K}{\partial x}+v\frac{\partial K}{\partial y}\right)\mathrm{d}y=\int_0^\infty\frac{\partial}{\partial y}\left[\left(\frac{\nu_\mathrm{t}}{\sigma_K}+\nu\right)\frac{\partial K}{\partial y}\right]\mathrm{d}y+\int_0^\infty\frac{\tau_\mathrm{t}}{\rho}\frac{\partial u}{\partial y}\mathrm{d}y-\int_0^\infty\varepsilon\mathrm{d}y \quad (2.145)$$

式中,等号右边第一项(扩散输运项)的积分结果是

$$\int_0^\infty\frac{\partial}{\partial y}\left[\left(\frac{\nu_\mathrm{t}}{\sigma_K}+\nu\right)\frac{\partial K}{\partial y}\right]\mathrm{d}y=\left[\left(\frac{\nu_\mathrm{t}}{\sigma_K}+\nu\right)\frac{\partial K}{\partial y}\right]\bigg|_0^\infty=0$$

等号右边第二项为紊动动能产生项 $P_\mathrm{t}=\int_0^\infty\frac{1}{\rho}\tau_\mathrm{t}\frac{\partial u}{\partial y}\mathrm{d}y$,由式(2.136)可知

$$P_\mathrm{t}=-\int_0^\infty\left(\frac{\mathrm{D}E}{\mathrm{D}t}\right)\mathrm{d}y$$

第三项为紊动耗散项。

这样式(2.145)最后变为

$$\int_0^\infty\left(\frac{\partial K}{\partial t}+u\frac{\partial K}{\partial x}+v\frac{\partial K}{\partial y}\right)\mathrm{d}y=\int_0^\infty\frac{\tau_\mathrm{t}}{\rho}\frac{\partial u}{\partial y}\mathrm{d}y-\int_0^\infty\varepsilon\mathrm{d}y=P_\mathrm{t}-\int_0^\infty\varepsilon\mathrm{d}y \quad (2.146)$$

或者

$$\int_0^\infty\left(\frac{\partial K}{\partial t}+u\frac{\partial K}{\partial x}+v\frac{\partial K}{\partial y}\right)\mathrm{d}y=\int_0^\infty\frac{\tau_\mathrm{t}}{\rho}\frac{\partial u}{\partial y}\mathrm{d}y-\int_0^\infty\varepsilon\mathrm{d}y=-\int_0^\infty\left(\frac{\mathrm{D}E}{\mathrm{D}t}\right)\mathrm{d}y-\int_0^\infty\varepsilon\mathrm{d}y \quad (2.147)$$

这两式即为平面自由射流紊动动能积分方程。式(2.147)表明,射流时均动能通过剪切作用提供给紊流脉动,用于紊流脉动的生成、紊动能的输运和紊动耗散。显然,射流中的紊流脉动经历紊动生成区、紊动平衡区和紊动衰变区。其中,对于紊动生成区,紊动产生项大于紊动耗散项,即

$$P_\mathrm{t}>\int_0^\infty\varepsilon\mathrm{d}y \quad \text{或} \quad -\int_0^\infty\left(\frac{\mathrm{D}E}{\mathrm{D}t}\right)\mathrm{d}y>\int_0^\infty\varepsilon\mathrm{d}y$$

说明射流时均运动提供给紊流脉动的能量,一部分用于紊流脉动的生成以增大紊动动能,一部分用于紊动耗散,在这个区紊动动能是沿程增大的。对于紊动平衡区,紊动产生项等于紊动耗散项,即

$$P_t = \int_0^\infty \varepsilon dy \quad \text{或} \quad -\int_0^\infty \left(\frac{DE}{Dt}\right) dy = \int_0^\infty \varepsilon dy$$

说明射流时均运动提供给紊流脉动的能量全部用于紊动耗散，紊流处于局部平衡状态，在这个区紊动动能保持不变。对于紊动衰变区，紊动产生项小于紊动耗散项，即

$$P_t < \int_0^\infty \varepsilon dy \quad \text{或} \quad -\int_0^\infty \left(\frac{DE}{Dt}\right) dy < \int_0^\infty \varepsilon dy$$

说明射流时均运动提供给紊流脉动的能量无法满足紊动耗散的要求，导致紊流脉动沿程衰变，紊动动能沿程减小，与网格后的衰变紊流一样。

同样，为便于分析射流紊动动能沿程的变化，参照式(2.137)，式(2.147)的另一种表达形式为

$$\int_0^\infty \left(\frac{DE}{Dt}\right) dy = \frac{d}{dx}\int_0^\infty Ku\, dy = -\int_0^\infty \left(\frac{DE}{Dt}\right) dy - \int_0^\infty \varepsilon dy = -\frac{d}{dx}\int_0^\infty Eu\, dy - \int_0^\infty \varepsilon dy \quad (2.148)$$

$$-\frac{d}{dx}\int_0^\infty (E+K)u\, dy = \int_0^\infty \varepsilon dy \tag{2.149}$$

说明，平面自由射流时均动能 E 和紊动动能 K 之和的通量积分沿程衰减速率等于紊动动能的耗散率。

(2) 轴对称圆形自由射流

对于轴对称问题，紊动动能 K 方程(2.63)可写为

$$\frac{\partial K}{\partial t} + u\frac{\partial K}{\partial x} + v\frac{\partial K}{\partial r} = \frac{\partial}{\partial x}\left[\left(\frac{\nu_t}{\sigma_K}+\nu\right)\frac{\partial K}{\partial x}\right] + \frac{1}{r}\frac{\partial}{\partial r}\left[r\left(\frac{\nu_t}{\sigma_K}+\nu\right)\frac{\partial K}{\partial r}\right] + P - \varepsilon \tag{2.150}$$

利用薄剪切层近似，式(2.150)可简化为

$$\frac{\partial K}{\partial t} + u\frac{\partial K}{\partial x} + v\frac{\partial K}{\partial r} = \frac{1}{r}\frac{\partial}{\partial r}\left[r\left(\frac{\nu_t}{\sigma_K}+\nu\right)\frac{\partial K}{\partial r}\right] + (-\overline{u'v'})\frac{\partial u}{\partial r} - \varepsilon \tag{2.151}$$

或者写为

$$\frac{\partial K}{\partial t} + u\frac{\partial K}{\partial x} + v\frac{\partial K}{\partial r} = \frac{1}{r}\frac{\partial}{\partial r}\left[r\left(\frac{\nu_t}{\sigma_K}+\nu\right)\frac{\partial K}{\partial r}\right] + \frac{\tau_t}{\rho}\frac{\partial u}{\partial r} - \varepsilon \tag{2.152}$$

这两个方程即为轴对称自由紊动射流的紊动动能输运方程。在射流的横断面上积分(从 $r=0$ 到 $r=\infty$ 积分)上式，有

$$\int_0^\infty \left(\frac{DE}{Dt}\right) 2\pi r dr = \int_0^\infty \frac{1}{r}\frac{\partial}{\partial r}\left[r\left(\frac{\nu_t}{\sigma_K}+\nu\right)\frac{\partial K}{\partial r}\right] 2\pi r dr + \int_0^\infty \frac{\tau_t}{\rho}\frac{\partial u}{\partial r} 2\pi r dr - \int_0^\infty \varepsilon \cdot 2\pi r dr$$

经整理后，可得

$$\int_0^\infty \left(\frac{\partial K}{\partial t} + u\frac{\partial K}{\partial x} + v\frac{\partial K}{\partial r}\right) 2\pi r dr = \int_0^\infty \frac{\tau_t}{\rho}\frac{\partial u}{\partial r} 2\pi r dr - \int_0^\infty \varepsilon \cdot 2\pi r dr = P_t - \int_0^\infty \varepsilon \cdot 2\pi r dr$$

$$\tag{2.153}$$

或者

$$\int_0^\infty \left(\frac{DE}{Dt}\right) 2\pi r dr = \int_0^\infty \frac{\tau_t}{\rho}\frac{\partial u}{\partial r} 2\pi r dr - \int_0^\infty \varepsilon \cdot 2\pi r dr = -\int_0^\infty \left(\frac{DE}{Dt}\right) 2\pi r dr - \int_0^\infty \varepsilon \cdot 2\pi r dr \tag{2.154}$$

这两式即为轴对称自由射流紊动动能积分方程，写成通量积分形式有

$$\frac{\mathrm{d}}{\mathrm{d}x}\int_0^\infty Ku \cdot 2\pi r\mathrm{d}r = -\frac{\mathrm{d}}{\mathrm{d}x}\int_0^\infty Eu \cdot 2\pi r\mathrm{d}r - \int_0^\infty \varepsilon \cdot 2\pi r\mathrm{d}r \tag{2.155}$$

或者

$$-\frac{\mathrm{d}}{\mathrm{d}x}\int_0^\infty (E+K)u \cdot 2\pi r\mathrm{d}r = \int_0^\infty \varepsilon \cdot 2\pi r\mathrm{d}r \tag{2.156}$$

以上各式的物理意义与平面射流的情况类似，此处不再讲述。

4. 质量守恒与射流的卷吸假设

若用 Q_0 表示喷管出口流量，Q_∞ 表示射流任一横断面处的流量，则由实验发现：$Q_\infty/Q_0 > 1$，且沿着射流的纵轴 x 方向，这个比值在不断增加。说明在射流的沿程扩散过程中，射流具有卷吸周围流体的性质，称为射流的卷吸效应。

对于平面自由射流，根据质量守恒原理，在射流任一断面处的流量为

$$Q_\infty = \int_{-\infty}^\infty u\mathrm{d}y = 2\int_0^\infty u\mathrm{d}y \tag{2.157}$$

在射流纵轴 $\mathrm{d}x$ 微段内，因射流卷吸效应而增加的流量为

$$\mathrm{d}Q_\infty = \mathrm{d}\left(2\int_0^\infty u\mathrm{d}y\right)$$

假设 v_e 表示射流的卷吸速度（entrainmemt velocity），则由质量守恒原理可得

$$\mathrm{d}Q_\infty = \mathrm{d}\left(2\int_0^\infty u\mathrm{d}y\right) = 2v_e\mathrm{d}x$$

由此可见，对于平面射流，射流卷吸速度 v_e 可写为

$$v_e = \frac{1}{2}\frac{\mathrm{d}Q_\infty}{\mathrm{d}x} = \frac{\mathrm{d}}{\mathrm{d}x}\left(\int_0^\infty u\mathrm{d}y\right) \tag{2.158}$$

由量纲分析，常假定正比于射流的轴向速度 u_m，即

$$v_e \propto u_m \quad \text{或} \quad v_e = \alpha_e u_m \tag{2.159}$$

式中，α_e 称为卷吸系数，与射流的性质有关，可由实验确定。由式(2.158)与式(2.159)可见，对于平面射流，卷吸系数 α_e 的表达式为

$$\alpha_e = \frac{1}{2u_m}\frac{\mathrm{d}Q_\infty}{\mathrm{d}x} = \frac{1}{u_m}\frac{\mathrm{d}}{\mathrm{d}x}\left(\int_0^\infty u\mathrm{d}y\right) \tag{2.160}$$

对于轴对称圆形自由射流，与上述分析类同。

在射流任一断面处的流量为

$$Q_\infty = \int_0^\infty u \cdot 2\pi r\mathrm{d}r$$

由质量守恒原理得

$$\frac{\mathrm{d}Q_\infty}{\mathrm{d}x} = \frac{\mathrm{d}}{\mathrm{d}x}\int_0^\infty u \cdot 2\pi r\mathrm{d}r = 2\pi bv_e$$

式中，b 为射流的半扩展厚度。

射流的卷吸系数为

$$\alpha_e = \frac{1}{2\pi b\, u_m} \frac{\mathrm{d}Q_\infty}{\mathrm{d}x} = \frac{1}{2\pi b\, u_m} \frac{\mathrm{d}}{\mathrm{d}x}\int_0^\infty u \cdot 2\pi r \mathrm{d}r \tag{2.161}$$

2.6 可压缩紊流输运方程

在可压缩流体运动中，密度随压强和温度变化。因此在紊流状态下，除了速度、压强发生脉动外，密度和温度也是不规则随机变量。当流动速度很高时（$Ma \gg 1$），压强脉动和密度脉动等都很大，这时在时均运动方程中除了雷诺应力外，还有因密度和温度脉动引起的二阶脉动相关项，从而导致时均运动输运方程异常复杂。下面通过推导可压缩流体湍流时均运动方程进行说明。

对于不可压缩流体的瞬时紊流，其时均值定义为

$$f = \lim_{T \to \infty} \frac{1}{T}\int_t^{t+T} f^* \mathrm{d}t \tag{2.162}$$

式中，f^* 为任一紊流运动量的瞬时值；f 为其时均值；T 为取时均值的时间间隔。如果对不可压缩瞬时紊流量的连续方程和动量方程取时间平均，就得到著名的雷诺方程

$$\frac{\mathrm{d}u_i}{\mathrm{d}t} = -\frac{1}{\rho}\frac{\partial p}{\partial x_i} + \frac{1}{\rho}\frac{\partial}{\partial x_j}\left(\mu \frac{\partial u_i}{\partial x_j} - \overline{\rho u_i' u_j'}\right) \quad (i = 1,2,3)$$

$$\frac{\partial u_i}{\partial x_i} = 0$$

可以看出，取时均值后，动量方程中出现了新增的变量 $-\overline{\rho u_i' u_j'}$，该项具有应力的量纲，通称为雷诺应力。事实上，雷诺应力是紊流脉动引起的动量输运，紊流脉动通过雷诺应力影响紊流时均运动。如何补充新的关系式来确定雷诺应力是紊流计算中必须考虑的封闭问题。

对于可压缩流体的瞬时紊流，例如气体的高速流动，采用式（2.162）定义的时均方法进行分解，将使时均运动方程中包含的未知紊流关联量的数目大为增加，同时也使这些方程的形式变得复杂。以下进行说明。

假定可压缩流体为常比热的牛顿型完全气体，其瞬时紊流所满足的运动方程和状态方程为

$$\frac{\partial \rho^*}{\partial t} + \frac{\partial \rho^* u_i^*}{\partial x_i} = 0 \tag{2.163}$$

$$\frac{\partial \rho^* u_i^*}{\partial t} + \frac{\partial \rho^* u_i^* u_j^*}{\partial x_j} = -\frac{\partial p^*}{\partial x_i} + \frac{\partial \tau_{ij}^*}{\partial x_j} \tag{2.164}$$

$$\frac{\partial \rho^* e^*}{\partial t} + \frac{\partial \rho^* u_j^* e^*}{\partial x_j} = \frac{\partial}{\partial x_j}\left(\kappa \frac{\partial T^*}{\partial x_j}\right) - p^* \frac{\partial u_j^*}{\partial x_j} + \phi^* \tag{2.165}$$

式中，e^* 为气体瞬时内能；T^* 是气体的瞬时温度；κ 是气体的导热系数；τ_{ij}^* 是瞬时牛顿流体粘性应力张量；ϕ^* 是粘性耗散功。它们分别存在如下关系式：

$$e^* = c_v T^* \tag{2.166}$$

$$p^* = \rho^* R T^* \tag{2.167}$$

$$\tau_{ij}^* = \mu\left(\frac{\partial u_i^*}{\partial x_j}+\frac{\partial u_j^*}{\partial x_i}\right)-\frac{2}{3}\mu\frac{\partial u_k^*}{\partial x_k}\delta_{ij} \tag{2.168}$$

$$\phi^* = \tau_{ij}^*\frac{\partial u_i^*}{\partial x_j} \tag{2.169}$$

式中，c_v 是气体质量定容热容；R 是气体常数；μ 是气体的动力粘度。假定它们都是常数，如果采用时均分解，将

$$\left.\begin{array}{l} p^* = p+p' \\ u_i^* = u_i+u_i' \\ T^* = T+T' \\ \rho^* = \rho+\rho' \end{array}\right\} \tag{2.170}$$

代入瞬时运动方程和能量方程中，得到

$$\frac{\partial(\rho+\rho')}{\partial t}+\frac{\partial(\rho+\rho')(u_i+u_i')}{\partial x_i}=0 \tag{2.171}$$

$$\frac{\partial(\rho+\rho')(u_i+u_i')}{\partial t}+\frac{\partial(\rho+\rho')(u_i+u_i')(u_j+u_j')}{\partial x_j}= \\ -\frac{\partial(p+p')}{\partial x_i}+\frac{\partial(\tau_{ij}+\tau_{ij}')}{\partial x_j} \tag{2.172}$$

$$\frac{\partial(\rho+\rho')(e+e')}{\partial t}+\frac{\partial(\rho+\rho')(u_j+u_j')(e+e')}{\partial x_j}= \\ \frac{\partial}{\partial x_j}\left(\kappa\frac{\partial(T+T')}{\partial x_j}\right)-(p+p')\frac{\partial(u_j+u_j')}{\partial x_j}+\phi+\phi' \tag{2.173}$$

对式(2.171)~(2.173)取时均值，得到时均运动方程为

$$\frac{\partial\rho}{\partial t}+\frac{\partial\rho u_i}{\partial x_i}+\frac{\partial\overline{\rho' u_i'}}{\partial x_i}=0 \tag{2.174}$$

$$\frac{\partial\rho u_i}{\partial t}+\frac{\partial\rho u_i u_j}{\partial x_j}+\frac{\partial\overline{\rho' u_i'}}{\partial t}+\frac{\partial(\overline{\rho' u_i'}u_j+\overline{\rho' u_j'}u_i+\overline{\rho' u_i' u_j'})}{\partial x_j}= \\ -\frac{\partial p}{\partial x_i}+\frac{\partial(\tau_{ij}-\rho\overline{u_i' u_j'})}{\partial x_j} \tag{2.175}$$

$$\frac{\partial\rho e}{\partial t}+\frac{\partial\overline{\rho' e'}}{\partial t}+\frac{\partial\rho u_j e}{\partial x_j}+\frac{\partial(\overline{\rho' u_j'}e+\overline{\rho e' }u_j+\rho\overline{e' u_j'}+\overline{\rho' e' u_j'})}{\partial x_j}= \\ \frac{\partial}{\partial x_j}\left(\kappa\frac{\partial T}{\partial x_j}\right)-\left(p\frac{\partial u_j}{\partial x_j}+\overline{p'\frac{\partial u_j'}{\partial x_j}}\right)+\phi \tag{2.176}$$

与不可压缩流体的时均方程相比，式(2.174)~(2.176)多出许多因密度脉动而引起的二阶和三阶脉动相关项，这为方程的封闭带来相当大的难度。为了获得简化的时均方程，Favre(1965)提出了质量加权平均概念，用这种平均方法导出的可压缩流动的平均方程和不可压缩牛顿流体时均流动方程极其相似。对于紊动瞬时量 f^*，其质量加权的平均值定义为

$$\tilde{f}=\frac{\overline{\rho^* f^*}}{\rho} \tag{2.177}$$

这里，"~"表示质量加权平均；"—"表示时间平均；ρ 为时均密度。显然，$\rho=$const 时，质量加权平均值与时均值相同。

现在把紊流运动的瞬时量写为其平均值与相应脉动值之和，即

$$f^* = \tilde{f} + f'' \quad \text{（质量加权）} \tag{2.178}$$

$$f^* = f + f' \quad \text{（时均概念）} \tag{2.179}$$

式中，f'' 表示相对于质量加权平均值的脉动；f' 表示相对于时间平均值的脉动。根据式(2.178)可知，质量加权平均值及其相应脉动值有下列性质：

(1) 密度加权平均值的时均值等于原加权平均值，即

$$\overline{\tilde{f}} = \lim_{T\to\infty} \frac{1}{T} \int_t^{t+T} \tilde{f}\,\mathrm{d}t = \tilde{f} \tag{2.180}$$

(2) 密度加权分解脉动量的加权平均值等于零，即

$$\overline{\rho^* f''} = 0 \tag{2.181}$$

(3) 密度加权分解脉动量的时间平均不等于零，即

$$\overline{f''} = -\frac{\overline{\rho' f'}}{\overline{\rho}} \tag{2.182}$$

(4) 密度加权分解脉动量的时均值等于该量的时均值和加权平均值之差，即

$$\overline{f''} = \overline{f} - \tilde{f} = \frac{\overline{\rho' f'}}{\overline{\rho}} \tag{2.183}$$

上式对式(2.178)取时均即可得到。

以下导出可压缩流体的加权平均方程，在这些方程中，瞬时变量 u_i^*，e^*，T^* 采用密度加权平均分解，而 ρ^*，p^*，τ_{ij}^* 采用时均分解，即

密度加权分解

$$u_i^* = \tilde{u}_i + u_i'', \qquad e^* = \tilde{e} + e'', \qquad T^* = \tilde{T} + T'' \tag{C}$$

时间平均分解

$$\rho^* = \rho + \rho', \qquad p^* = p + p', \qquad \tau_{ij}^* = \tau_{ij} + \tau_{ij}', \qquad \phi^* = \phi + \phi' \tag{D}$$

将式(C)与式(D)代入式(2.163)～(2.165)，得到

$$\frac{\partial(\rho + \rho')}{\partial t} + \frac{\partial \rho^*(\tilde{u}_i + u_i'')}{\partial x_i} = 0 \tag{2.184}$$

$$\frac{\partial \rho^*(\tilde{u}_i + u_i'')}{\partial t} + \frac{\partial \rho^*(\tilde{u}_i + u_i'')(\tilde{u}_j + u_j'')}{\partial x_j} = -\frac{\partial(p + p')}{\partial x_i} + \frac{\partial(\tau_{ij} + \tau_{ij}')}{\partial x_j} \tag{2.185}$$

$$\frac{\partial \rho^*(\tilde{e} + e'')}{\partial t} + \frac{\partial \rho^*(\tilde{u}_j + u_j'')(\tilde{e} + e'')}{\partial x_j} =$$

$$\frac{\partial}{\partial x_j}\left(\kappa \frac{\partial(\tilde{T} + T'')}{\partial x_j}\right) - (p + p')\frac{\partial(\tilde{u}_j + u_j'')}{\partial x_j} + \phi + \phi' \tag{2.186}$$

对式(2.184)～(2.186)取时均运算，得到

$$\frac{\partial \overline{\rho}}{\partial t} + \frac{\partial \overline{\rho}\tilde{u}_i}{\partial x_i} = 0 \tag{2.187}$$

$$\frac{\partial \overline{\rho}\tilde{u}_i}{\partial t} + \frac{\partial \overline{\rho}\tilde{u}_i\tilde{u}_j}{\partial x_j} = -\frac{\partial \overline{p}}{\partial x_i} + \frac{\partial(\overline{\tau_{ij}} - \overline{\rho^* u_i'' u_j''})}{\partial x_j} \tag{2.188}$$

$$\frac{\partial \overline{\rho}\tilde{e}}{\partial t} + \frac{\partial \overline{\rho}\tilde{u}_j\tilde{e}}{\partial x_j} = \frac{\partial}{\partial x_j}\left(\kappa \frac{\partial \tilde{T}}{\partial x_j}\right) - \overline{p}\frac{\partial \tilde{u}_j}{\partial x_j} + \overline{\phi} + \overline{u_j'' \frac{\partial p^*}{\partial x_j}} - \frac{\partial \overline{\rho^* u_j'' e''}}{\partial x_j} \tag{2.189}$$

与可压缩流体紊流运动的全时均方程式(2.174)～(2.176)相比，上述密度加权平均方程要简单得多，在平均方程中隐去了所有的密度脉动与速度脉动的相关量。特别是连续性方程

中不再出现源项,与可压缩流动连续方程的形式相同。另外,在运动方程中出现的不封闭项 $-\overline{\rho^* u_i'' u_j''}$ 和不可压缩流体时均运动方程中的雷诺应力项在形式上完全一样。总之,密度加权平均得到的平均运动连续方程和运动方程,除了时均密度在流场中是变量外,其他形式和不可压缩紊流时均运动方程相同。因此,密度加权平均得到的可压缩流体紊流封闭可借用不可压缩紊流相应关系式,并辅以可压缩性修正,其修正量的大小与脉动速度的 Ma_t 数有关($Ma_t = \frac{\sqrt{\overline{u'^2}}}{c}$)。通过与不可压缩流体紊流的雷诺应力方程类似的推导,可得可压缩流体紊流运动的雷诺应力输运方程为

$$\frac{\partial \overline{\rho^* u_i'' u_j''}}{\partial t} + \frac{\partial \overline{\rho u_i'' u_j''} \tilde{u}_k}{\partial x_k} = -\frac{\partial \overline{\rho^* u_i'' u_j'' u_k''}}{\partial x_k} - \left(\overline{u_i'' \frac{\partial p^*}{\partial x_j}} + \overline{u_j'' \frac{\partial p^*}{\partial x_i}} \right) +$$

$$\overline{u_i'' \frac{\partial \tau_{jk}^*}{\partial x_k}} + \overline{u_j'' \frac{\partial \tau_{ik}^*}{\partial x_k}} - \overline{\rho^* u_i'' u_k''} \frac{\partial \tilde{u}_j}{\partial x_k} - \overline{\rho^* u_j'' u_k''} \frac{\partial \tilde{u}_i}{\partial x_k} \tag{2.190}$$

在式(2.190)中,令 $i=j$,则得可压缩紊流脉动动能方程为

$$\frac{\partial \overline{(\rho^* u_i'' u_i'')/2}}{\partial t} + \frac{\partial \overline{(\rho^* u_i'' u_i''/2)} \tilde{u}_k}{\partial x_k} =$$

$$-\frac{\partial \overline{(\rho^* u_i'' u_i'' u_k'')/2}}{\partial x_k} - \overline{u_i'' \frac{\partial p^*}{\partial x_j}} + \overline{u_i'' \frac{\partial \tau_{ik}^*}{\partial x_k}} - \overline{\rho^* u_i'' u_k''} \frac{\partial \tilde{u}_i}{\partial x_k} \tag{2.191}$$

式中

$$\frac{\overline{\rho^* u_i'' u_i''}}{2} = \frac{1}{2} (\overline{\rho^* u_1''^2} + \overline{\rho^* u_2''^2} + \overline{\rho^* u_3''^2})$$

为单位体积流体的紊动动能。

上述采用密度加权平均的速度和温度(内能和温度成正比),不仅使紊流运动的平均方程得到简化,在实验上也是可测量的。例如采用热线测速仪时,热丝上的传热量 $h \sim \rho u$,就是说热丝上测量值实际上就是 ρu,它们的平均值就是密度加权平均值。而压强是直接测量的,因此可以采用时间平均法。

2.7 可压缩紊流模型

在可压缩流动中,流体密度的变化对流动影响是不容忽视的。与不可压缩流动相比,除在计算中引入能量守恒方程和状态方程外,还必须考虑流体密度脉动对紊动量的影响。正如雷诺平均法引入雷诺应力张量需要封闭外,在可压缩紊流中需要封闭密度脉动与其他脉动量之间的相关关系,这就提出了可压缩紊流模型的封闭问题。目前,这方面的工作尚不成熟,以下参照 Wilcox 等人著作进行说明。

1. 质量加权平均方程及其物理意义

为了简化平均运动方程,在 Favre 质量平均运算时,所采用的各物理量分解形式为

$$\left.\begin{array}{l} u_i^* = \tilde{u}_i + u_i'' \\ e^* = \tilde{e} + e'' \\ T^* = \tilde{T} + T'' \\ \rho^* = \rho + \rho' \\ p^* = p + p' \\ \tau_{ij}^* = \tau_{ij} + \tau_{ij}' \\ \phi^* = \phi + \phi' \end{array}\right\} \quad (2.192)$$

其中,平均粘性应力张量为

$$\tau_{ij} = \mu\left(\frac{\partial \tilde{u}_j}{\partial x_i} + \frac{\partial \tilde{u}_i}{\partial x_j}\right) - \frac{2}{3}\mu \frac{\partial \tilde{u}_k}{\partial x_k}\delta_{ij} = 2\mu \tilde{S}_{ij} - \frac{2}{3}\mu \frac{\partial \tilde{u}_k}{\partial x_k}\delta_{ij} \quad (2.193)$$

紊动应力项表示为

$$\tau_{ij}^{t} = -\overline{\rho^* u_i'' u_j''} \quad (2.194)$$

与不可压缩流动一样,Favre 平均雷诺应力张量是对称的,写成矩阵的形式可表示为

$$[\tau_{ij}^{t}] = [-\overline{\rho^* u_i'' u_j''}] = \begin{bmatrix} -\overline{\rho^* u_1'' u_1''} & -\overline{\rho^* u_1'' u_2''} & -\overline{\rho^* u_1'' u_3''} \\ -\overline{\rho^* u_2'' u_1''} & -\overline{\rho^* u_2'' u_2''} & -\overline{\rho^* u_2'' u_3''} \\ -\overline{\rho^* u_3'' u_1''} & -\overline{\rho^* u_3'' u_2''} & -\overline{\rho^* u_3'' u_3''} \end{bmatrix} \quad (2.195)$$

单位质量的紊动动能定义为

$$\tilde{k} = \frac{1}{2}\overline{\rho^* u_j'' u_j''}\Big/\rho \quad (2.196)$$

粘性耗散功的时均值为

$$\phi = \overline{\tau_{ij}^* \frac{\partial u_i^*}{\partial x_j}} = \tau_{ij}\frac{\partial \tilde{u}_i}{\partial x_j} + \overline{\tau_{ij}\frac{\partial u_i''}{\partial x_j}} + \overline{\tau_{ij}'\frac{\partial u_i''}{\partial x_j}} \quad (2.197)$$

质量加权平均运动的状态方程为

$$p = \rho R \tilde{T} \quad (2.198)$$
$$\tilde{e} = C_v \tilde{T} \quad (2.199)$$

其中,R 为气体常数。这样在 Favre 质量平均运算下,质量加权平均运动的连续性方程、动量方程和能量方程可写为

$$\frac{\partial \rho}{\partial t} + \frac{\partial \rho \tilde{u}_i}{\partial x_i} = 0 \quad (2.200)$$

$$\frac{\partial \rho \tilde{u}_i}{\partial t} + \frac{\partial \rho \tilde{u}_i \tilde{u}_j}{\partial x_j} = -\frac{\partial p}{\partial x_i} + \frac{\partial (\tau_{ij} - \overline{\rho^* u_i'' u_j''})}{\partial x_j} \quad (2.201)$$

$$\frac{\partial \rho \tilde{e}}{\partial t} + \frac{\partial \rho \tilde{e} \tilde{u}_j}{\partial x_j} = \frac{\partial}{\partial x_j}\left(k\frac{\partial \tilde{T}}{\partial x_j}\right) - p\frac{\partial \tilde{u}_j}{\partial x_j} + \tau_{ij}\frac{\partial \tilde{u}_i}{\partial x_j} + \overline{\tau_{ij}^* \frac{\partial u_i''}{\partial x_j}} - \overline{p^* \frac{\partial u_j''}{\partial x_j}} - \frac{\partial \overline{\rho^* e'' u_j''}}{\partial x_j} \quad (2.202)$$

将质量加权平均的雷诺应力输运方程(2.190)重新整理,得到如下形式

$$\frac{\partial \overline{\rho^* u_i'' u_j''}}{\partial t} + \frac{\partial \overline{\rho^* u_i'' u_j''} \tilde{u}_k}{\partial x_k} = \frac{\partial}{\partial x_k}\left[-\overline{u_i'' p'}\delta_{jk} - \overline{u_j'' p'}\delta_{ik} - \overline{\rho^* u_i'' u_j'' u_k''} + \overline{(\tau_{ik}^* u_j'' + \tau_{jk}^* u_i'')}\right] + \left(-\overline{\rho^* u_i'' u_k''}\frac{\partial \tilde{u}_j}{\partial x_k} - \overline{\rho^* u_j'' u_k''}\frac{\partial \tilde{u}_i}{\partial x_k}\right) - \left(\overline{\tau_{ik}^* \frac{\partial u_j''}{\partial x_k}} + \overline{\tau_{jk}^* \frac{\partial u_i''}{\partial x_k}}\right) + \overline{p'\left(\frac{\partial u_i''}{\partial x_j} + \frac{\partial u_j''}{\partial x_i}\right)} - \left(\overline{u_i''\frac{\partial p}{\partial x_j}} + \overline{u_j''\frac{\partial p}{\partial x_i}}\right) \quad (2.203)$$

在该式中,各项的物理意义是:方程等号左边第一项表示紊动应力的时间变化率;等号左边第二项表示紊动应力的对流变化率;等号左边两者之和代表紊动应力的随体导数。方程等号右边第一项表示因压力脉动、速度脉动、分子粘性引起的紊动应力扩散项;等号右边第二项表示紊动应力产生项,用 ρP_{ij} 表示;等号右边第三项表示紊动应力耗散项,用 $\rho \varepsilon_{ij}$ 表示;等号右边第四项表示压力应变相关量,起能量分配的作用,用 π_{ij} 表示;等号右边第五项表示时均压强功率项。方程(2.203)可写为

$$\frac{\partial \overline{\rho^* u_i'' u_j''}}{\partial t} + \frac{\partial \overline{\rho^* u_i'' u_j''}\tilde{u}_k}{\partial x_k} = \frac{\partial}{\partial x_k}\left[-\overline{u_i'' p'}\delta_{jk} - \overline{u_j'' p'}\delta_{ik} - \overline{\rho^* u_i'' u_j'' u_k''} + (\overline{\tau_{ik}^* u_j''} + \overline{\tau_{jk}^* u_i''})\right] +$$
$$P_{ij} - \rho \tilde{\varepsilon}_{ij} + \pi_{ij} - \left(\overline{u_i''\frac{\partial p}{\partial x_j}} + \overline{u_j''\frac{\partial p}{\partial x_i}}\right) \tag{2.204}$$

其中,

$$\rho P_{ij} = -\overline{\rho^* u_i'' u_k''}\frac{\partial \tilde{u}_j}{\partial x_k} - \overline{\rho^* u_j'' u_k''}\frac{\partial \tilde{u}_i}{\partial x_k}$$

$$\rho \varepsilon_{ij} = \overline{\left(\tau_{ik}^* \frac{\partial u_j''}{\partial x_k} + \tau_{jk}^* \frac{\partial u_i''}{\partial x_k}\right)}$$

$$\pi_{ij} = \overline{p'\left(\frac{\partial u_i''}{\partial x_j} + \frac{\partial u_j''}{\partial x_i}\right)}$$

在式(2.204)中,令 $i=j$,则得可压缩紊流脉动动能方程为

$$\frac{\partial \rho \tilde{k}}{\partial t} + \frac{\partial \rho \tilde{k}\tilde{u}_k}{\partial x_k} = \frac{\partial}{\partial x_k}\left[-\overline{u_k'' p'} - \frac{1}{2}\overline{\rho^* u_i'' u_i'' u_k''} + \overline{\tau_{ik}^* u_i''}\right] -$$
$$\overline{\rho^* u_i'' u_j''}\frac{\partial \tilde{u}_i}{\partial x_j} - \overline{\tau_{ij}^* \frac{\partial u_i''}{\partial x_j}} + \overline{p'\frac{\partial u_i''}{\partial x_i}} - \overline{u_i''\frac{\partial p}{\partial x_i}} \tag{2.205}$$

方程(2.205)中各项的物理意义与紊动应力方程基本相同,其等号左边项表示紊动动能输运率;等号右边第一项表示紊动动能的扩散项;右边第二项为紊动动能产生项,用 ρP 表示;等号右边第三项表示紊动动能耗散率,用 $\rho \varepsilon$ 表示;等号右边第四项表示脉动压强所做的膨胀功率;等号右边第五项表示时均压强功率项。由此,式(2.205)也可表示为

$$\frac{\partial \rho \tilde{k}}{\partial t} + \frac{\partial \rho \tilde{k}\tilde{u}_k}{\partial x_k} = \frac{\partial}{\partial x_k}\left[-\overline{u_k'' p'} - \frac{1}{2}\overline{\rho^* u_i'' u_i'' u_k''} + \overline{\tau_{ik}^* u_i''}\right]$$
$$\rho P - \rho \varepsilon - \overline{u_i''\frac{\partial p}{\partial x_i}} + \overline{p'\frac{\partial u_i''}{\partial x_i}} \tag{2.205a}$$

其中,$\rho P = -\overline{\rho^* u_i'' u_j''}\frac{\partial \tilde{u}_i}{\partial x_j}$,$\rho \varepsilon = \overline{\tau_{ij}^* \frac{\partial u_i''}{\partial x_j}}$。

2. 基本模化假定

为了封闭上述可压缩流动的输运方程,需要引进一些模化假定,Wilcox 建议了如下的一般性原则:
① 所模化的各物理量当马赫数和密度脉动趋于零时,其值应该趋于一个适当的极限值。
② 所模化的各项应当写成张量形式,而不依靠特殊的几何形状。
③ 所模化的近似关系应当满足量纲和谐原理,同时在惯性坐标系下保持不变。
④ 不考虑流体粘性系数、热传导系数、比热比等参数的脉动。

(1) 雷诺应力张量的涡粘性假设

对于零方程模型、一方程模型、二方程模型，人们对可压缩流仍采通用的 Boussinesq 的涡粘性假设（或称为弱压缩性假设），即

$$\tau_{ij}^t = -\overline{\rho^* u_i'' u_j''} = 2\mu_t \left(\widetilde{S}_{ij} - \frac{1}{3} \frac{\partial \widetilde{u}_k}{\partial x_k} \delta_{ij} \right) - \frac{2}{3} \bar{\rho} \tilde{k} \delta_{ij} \tag{2.206}$$

其中，$\widetilde{S}_{ij} = \frac{1}{2} \left(\frac{\partial \widetilde{u}_j}{\partial x_i} + \frac{\partial \widetilde{u}_i}{\partial x_j} \right)$ 为平均运动的变形率张量。参照不可压缩紊流的情况，紊动涡涡粘性系数表示为

$$\mu_t = \rho \nu_t = \rho C_\mu \frac{\tilde{k}^2}{\varepsilon} \tag{2.207}$$

在不可压缩紊流中，$C_\mu = 0.09$。在不可压缩紊流中，$C_\mu = C_\mu(M_t)$ 是紊动马赫数的函数，$Ma_t = \sqrt{2\tilde{k}}/a$，$a$ 为当地局部声速。Dussauge-Quine(1988)建议的涡粘性系数为

$$\mu_t = \frac{C_\mu}{\left[1 - \frac{3}{2} \beta C_2 Ma^2 \right]^2} \rho \frac{\tilde{k}^2}{\varepsilon} \tag{2.207a}$$

其中，$\beta = \frac{\alpha(\gamma-1)}{C_1 - 1 + P/\varepsilon}$，$C_\mu = 0.09$，$C_2 = 1.5$，$\gamma = \frac{C_p}{C_V} = 1.4$，$C_1 = 1.5$，$\alpha = -0.8 \sim -1.35$。$Ma$ 表示当地平均流动马赫数。

(2) 紊动扩散项的梯度型假设

例如，在紊动动能方程(2.205)中，为封闭因压力脉动、速度脉动、分子粘性引起的紊动扩散项，在一方程模型、二方程模型的封闭模型中，通常用梯度型假设，即

$$-\overline{u_k'' p'} - \frac{1}{2} \overline{\rho^* u_i'' u_i'' u_k''} + \overline{\tau_{ik}^* u_i''} = \left(\mu + \frac{\mu_t}{\sigma_k} \right) \frac{\partial \tilde{k}}{\partial x_k} \tag{2.208}$$

在质量加权能量方程(2.202)中，假设紊动热通量项与平均温度梯度成比例，即

$$-\overline{\rho^* e'' u_j''} = \frac{\mu_t C_\nu}{\sigma_T} \frac{\partial \widetilde{T}}{\partial x_j} \tag{2.209}$$

其中，σ_T 为紊动普朗特数，通常采用常数，对于低超声速流动，假定热传导率不高，σ_T 取 0.7。

对于紊动质量通量，Sarkar 建议的梯度型表达式为

$$-\overline{\rho' u_i'} = \frac{\mu_t}{\rho \sigma_\rho} \frac{\partial \rho}{\partial x_i} = \frac{\nu_t}{\sigma_\rho} \frac{\partial \rho}{\partial x_i} \tag{2.210a}$$

$$\overline{u_i''} = -\frac{\overline{\rho' u_i'}}{\rho} = \frac{\nu_t}{\rho \sigma_\rho} \frac{\partial \rho}{\partial x_i} \tag{2.210b}$$

其中，σ_ρ 为紊动 Schmidt 数，约为 0.7。

3. 不考虑密度脉动的可压缩紊流模型

一般而言，当流动的马赫数小于 5 时，密度和压力脉动对壁面紊流边界层和在短距离内压力变化不剧烈（不存在激波）的流动影响较小，压缩性的影响主要反映在时均密度和温度的变化上。为此 Morkovin(1962)假定，在此情况下，密度脉动对紊动特征量的影响很小，即认为密度脉动仅是平均密度的很小部分，可以忽略。这对计算可压缩流动是一个重要的简化，意味着在计算这种可压缩紊流、非高超声速流时只须考虑平均密度变化就够了，而无须考虑密度的脉

动问题。此时,可采用密度加权的平均运动方程与不可压缩紊流模式相结合的方法来预测可压缩紊流的平均运动。在不考虑密度脉动的情况下,Favre 质量加权平均运算的能量方程可得到简化。由瞬时连续方程可知

$$\frac{\partial(\rho+\rho')}{\partial t}+\frac{\partial(\rho+\rho')(\tilde{u}_j+u_j'')}{\partial x_j}=0$$

上式减去质量加权的平均连续方程(2.200),得到脉动速度的连续性方程,为

$$\frac{\partial \rho'}{\partial t}+\frac{\partial(\rho u_j''+\rho'\tilde{u}_j+\rho'u_j'')}{\partial x_j}=0$$

如果忽略密度的脉动,则有

$$\frac{\partial(\rho u_j'')}{\partial x_j}=0 \qquad (2.211)$$

将上式展开,有

$$\rho\frac{\partial u_j''}{\partial x_j}+u_j''\frac{\partial \rho}{\partial x_j}=0 \qquad (2.212)$$

由量级比较可知

$$u_j''\frac{\partial \rho}{\partial x_j}\Big/\rho\frac{\partial u_j''}{\partial x_j}\to \frac{\Delta\rho}{\rho}\to 0$$

则有

$$\rho\frac{\partial u_j''}{\partial x_j}=0 \qquad (2.213)$$

如果不考虑密度的脉动,由式(2.182)可知

$$\overline{f''}=-\frac{\overline{\rho'f''}}{\rho}=0 \qquad (2.214)$$

这样在平均运动的能量方程(2.202)中,压力膨胀项为

$$\overline{p^*\frac{\partial u_j''}{\partial x_j}}=p\,\frac{\partial \overline{u_j''}}{\partial x_j}+\overline{p'\frac{\partial u_j''}{\partial x_j}}=0$$

平均运动的能量方程(2.202)可简化为

$$\frac{\partial \rho\tilde{e}}{\partial t}+\frac{\partial \rho\tilde{e}\,\tilde{u}_j}{\partial x_j}=\frac{\partial}{\partial x_j}\Bigg[\Big(k+\frac{\mu_t C_v}{\sigma_T}\Big)\frac{\partial \widetilde{T}}{\partial x_j}\Bigg]-p\,\frac{\partial \tilde{u}_j}{\partial x_j}+\tau_{ij}\frac{\partial \tilde{u}_i}{\partial x_j}+\rho\varepsilon \qquad (2.215)$$

利用式(2.199),方程(2.215)变为

$$C_v\,\frac{\partial \rho\widetilde{T}}{\partial t}+C_v\,\frac{\partial \rho\widetilde{T}\,\tilde{u}_j}{\partial x_j}=\frac{\partial}{\partial x_j}\Bigg[\Big(k+\frac{\mu_t C_v}{\sigma_T}\Big)\frac{\partial \widetilde{T}}{\partial x_j}\Bigg]-p\,\frac{\partial \tilde{u}_j}{\partial x_j}+\tau_{ij}\frac{\partial \tilde{u}_i}{\partial x_j}+\rho\varepsilon \qquad (2.216)$$

在紊动动能方程(2.205)中,等号右边最后两项为

$$\overline{p'\frac{\partial u_i''}{\partial x_i}}\approx 0, \qquad \overline{u_i''\frac{\partial p}{\partial x_i}}\approx 0$$

由此得到紊动动能模型为

$$\frac{\partial \rho\tilde{k}}{\partial t}+\frac{\partial \rho\tilde{k}\,\tilde{u}_j}{\partial x_j}=\frac{\partial}{\partial x_j}\Bigg[\Big(\mu+\frac{\mu_t}{\sigma_k}\Big)\frac{\partial \tilde{k}}{\partial x_j}\Bigg]+\rho P-\rho\varepsilon \qquad (2.217)$$

对于紊动动能耗散率 ε,参照不可压缩流体的方程(2.64),可写为

$$\frac{\partial \rho\varepsilon}{\partial t}+\frac{\partial \rho\varepsilon\,\tilde{u}_j}{\partial x_j}=\frac{\partial}{\partial x_j}\Bigg[\Big(\mu+\frac{\mu_t}{\sigma_\varepsilon}\Big)\frac{\partial \varepsilon}{\partial x_j}\Bigg]+C_{\varepsilon 1}\,\frac{\varepsilon}{\tilde{k}}\rho P-C_{\varepsilon 2}\rho\,\frac{\varepsilon^2}{\tilde{k}} \qquad (2.218)$$

上式中各经验常数须由实验确定,仍取不可压缩紊流的常数值,即 $C_\mu=0.07\sim0.09, \sigma_K=1.0$, $\sigma_\epsilon=1.3, C_{\epsilon 1}=1.41\sim1.45, C_{\epsilon 2}=1.9\sim1.92$。

4. 考虑密度脉动影响的可压缩紊流模型

当脉动密度变化较大时,忽略密度脉动的影响将会产生较大误差,特别对于高超声速紊流、激波边界层干扰等,随着马赫数的增加,流体密度、温度和压强等量的脉动量将不是小量,此时压缩性对紊动涡体的影响必须考虑。例如,对于具有明显热传导和燃烧的流动问题,ρ'/ρ 不是小量。对于密度脉动较大的自由剪切流动,基于 Morkovin 假定的模型不可能预报出随着自由流马赫数的增加可压缩剪切层的扩散率在减少的趋势(实验结果)。对激波边界层干扰、分离的流动,也需要考虑密度脉动的影响。

由式(2.205)可知,在紊动动能 k 方程中需要模化的项分别为紊动扩散项、压力做功项、压力膨胀项和紊动耗散率项。关于紊动扩散项可采用式(2.208)处理,以下分别给出其他各项的模化关系。

(1) 压力做功项

如果采用梯度型假设(2.210),压力做功项可写为

$$\overline{u_i''}\frac{\partial p}{\partial x_i}=-\frac{\overline{\rho' u_i'}}{\rho}\frac{\partial p}{\partial x_i}=\frac{\nu_t}{\rho\sigma_\rho}\frac{\partial \rho}{\partial x_i}\frac{\partial p}{\partial x_i} \tag{2.219}$$

(2) 压力膨胀项

压力膨胀项不仅显式出现在紊动动能方程中,而且也出现在平均能量方程中。现取瞬时动量方程散度,并利用质量守恒方程,可得到关于瞬时压力方程,即

$$\Delta p^* = -\frac{\partial^2(\rho^* u_i^* u_j^*)}{\partial x_i \partial x_j}+\frac{\partial^2(\tau_{ij}^*)}{\partial x_i \partial x_j}+\frac{\partial^2 \rho^*}{\partial^2 t} \tag{2.220}$$

利用 Reynolds 时均分解,可得到关于脉动压力方程,即

$$\Delta p' = -\frac{\partial^2}{\partial x_i \partial x_j}[\rho u_i u_j' + \rho u_j u_i' + \rho u_i' u_j' - \rho\overline{u_i' u_j'}]-$$
$$\frac{\partial^2}{\partial x_i \partial x_j}[\rho' u_i u_j + \rho' u_i' u_j + \rho' u_j' u_i + \rho' u_i' u_j' - \overline{\rho' u_i u_j} - \overline{\rho' u_j' u_i} - \overline{\rho' u_i' u_j'}]+$$
$$\frac{\partial^2(\tau_{ij}')}{\partial x_i \partial x_j} + \frac{\partial^2 \rho'}{\partial^2 t} \tag{2.221}$$

上式中,等号右边第一项表示在时均密度下速度脉动项对脉动压力的贡献(与密度脉动无关,表示流场的不可压缩部分);等号右边第二项表示密度脉动相关项对脉动压力的贡献(表示流场的可压缩部分);等号右边第三项表示脉动应力对脉动压力的贡献;等号右边第四项表示脉动密度的非定常性对脉动压力的贡献。由此可将脉动压力分解为

$$p' = p_C' + p_I' \tag{2.222}$$

其中,p_C' 为流场的可压缩部分引起的脉动压力(与脉动密度相关);p_I' 为流场的不可压缩部分引起的脉动压力(与脉动密度无关)。压力膨胀项可写为

$$\overline{p'\frac{\partial u_i''}{\partial x_i}} = \overline{p_C'\frac{\partial u_i''}{\partial x_i}} + \overline{p_I'\frac{\partial u_i''}{\partial x_i}} \tag{2.223}$$

Sarkar(1992)研究表明,当可压缩流动的统计特征量随时间变化的时间特征尺度大于压力脉动的声学时间尺度时,压力膨胀项的可压缩部分与不可压缩部分相比可以忽略不计,此时压力膨胀项为

$$\overline{p'\frac{\partial u_i''}{\partial x_i}} \approx \overline{p_1'\frac{\partial u_i''}{\partial x_i}} \tag{2.224}$$

与不可压缩流动的脉动压力变形相关项处理类同,由式(2.221)可知,p_1'部分可写为

$$\Delta p_1' = -\frac{\partial^2}{\partial x_i \partial x_j}[\rho u_i u_j' + \rho u_j u_i'] - \frac{\partial^2}{\partial x_i \partial x_j}[\rho u_i' u_j' - \rho \overline{u_i' u_j'}] \tag{2.225}$$

由式(2.225)可得

$$\Delta p_1' = -2\frac{\partial u_i}{\partial x_j}\frac{\partial \rho u_j'}{\partial x_i} - 2\frac{\partial u_i}{\partial x_j}\frac{\partial \rho u_j'}{\partial x_i} - 2\rho u_j'\frac{\partial^2 u_i}{\partial x_i \partial x_j} - 2u_i\frac{\partial^2 \rho u_j'}{\partial x_i \partial x_j} - \frac{\partial^2}{\partial x_i \partial x_j}[\rho u_i' u_j' - \rho \overline{u_i' u_j'}] \tag{2.226}$$

当流体密度 ρ 为常数时,式(2.226)变为

$$\Delta p_1' = -2\frac{\partial u_i}{\partial x_j}\frac{\partial \rho u_j'}{\partial x_i} - \frac{\partial^2}{\partial x_i \partial x_j}[\rho u_i' u_j' - \rho \overline{u_i' u_j'}] \tag{2.227}$$

利用物理方程中的格林函数法,可得到泊松方程(2.226)或(2.227)的解。在无界流场中,格林函数 $G(\vec{x},\vec{\xi}) = \frac{1}{r}$, $r = |\vec{x}-\vec{\xi}|$,脉动压强的积分解为

$$p_1'(x_1,x_2,x_3) = \frac{1}{4\pi}\iiint_E \left[2\frac{\partial u_i}{\partial \xi_j}\frac{\partial \rho u_j'}{\partial \xi_i} + \frac{\partial^2}{\partial \xi_i \partial \xi_j}[\rho u_i' u_j' - \rho \overline{u_i' u_j'}]\right]\frac{\mathrm{d}\xi_1 \mathrm{d}\xi_2 \mathrm{d}\xi_3}{r} \tag{2.228}$$

式中,x_i 为压强作用点位置;ξ_i 为积分变元;E 为积分区域。上式说明,在常密度流场中,某点的脉动压强是由该点领域中平均速度场、脉动速度场以及它们的梯度决定的。由于 $\lim\limits_{r\to\infty}\frac{1}{r}=0$,因此当 r 很大时,式(2.228)中被积函数值对脉动压强的贡献是很小的。

现将式(2.228)代入式(2.224),得到不可压缩脉动速度场引起的压力膨胀项的表达式,即

$$\overline{p_1'\frac{\partial u_i''}{\partial x_i}} = \frac{1}{4\pi}\iiint_E 2\frac{\partial u_i}{\partial \xi_j}\overline{\frac{\partial u_i''}{\partial x_i}\frac{\partial \rho u_j'}{\partial \xi_i}}\frac{\mathrm{d}\xi_1 \mathrm{d}\xi_2 \mathrm{d}\xi_3}{r} +$$
$$\frac{1}{4\pi}\iiint_E \overline{\frac{\partial u_i''}{\partial x_i}\frac{\partial^2[\rho u_i' u_j' - \rho \overline{u_i' u_j'}]}{\partial \xi_i \partial \xi_j}}\frac{\mathrm{d}\xi_1 \mathrm{d}\xi_2 \mathrm{d}\xi_3}{r} \tag{2.229}$$

其中,等号右边第一项是由时均速度梯度与脉动速度相互作用引起的,称为快速部分(瞬时反映当时当地时均速度梯度变化的作用,而与历史过程无关)。对于均匀剪切紊流,平均速度梯度是常数,可从积分号中提出,说明该部分与当地的平均变形率呈线性关系。如果是非均匀的流场,只要平均速度梯度变化相对不是十分剧烈,仍然可以假定该部分与当地平均速度变形率成线性关系。等号右边第二项只包含脉动速度及其梯度,无平均速度变形率项,说明该部分是紊流脉动速度场引起的,称为慢速部分。由于

$$p_1' = p_{1S}' + p_{1R}' \tag{2.230}$$

$$\overline{p'\frac{\partial u_i''}{\partial x_i}} \approx \overline{p_1'\frac{\partial u_i''}{\partial x_i}} = \overline{p_{1S}'\frac{\partial u_i''}{\partial x_i}} + \overline{p_{1R}'\frac{\partial u_i''}{\partial x_i}} \tag{2.231}$$

对于慢速部分,根据量级比较

$$p'_{IS} \propto \rho' u_I^2 = \rho u_I^2 \frac{\rho'}{\rho}, \qquad \frac{\partial u''_i}{\partial x_i} \propto \frac{u_C}{L} \tag{2.232}$$

$$\overline{p'_{IS} \frac{\partial u''_i}{\partial x_i}} \propto \rho \frac{u_I^3}{L} \frac{u_C}{u_I} \frac{\rho'}{\rho} \tag{2.233}$$

其中,u_C 为脉动速度的可压缩部分,u_I 为脉动速度的不可压缩部分,L 为载能涡尺度。与脉动速度不可压缩部分有关的耗散率,用 ε_s 表示,称为管量耗散率或无散度耗散率(solenoidal dissipation),可将其表示为

$$\varepsilon_s \propto \frac{u_I^3}{L} \tag{2.234}$$

而且

$$\frac{u_C}{u_I} \propto f(Ma_t), \qquad \frac{\rho'}{\rho} \propto f_1(Ma_t) \tag{2.235}$$

其中,$Ma_t = \sqrt{2k}/a$ 为紊动马赫数,f 和 f_1 分别为 Ma_t 的函数。在弱压缩性情况下,如果假设 f 和 f_1 分别与 Ma_t 成正比,则式(2.233)的模化关系为

$$\overline{p'_{IS} \frac{\partial u''_i}{\partial x_i}} = \alpha_s \rho \varepsilon_s Ma_t^2 \tag{2.236}$$

其中,α_s 为比例系数,由各向同性紊流衰变的数值模拟结果可近似取 0.2。

对于快速部分项,根据式(2.225),有

$$\Delta p'_{IR} = -\frac{\partial^2}{\partial x_i \partial x_j}[\rho \overline{u'_i u'_j} + \rho u_j u'_i] = -2\rho \frac{\partial u_i}{\partial x_j} \frac{\partial u'_j}{\partial x_i} - 2\rho \frac{\partial u_i}{\partial x_i} \frac{\partial u'_j}{\partial x_j} + \cdots \tag{2.237}$$

受式(2.237)和式(2.229)的启发,可假设

$$\overline{p'_{IR} \frac{\partial u''_i}{\partial x_i}} = 2\rho \frac{\partial \tilde{u}_i}{\partial x_j} A_{ij} + 2\rho \frac{\partial \tilde{u}_m}{\partial x_m} A_{mm} \tag{2.238}$$

其中,A_{ij} 是与脉动速度可压缩部分有关的二阶矩阵。假设

$$A_{ij} \propto \frac{2}{3} k_C \delta_{ij} + B_{ij} \tag{2.239}$$

其中,$k_C = \overline{u'_{iC} u'_{iC}}/2$ 表示脉动速度场的可压缩部分,B_{ij} 反映了脉动速度场偏离各向同性状态的程度,令

$$B_{ij} = \frac{\overline{\rho^* u''_i u''_j}}{\rho} - \frac{1}{3} \frac{\overline{\rho^* u''_i u''_i}}{\rho} \delta_{ij} = \left(\frac{\overline{\rho^* u''_i u''_j}}{\rho \tilde{k}} - \frac{2}{3} \delta_{ij}\right) \tilde{k} = b_{ij} \tilde{k} \tag{2.240}$$

其中,

$$b_{ij} = \frac{\overline{\rho^* u''_i u''_j}}{\rho \tilde{k}} - \frac{2}{3} \delta_{ij} = 2 \frac{\overline{\rho^* u''_i u''_j}}{\overline{\rho^* u''_i u''_i}} - \frac{2}{3} \delta_{ij}, \qquad \tilde{k} = \frac{1}{2} \frac{\overline{\rho^* u''_i u''_i}}{\rho} \tag{2.241}$$

将式(2.240)代入式(2.239),得到

$$A_{ij} \propto \frac{2}{3} k_C \delta_{ij} + b_{ij} \tilde{k} \tag{2.242}$$

由于

$$\frac{k_C}{\tilde{k}} \propto Ma_t^2 \tag{2.243}$$

对于 $Ma_t < 0.5$ 的情况,假定 A_{ij} 的各向异性部分与 Ma_t 成正比,这样式(2.242)变为

$$A_{ij} \propto Ma_t^2 \tilde{k} \delta_{ij} + b_{ij} Ma_t \tilde{k} \tag{2.244}$$

将式(2.244)代入式(2.238),得到

$$\overline{p'_{IR}\frac{\partial u''_i}{\partial x_i}} = \alpha_{R1} Ma_t \rho \tilde{k} \frac{\partial \tilde{u}_i}{\partial x_j} b_{ij} + \frac{8}{3}\alpha_{R2} Ma_t^2 \rho \tilde{k} \frac{\partial \tilde{u}_i}{\partial x_i} \quad (2.245)$$

其中,α_{R1} 和 α_{R2} 分别为比例系数,由均匀剪切紊流的直接数值模拟结果,近似取 $\alpha_{R1} \approx 0.15$。

将式(2.236)和式(2.245)代入式(2.224)中,得到

$$\overline{p'\frac{\partial u''_i}{\partial x_i}} = \alpha_{R1} Ma_t \rho \tilde{k} \frac{\partial \tilde{u}_i}{\partial x_j} b_{ij} + \alpha_s \varepsilon_s Ma_t^2 + \frac{8}{3}\alpha_{R2} Ma_t^2 \rho \tilde{k} \frac{\partial \tilde{u}_i}{\partial x_i} \quad (2.246)$$

由 Sarkar 等人的直接数值模拟结果表明,压力膨胀项对紊动动能演变的贡献在均匀剪切可压缩流动中要比在衰变紊流中显得更为重要,这说明对压力膨胀项的主要贡献者来源于脉动速度场的不可压缩部分。因此,对于弱压缩性流动问题,可以暂不考虑压缩性影响的 α_{R2} 系数,即

$$\overline{p'\frac{\partial u''_i}{\partial x_i}} = \alpha_{R1} Ma_t \rho \tilde{k} \frac{\partial \tilde{u}_i}{\partial x_j} b_{ij} + \alpha_s \rho \varepsilon_s Ma_t^2 \quad (2.247)$$

(3) 紊动耗散率项

按照定义,紊动耗散率项为

$$\rho \varepsilon = \overline{\tau^*_{ij} \frac{\partial u''_i}{\partial x_j}} = \overline{\tau^*_{ij} s''_{ij}} \quad (2.248)$$

其中,$s''_{ij} = \frac{1}{2}\left(\frac{\partial u''_j}{\partial x_i} + \frac{\partial u''_i}{\partial x_j}\right)$。

将瞬时粘性应力

$$\tau^*_{ij} = \mu\left(\frac{\partial u^*_j}{\partial x_i} + \frac{\partial u^*_i}{\partial x_j}\right) - \frac{2}{3}\mu \frac{\partial u^*_k}{\partial x_k}\delta_{ij} = 2\mu S^*_{ij} - \frac{2}{3}\mu \frac{\partial u^*_k}{\partial x_k}\delta_{ij} \quad (2.249)$$

代入式(2.248),得

$$\rho \varepsilon = \overline{\tau^*_{ij}\frac{\partial u''_i}{\partial x_j}} = \overline{\left(2\mu S^*_{ij} - \frac{2}{3}\mu \frac{\partial u^*_k}{\partial x_k}\delta_{ij}\right) s''_{ij}} \quad (2.250)$$

如果不考虑粘性系数的脉动,将速度场按照质量加权平均分解,则有

$$\rho \varepsilon = \overline{\tau^*_{ij}\frac{\partial u''_i}{\partial x_j}} = \overline{\left(2\mu(\tilde{S}_{ij} + s''_{ij}) - \frac{2}{3}\mu\left(\frac{\partial \tilde{u}_k}{\partial x_k} + \frac{\partial u''_k}{\partial x_k}\right)\delta_{ij}\right) s''_{ij}} \quad (2.251)$$

由于 $\overline{\mu \tilde{S}_{ij} s''_{ij}} = \nu \tilde{S}_{ij} \overline{\rho^* s''_{ij}} = \nu \tilde{S}_{ij} \overline{\rho^* s''_{ij}} = 0$,则

$$\rho \varepsilon = \overline{\tau^*_{ij}\frac{\partial u''_i}{\partial x_j}} = 2\nu \overline{\rho^* s''_{ij} s''_{ij}} - \frac{2}{3}\nu \overline{\rho^* \frac{\partial u''_i}{\partial x_i}\frac{\partial u''_j}{\partial x_j}} =$$

$$2\mu \frac{\overline{\rho^* s''_{ij} s''_{ij}}}{\rho} - \frac{2}{3}\mu \frac{\overline{\rho^* \frac{\partial u''_i}{\partial x_i}\frac{\partial u''_j}{\partial x_j}}}{\rho} \quad (2.252)$$

如果对速度场采用 Reynolds 时均分解,则有

$$\rho \varepsilon = \overline{\tau^*_{ij}\frac{\partial u'_i}{\partial x_j}} = \overline{\left(2\mu(S_{ij} + s'_{ij}) - \frac{2}{3}\mu\left(\frac{\partial u_k}{\partial x_k} + \frac{\partial u'_k}{\partial x_k}\right)\delta_{ij}\right) s'_{ij}} =$$

$$2\mu \overline{s'_{ij} s'_{ij}} - \frac{2}{3}\mu \overline{\frac{\partial u'_i}{\partial x_i}\frac{\partial u'_j}{\partial x_j}} \quad (2.253)$$

说明式(2.252)与式(2.253)是相似的,为便于推导,以下利用式(2.253)进行模化处理。

如果引入脉动速度场涡量(紊动涡量)概念,则脉动速度的涡量分量为

$$\vec{\omega} = \nabla \times \vec{u'}, \qquad \omega'_k = \varepsilon_{ijk}\frac{\partial u'_j}{\partial x_i} \quad (2.254)$$

由于

$$\frac{\partial u_j'}{\partial x_i} = \frac{1}{2}\left(\frac{\partial u_j'}{\partial x_i} + \frac{\partial u_i'}{\partial x_j}\right) + \frac{1}{2}\left(\frac{\partial u_j'}{\partial x_i} - \frac{\partial u_i'}{\partial x_j}\right) = s_{ij}' + \zeta_{ij}' \tag{2.255}$$

其中,ζ_{ij}'为反对称张量。由于

$$\frac{\partial u_i'}{\partial x_j} = \frac{1}{2}\left(\frac{\partial u_i'}{\partial x_j} + \frac{\partial u_j'}{\partial x_i}\right) + \frac{1}{2}\left(\frac{\partial u_i'}{\partial x_j} - \frac{\partial u_j'}{\partial x_i}\right) = s_{ij}' - \zeta_{ij}' \tag{2.256}$$

利用式(2.255)和式(2.256),有

$$\overline{s_{ij}'s_{ij}'} = \overline{s_{ij}'s_{ji}'} = \overline{\left(\frac{\partial u_i'}{\partial x_j} + \zeta_{ij}'\right)\left(\frac{\partial u_j'}{\partial x_i} - \zeta_{ij}'\right)} =$$

$$\overline{\frac{\partial u_i'}{\partial x_j}\frac{\partial u_j'}{\partial x_i}} + \overline{\zeta_{ij}'\left(\frac{\partial u_j'}{\partial x_i} - \frac{\partial u_i'}{\partial x_j}\right)} - \overline{\zeta_{ij}'\zeta_{ij}'} = \overline{\frac{\partial u_i'}{\partial x_j}\frac{\partial u_j'}{\partial x_i}} + \overline{\zeta_{ji}'\zeta_{ij}'} \tag{2.257}$$

另外,

$$\omega_k'\omega_k' = \varepsilon_{ijk}\varepsilon_{mnk}\frac{\partial u_j'}{\partial x_i}\frac{\partial u_n'}{\partial x_m} =$$

$$(\delta_{im}\delta_{jn} - \delta_{jm}\delta_{in})\frac{\partial u_j'}{\partial x_i}\frac{\partial u_n'}{\partial x_m} = \frac{\partial u_j'}{\partial x_i}\frac{\partial u_j'}{\partial x_i} - \frac{\partial u_j'}{\partial x_i}\frac{\partial u_i'}{\partial x_j} \tag{2.257a}$$

$$2\zeta_{ij}'\zeta_{ij}' = \frac{1}{2}\left(\frac{\partial u_i'}{\partial x_j} - \frac{\partial u_j'}{\partial x_i}\right)\left(\frac{\partial u_i'}{\partial x_j} - \frac{\partial u_j'}{\partial x_i}\right) = \frac{\partial u_i'}{\partial x_j}\frac{\partial u_i'}{\partial x_j} - \frac{\partial u_j'}{\partial x_i}\frac{\partial u_i'}{\partial x_j} \tag{2.257b}$$

比较以上两式,可得

$$\overline{\zeta_{ij}'\zeta_{ij}'} = \frac{1}{2}\overline{\omega_k'\omega_k'} \tag{2.257c}$$

又由于

$$\overline{\frac{\partial u_i'}{\partial x_j}\frac{\partial u_j'}{\partial x_i}} = \frac{\partial^2 \overline{u_i'u_j'}}{\partial x_i \partial x_j} - 2\frac{\partial}{\partial x_i}\left(\overline{\frac{\partial u_i'}{\partial x_j}u_j'}\right) + \overline{\frac{\partial u_i'}{\partial x_i}\frac{\partial u_j'}{\partial x_j}} \tag{2.258}$$

对于均匀紊流或高雷诺数的非均匀紊流的渐进结构,式(2.258)可简化为

$$\overline{\frac{\partial u_i'}{\partial x_j}\frac{\partial u_j'}{\partial x_i}} = \overline{\frac{\partial u_i'}{\partial x_i}\frac{\partial u_j'}{\partial x_j}} \tag{2.259}$$

将式(2.257)与式(2.259)代入式(2.253),得

$$\rho\varepsilon = \overline{\tau_{ij}^*\frac{\partial u_i'}{\partial x_j}} = 2\mu\overline{s_{ij}'s_{ij}'} - \frac{2}{3}\mu\overline{\frac{\partial u_i'}{\partial x_i}\frac{\partial u_i'}{\partial x_i}} = 2\mu\overline{\zeta_{ji}'\zeta_{ij}'} + \frac{4}{3}\mu\overline{\frac{\partial u_i'}{\partial x_i}\frac{\partial u_j'}{\partial x_j}} \tag{2.260}$$

引入式(2.254),最后整理得

$$\rho\varepsilon = \overline{\tau_{ij}^*\frac{\partial u_i'}{\partial x_j}} = 2\mu\overline{s_{ij}'s_{ij}'} - \frac{2}{3}\mu\overline{\frac{\partial u_i'}{\partial x_i}\frac{\partial u_i'}{\partial x_i}} = \mu\overline{\omega_k'\omega_k'} + \frac{4}{3}\mu\overline{\frac{\partial u_i'}{\partial x_i}\frac{\partial u_j'}{\partial x_j}} \tag{2.261}$$

由此式表明,在可压缩紊流中,紊动耗散率可分解为,由脉动速度场涡量决定的管量耗散率$\rho\varepsilon_s$(在不可压缩紊流场中,反映了 Kolmogorov 能量级串过程,也称为无散度耗散率)和由脉动速度场的可压缩部分引起的耗散率(表示脉动速度场的压缩耗散率或膨胀耗散率)$\rho\varepsilon_d$,即

$$\rho\varepsilon = \rho\varepsilon_s + \rho\varepsilon_d \tag{2.262}$$

其中,$\rho\varepsilon_s = \mu\overline{\omega_k'\omega_k'}$,$\rho\varepsilon_d = \frac{4}{3}\mu\overline{\frac{\partial u_i'}{\partial x_i}\frac{\partial u_j'}{\partial x_j}}$。同理,如果采用质量加权平均,根据式(2.252),式(2.262)中的各项表示为

$$\rho\varepsilon = \overline{\tau_{ij}^*\frac{\partial u_i''}{\partial x_j}}, \quad \rho\varepsilon_s = \mu\overline{\frac{\rho^*\omega_k''\omega_k''}{\rho}}, \quad \rho\varepsilon_d = \frac{4}{3}\mu\overline{\frac{\rho^*\frac{\partial u_i''}{\partial x_i}\frac{\partial u_j''}{\partial x_j}}{\rho}} \tag{2.263}$$

Zeman(1990)建议,膨胀耗散率(可压缩耗散率)与无散度耗散率成正比。Wilcox 基于 Sarkar 和 Zeman 等人的模型,针对可压缩自由剪切层,提出的模型为

$$\rho \varepsilon_d = 1.5 f(Ma_t) \rho \varepsilon_s \tag{2.264}$$

其中,函数 f 表示为

$$f(Ma_t) = \begin{cases} |Ma_t^2 - Ma_{t0}^2| & Ma_t > Ma_{t0} \\ 0 & Ma_t < Ma_{t0} \end{cases} \tag{2.265}$$

其中,$Ma_{t0} = 0.25$,Ma_{t0} 表示自由来流的紊动马赫数;$Ma_t = \sqrt{2k}/a$。

Sarkar(1991)给出了一个类似的模化关系,即

$$\rho \varepsilon_d = \alpha_d Ma_t^2 \rho \varepsilon_s \tag{2.266}$$

基于各向同性可压缩紊流的直接数值模拟结果,系数 $\alpha_d = 1.0$。

(1) 紊动动能 k 模型

精确形式为

$$\frac{\partial \rho \tilde{k}}{\partial t} + \frac{\partial \rho \tilde{k} \tilde{u}_k}{\partial x_k} = \frac{\partial}{\partial x_k}\left[-\overline{u_k'' p'} - \frac{1}{2}\overline{\rho^* u_i'' u_i'' u_k''} + \overline{\tau_{ik} u_i''}\right] +$$

$$\rho P - \rho \varepsilon - \overline{u_i''}\frac{\partial \bar{p}}{\partial x_i} + \overline{p' \frac{\partial u_i''}{\partial x_i}}$$

将模化关系式(2.208)、(2.219)、(2.247)、(2.262)、(2.266)代入上式,得到紊动动能 k 方程模式为

$$\frac{\partial \rho \tilde{k}}{\partial t} + \frac{\partial \rho \tilde{k} \tilde{u}_j}{\partial x_j} = \frac{\partial}{\partial x_j}\left[\left(\mu + \frac{\mu_t}{\sigma_k}\right)\frac{\partial \tilde{k}}{\partial x_j}\right] + \rho P - \rho \varepsilon_s (1 + \alpha_d Ma_t^2 - \alpha_s Ma_t^2) -$$

$$\frac{\nu_t}{\rho \sigma_\rho}\frac{\partial \rho}{\partial x_i}\frac{\partial \bar{p}}{\partial x_i} + \alpha_{R1} Ma_t \rho \tilde{k} \frac{\partial \tilde{u}_i}{\partial x_j} b_{ij} \tag{2.267}$$

其中,方程中各系数为 $\sigma_k = 1.0$,$\alpha_d = 1.0$,$\alpha_s = 0.2$,$\sigma_\rho = 0.7$,$\alpha_{R1} = 0.15$。

(2) 无散度紊动耗散率 ε_s 模型

如果利用式(2.262),紊动耗散率分为无散度耗散率和膨胀耗散率两部分。利用式(2.266),有

$$\rho \varepsilon = \rho \varepsilon_s + \rho \varepsilon_d = \rho \varepsilon_s + \alpha_d Ma_t^2 \rho \varepsilon_s = \rho \varepsilon_s (1 + \alpha_d Ma_t^2) \tag{2.268}$$

则仅需要给出无散度耗散率 ε_s 的模型。Sarkar 和 Zeman 考虑到 ε_s 是由无散度的脉动速度涡量场决定的,通过分析直接数值模拟的结果,认为 Kolmogorov 能量级串过程受可压缩性的影响很小,故对于可压缩高 Re 数情况,ε_s 几乎不受压缩性的影响,可以直接利用不可压缩紊流的紊动耗散率模型。这样,直接引用式(2.218),得到关于无散度耗散率的输运模型

$$\frac{\partial \rho \varepsilon_s}{\partial t} + \frac{\partial \rho \varepsilon_s \tilde{u}_j}{\partial x_j} = \frac{\partial}{\partial x_j}\left[\left(\mu + \frac{\mu_t}{\sigma_\varepsilon}\right)\frac{\partial \varepsilon_s}{\partial x_j}\right] + C_{\varepsilon 1}\frac{\varepsilon_s}{\tilde{k}}\rho P - C_{\varepsilon 2}\rho \frac{\varepsilon_s^2}{\tilde{k}} \tag{2.269}$$

式中,各经验常数取值为 $\sigma_\varepsilon = 1.3$,$C_{\varepsilon 1} = 1.41 \sim 1.45$,$C_{\varepsilon 2} = 1.9 \sim 1.92$。

如果不采用式(2.262)分解紊动耗散率 ε,可以直接建立 ε 的模型方程。对于可压缩高 Re 数紊流场,Rubesin 给出的考虑了压缩性影响的关于总紊动耗散率 ε 的模型为

$$\frac{\partial \rho \varepsilon}{\partial t} + \frac{\partial \rho \varepsilon \tilde{u}_j}{\partial x_j} = \frac{\partial}{\partial x_j}\left[(\mu + \frac{\mu_t}{\sigma_\varepsilon})\frac{\partial \varepsilon}{\partial x_j}\right] + C_{\varepsilon 1}\frac{\varepsilon}{\tilde{k}}\rho P - C_{\varepsilon 2}\rho \frac{\varepsilon^2}{\tilde{k}} +$$

$$C_{\varepsilon 3}\frac{\varepsilon}{\tilde{k}}\overline{p' \frac{\partial u_i''}{\partial x_i}} - C_{\varepsilon 4}\frac{\varepsilon}{\tilde{k}}\overline{u_i''}\frac{\partial \bar{p}}{\partial x_i} - C_{\varepsilon 5}\rho \varepsilon \frac{\partial \tilde{u}_i}{\partial x_i} \tag{2.270}$$

将模化关系式(2.219)与式(2.247)代入上式,得到紊动耗散率方程为

$$\frac{\partial \rho \varepsilon}{\partial t} + \frac{\partial \rho \varepsilon \tilde{u}_j}{\partial x_j} = \frac{\partial}{\partial x_j}\left[\left(\mu + \frac{\mu_t}{\sigma_\varepsilon}\right)\frac{\partial \varepsilon}{\partial x_j}\right] + C_{\varepsilon 1}\frac{\varepsilon}{\tilde{k}}\rho P - C_{\varepsilon 2}\rho\frac{\varepsilon^2}{\tilde{k}} +$$

$$\underbrace{C_{\varepsilon 3}\frac{\varepsilon}{\tilde{k}}\left(\alpha_{R1} Ma_t \tilde{\rho}\tilde{k}\frac{\partial \tilde{u}_i}{\partial x_j}b_{ij} + \alpha_s\rho\varepsilon_s Ma_t\right)}_{\text{I}} -$$

$$\underbrace{C_{\varepsilon 4}\frac{\varepsilon}{\tilde{k}}\frac{\nu_t}{\rho\sigma_\rho}\frac{\partial \rho}{\partial x_i}\frac{\partial p}{\partial x_i}}_{\text{II}} - \underbrace{C_{\varepsilon 5}\rho\varepsilon\frac{\partial \tilde{u}_i}{\partial x_i}}_{\text{III}} \qquad (2.271)$$

在上式中,第一行表示不可压缩紊流的紊动耗散率方程,主要反映了无散度耗散率项;I、II、III项表示可压缩性的影响。其中,I表示压力膨胀项的作用,II表示时均压力做功项的作用,III表示通过激波层时对紊动尺度的影响。Ha Minh 等人通过对激波边界层干扰和壁面流动的研究结果建议 $\sigma_\varepsilon = 1.3, C_{\varepsilon 1} = 1.44 \sim 1.57, C_{\varepsilon 2} = 1.92, C_{\varepsilon 4} = 1.0, C_{\varepsilon 5} = 1/3$。

(3) 平均能量方程模型

精确的平均能量方程为

$$\frac{\partial \rho \tilde{e}}{\partial t} + \frac{\partial \rho \tilde{e} \tilde{u}_j}{\partial x_j} = \frac{\partial}{\partial x_j}\left(k\frac{\partial \tilde{T}}{\partial x_j}\right) - p\frac{\partial \tilde{u}_j}{\partial x_j} +$$

$$\tau_{ij}\frac{\partial \tilde{u}_i}{\partial x_j} + \overline{\tau_{ij}^* \frac{\partial \tilde{u}_i}{\partial x_j}} - \overline{p^* \frac{\partial u_j''}{\partial x_j}} - \frac{\partial \overline{\rho^* e'' u_j''}}{\partial x_j}$$

由于

$$\overline{p^* \frac{\partial u_j''}{\partial x_j}} = \overline{(p + p')\frac{\partial u_j''}{\partial x_j}} = p\frac{\partial \overline{u_j''}}{\partial x_j} + \overline{p'\frac{\partial u_j''}{\partial x_j}} \qquad (2.272)$$

将式(2.272)代入精确平均能量方程中,得到

$$\frac{\partial \rho \tilde{e}}{\partial t} + \frac{\partial \rho \tilde{e} \tilde{u}_j}{\partial x_j} = \frac{\partial}{\partial x_j}\left(k\frac{\partial \tilde{T}}{\partial x_j}\right) - p\frac{\partial \tilde{u}_j}{\partial x_j} +$$

$$\tau_{ij}\frac{\partial \tilde{u}_i}{\partial x_j} + \rho\varepsilon - p\frac{\partial \overline{u_j''}}{\partial x_j} - \overline{p'\frac{\partial u_j''}{\partial x_j}} - \frac{\partial \overline{\rho^* e'' u_j''}}{\partial x_j} \qquad (2.273)$$

将式(2.209)、(2.210)、(2.247)、(2.262)、(2.266)代入式(2.273)得

$$\frac{\partial \rho \tilde{e}}{\partial t} + \frac{\partial \rho \tilde{e} \tilde{u}_j}{\partial x_j} = \frac{\partial}{\partial x_j}\left(\left(k + \frac{\mu_t C_\nu}{\sigma_T}\right)\frac{\partial \tilde{T}}{\partial x_j}\right) -$$

$$p\frac{\partial}{\partial x_j}\left(\tilde{u}_j + \frac{\nu_t}{\rho\sigma_\rho}\frac{\partial \rho}{\partial x_j}\right) + \tau_{ij}\frac{\partial \tilde{u}_i}{\partial x_j} +$$

$$\rho\varepsilon_s(1 + \alpha_d Ma_t^2 - \alpha_s Ma_t^2) - \alpha_{R1} Ma_t \rho \tilde{k}\frac{\partial \tilde{u}_i}{\partial x_j}b_{ij} \qquad (2.274)$$

(4) 其他标量输运方程模型

Lejeune 等人(1996)在预报高速紊动混合层时,导出下列关于密度脉动方差的输运方程模型,即

$$\frac{\partial \overline{\rho'^2}}{\partial t} + \tilde{u}_j\frac{\partial \overline{\rho'^2}}{\partial x_j} = -\overline{\rho'^2}\frac{\partial \tilde{u}_j}{\partial x_j} + 2\frac{\mu_t}{\rho\sigma_\rho}\left(\frac{\partial \rho}{\partial x_i}\right)^2 +$$

$$\frac{\partial}{\partial x_j}\left[\mu_t \frac{\partial}{\partial x_j}\left(\frac{\overline{\rho'^2}}{\rho}\right)\right] - 2\frac{\rho^2}{\gamma p}\overline{p'\frac{\partial u_j''}{\partial x_j}} \qquad (2.275)$$

式中,压力膨胀项的模化关系为

$$\overline{p'\frac{\partial u_j''}{\partial x_j}} = \alpha \frac{\overline{\rho'^2}}{\rho^2}\frac{\gamma p}{Ma_t}\frac{\varepsilon}{\tilde{k}} \qquad (2.276)$$

其中,$\gamma = C_p/C_v = 1.4$,Ma_t 为紊动马赫数,$\alpha = -0.05$,$\sigma_\rho = 0.7$。

Hamba(1999)在研究均匀剪切紊流时,提出如下的脉动压力方差输运方程模型,即

$$\frac{\partial \overline{p'^2}}{\partial t} + \tilde{u}_j\frac{\partial \overline{p'^2}}{\partial x_j} = -2\gamma p\,\overline{p'\frac{\partial u_j''}{\partial x_j}} - \varepsilon_p \qquad (2.277)$$

其中,ε_p 为脉动压力方差耗散率,可用如下的模化形式:

$$\varepsilon_p = C_{p1}(\gamma-1)\frac{\overline{p'^2}}{kP_t}\varepsilon \qquad (2.278)$$

式中,$k = \frac{1}{2}\overline{u_i'u_i'}$ 为单位质量紊动动能。$P_t = -\overline{u_i'u_j'}\frac{\partial u_i}{\partial x_j}$ 为紊动动能产生项。常数 C_{p1} 与紊动马赫数有关,在 $Ma_t = 0.3$ 时,$C_{p1} = 1.3$。关于压力膨胀项,采用

$$\overline{p'\frac{\partial u_j''}{\partial x_j}} = -(1-C_{p3}\zeta_p)\left[C_{p1}Ma_t^2\left(\frac{\partial(\rho k)}{\partial t} + u_j\frac{\partial(\rho k)}{\partial x_j}\right) + C_{p2}\gamma Ma_t^2\rho k\frac{\partial u_i}{\partial x_i}\right] \qquad (2.279)$$

式中,ζ_p 表示量纲为 1 的脉动压力方差,反映了弱脉动流动的势能与动能的比值,即

$$\zeta_p = \frac{\overline{p'^2}}{2\rho^2 a^2 k} \qquad (2.280)$$

其中,系数 $C_{p3} = 6.0$。对于时均速度散度为零的均匀剪切紊流,系数 C_{p2} 的值不需要给定。

5. 关于可压缩紊流中脉动速度与脉动压强之间能量转换机制的探讨

随着流动马赫数的增大,与热力学有关的变量,如密度、温度、压强的脉动越来越重要。此时,紊流速度场不再满足无散度条件,这样在紊流方程模化中必须考虑热力学变量的脉动与紊动速度场体积变形率之间的各种相关关系,其中尤为重要的是脉动速度场的膨胀率与压强和耗散率的相关关系,即压力膨胀和膨胀耗散率之间的关系。根据 Morkovin 假设,当密度的脉动量与平均密度之比是小量时,可以不考虑压缩性的影响,可用平均密度变化的不可压缩紊流模型来预报平均流动的发展,例如 Bradshaw(1977)成功地用这种方法预报了来流 Ma 数小于 5 的紊流边界层和来流 Ma 数小于 1.5 的可压缩射流。但在高速流动问题中,要想正确刻画激波与边界层的干扰、混合层扩散率的衰减等复杂流动问题,必须在紊流输运方程中正确考虑压缩性的影响。在高速流动问题中,除密度和压强脉动强度外,紊动马赫数也是一个很重要的衡量可压缩性的参数,$Ma_t = \sqrt{2k/a}$,$\tilde{k}$ 为单位质量的紊动动能,a 为当地平均流声速。

为了显示压力膨胀项与膨胀耗散率项的作用,Sarkar 等人直接数值模拟了不同来流紊动马赫数 Ma_t 下可压缩均匀剪切紊流的发展(计算区域为边长 2π 的立方体,网格数 96^3,基于 Taylor 微观尺度的 Re_λ 数达到 35,来流紊动马赫数 Ma_t 达到 0.6)。图 2.6 给出了均匀剪切紊流紊动动能 $\tilde{k}$ 随时间的演变过程,图中平均流的速度梯度为常数 $S(S = \mathrm{d}u/\mathrm{d}y)$,时间坐标用 S 无量纲化。该图说明,在不同来流紊动马赫数下,紊动动能 $\tilde{k}$ 随时间的增大而增大,在给定时间情况下,紊动动能 $\tilde{k}$ 随来流紊动马赫数 Ma_t 的增大而减小。说明在均匀剪切紊流情况下,增大压缩性将抑制紊动动能 $\tilde{k}$ 的发展。图 2.7 给出了均匀剪切紊流紊动动能耗散率 ε 随时间的演变过程。

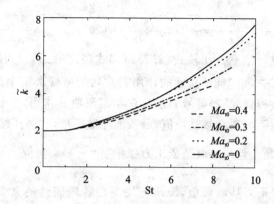

图 2.6 均匀剪切紊流紊动动能 $\tilde{k}$ 随时间的演变过程

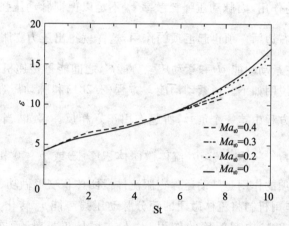

图 2.7 均匀剪切紊流紊动动能耗散率 ε 随时间的演变过程

该图说明,在无量纲时间 St<4 的情况下,受膨胀耗散率 ε_d 的影响,总耗散率 ε 随来流紊动马赫数 Ma_t 增大而增大,压缩性起加强紊动耗散的作用;在无量纲时间 St>4 的情况下,总耗散率 ε 随来流紊动马赫数 Ma_t 的增大而减小。总体而言,在均匀剪切紊流中,压缩性将减弱紊动动能和紊动耗散率的发展。图 2.8 给出了均匀剪切紊流膨胀耗散率 ε_d 随时间的演变过程,可以看出膨胀耗散率随时间的增加而单调增大,压缩性将加剧膨胀耗散率的发展。图 2.9 给出了均匀剪切紊流压力膨胀项 $\overline{p'\dfrac{\partial u_j''}{\partial x_j}}$ 随时间的演变过程,可以看出压力膨胀项随时间的发展是振荡型的(数值可正、可负),但在均匀剪切紊流中,该项发展的总趋势是负值,且随时间的增大而减小。比较图 2.8 和图 2.9 可以看出,压力膨胀项的绝对值与膨胀耗散率具有相同的量级,且二者随时间和 Ma_t 的变化趋势相似。为了说明压缩性对紊动动能 $\tilde{k}$ 的发展起抑制作用,现写出均匀剪切紊流紊动动能的输运方程:

$$\frac{\partial \rho \tilde{k}}{\partial t}+\frac{\partial \rho \tilde{k} \tilde{u}_k}{\partial x_k}=-S\overline{\rho^* u_x'' u_y''}-\rho \varepsilon_s-\left(\rho \varepsilon_d-\overline{p'\frac{\partial u_i''}{\partial x_i}}\right) \quad (2.281)$$

可以看出,上式等号右边括号中的两项表示脉动速度场的膨胀率(体积变形率)对紊动动能输运方程的影响,这两项起到了汇的作用。因此在均匀剪切紊流中,压力膨胀项与膨胀耗散率对紊动动能 $\tilde{k}$ 均起耗散的作用。如果进一步分析 Sarkar(1989)等给出的脉动压力均方值输运

方程

$$\frac{\partial \overline{p'^2}}{\partial t} + \tilde{u}_j \frac{\partial \overline{p'^2}}{\partial x_j} = -2\gamma \bar{p}\,\overline{p'\frac{\partial u_j''}{\partial x_j}} - (2\gamma-1)\overline{p'^2 \frac{\partial u_j''}{\partial x_j}} - 2\varepsilon_p \qquad (2.282)$$

式中，ε_p 为脉动压力方差耗散率。比较式(2.281)和式(2.282)可见，压力膨胀项在紊动动能 $\bar{\rho}\tilde{k}$ 和紊动势能 $\overline{p'^2}/(2\gamma \bar{p})$ 之间起能量传递的作用。在均匀剪切紊流中，由于脉动压强方差 $\overline{p'^2}$ 随时间是增加的，这样方程(2.282)等号右边项总和起源项的作用，因脉动压强耗散率总是负值，所以该方程等号右边第一项必然是正值，以抵消耗散率项(在弱压缩情况下，该方程等号右边第二项与第一项相比是小量)，这就造成压力膨胀项 $\overline{p'\frac{\partial u_j''}{\partial x_j}}$ 为负值。

压力膨胀项 $\overline{p'\frac{\partial u_j''}{\partial x_j}}$ 并不总是取负值，Sarkar 发现在各向同性的衰变紊流中，该项取正值。这是因为在衰变的各向同性紊流中，脉动压强方差 $\overline{p'^2}$ 随时间是在减小的，说明方程(2.282)等号右边项总和起汇项的作用，因脉动压强耗散率 ε_p 不足以保证脉动压强方差 $\overline{p'^2}$ 随时间衰变，要求方程(2.282)等号右边第一项也起汇项的作用，这样就得出压力膨胀项 $\overline{p'\frac{\partial u_j''}{\partial x_j}}$ 取正值。

关于压力膨胀项在紊动动能 $\bar{\rho}\tilde{k}$ 和紊动压强势能 $\overline{p'^2}$ 之间能量传递机理，可从式(2.281)和式(2.282)出发进一步说明如下。由紊动动能 $\tilde{k}$ 方程(2.281)和脉动压强方差方程(2.282)可见，压力膨胀项在此两方程中差一个负号，所起作用正好相反。譬如，当压力膨胀项 $\overline{p'\frac{\partial u_j''}{\partial x_j}}>0$ 时，在统计意义上要求，$p'>0$ 和 $\frac{\partial u_j''}{\partial x_j}>0$（流体微团体积膨胀）或 $p'<0$ 和 $\frac{\partial u_j''}{\partial x_j}<0$（流体微团体积收缩）。说明此时该项的作用是脉动压强克服流体微团体积变形做功（相当于脉动压强做负功），表示通过该项的作用机制将流体微团的部分脉动压强势能 $\overline{p'^2}$ 转化为紊动动能 $\bar{\rho}\tilde{k}$。这样在紊动动能 $\tilde{k}$ 方程(2.281)中起源项的作用，对 $\tilde{k}$ 方程是正贡献；而在脉动压强方差方程(2.282)中起汇项的作用，对脉动压强方差 $\overline{p'^2}$ 方程是负贡献。由此得出，当压力膨胀项 $\overline{p'\frac{\partial u_j''}{\partial x_j}}>0$ 时，其在统计意义上总的作用趋势是加强了紊动动能，减弱了脉动压强。

同理，当压力膨胀项 $\overline{p'\frac{\partial u_j''}{\partial x_j}}<0$ 时，在统计意义上要求，$p'>0$ 和 $\frac{\partial u_j''}{\partial x_j}<0$（流体微团体积收缩）或 $p'<0$ 和 $\frac{\partial u_j''}{\partial x_j}>0$（流体微团体积膨胀）。说明在此情况下，该项的作用是脉动压强对流体微团体积变形做正功，表示通过该项的作用机制将流体微团的部分紊动动能 $\bar{\rho}\tilde{k}$ 转化为脉动压强势能 $\overline{p'^2}$，相当于脉动压强的作用抑制了紊动动能的发展。这样在紊动动能 $\tilde{k}$ 方程(2.281)中起汇项的作用，对 $\tilde{k}$ 方程是负贡献；在脉动压强方差方程(2.282)中起源项的作用，对脉动压强方差 $\overline{p'^2}$ 方程是正贡献。说明当压力膨胀项 $\overline{p'\frac{\partial u_j''}{\partial x_j}}<0$ 时，总的趋势是减弱了紊动动能，加强了脉动压强。

由于任何机械能的转化均伴随有能量的耗散，因此可以推断出，压力膨胀项一般的模化关系至少应包括脉动速度与脉动压强之间的能量转换项和耗散项。

鉴于上述分析，可以初步认为，在一般非均匀剪切紊流中，通过压缩性的作用，在把能量从脉动速度场传递给脉动压强场的过程中，压力膨胀项主要起负贡献。

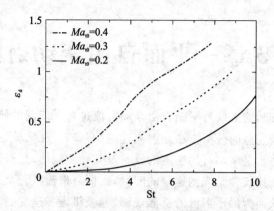

图 2.8 均匀剪切紊流紊动膨胀耗散率 ε_d 随时间的演变过程

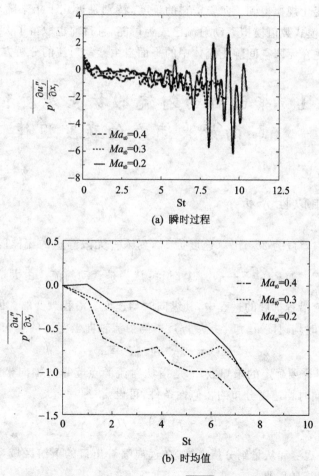

(a) 瞬时过程

(b) 时均值

图 2.9 均匀剪切紊流压力膨胀项 $\overline{p'\dfrac{\partial u_j''}{\partial x_j}}$ 随时间的演变过程

第3章 平面自由紊动射流

从20世纪20年代起,前人就对平面自由紊动射流进行了广泛的研究,并积累了大量的研究成果,所形成的一套较完整的分析方法是射流理论的基础。在实验方面,最早是测量射流时均物理量的变化过程,特别是纵向时均速度的分布及其衰变规律;后来随着量测技术的迅速发展,特别是热线(热膜)测速仪和激光测速仪的问世,人们对射流各种紊动物理量的变化及其分布进行了系统的研究,从而为揭示射流的扩散规律、卷吸机理和速度衰变等提供了可靠的实验资料。在理论分析方面,人们利用各种紊流的半经验理论求解了射流的边界层方程,获得的时均物理量的分布和变化规律得到了实验资料的证实,特别是近几十年来随着计算机的问世和发展,利用各种紊流模式数值模拟紊动射流已成为可能,且目前也取得了大量的研究成果。本节将从不同角度论述在无限空间静止流体中的平面自由紊动射流的分析方法及其流动特征。

3.1 平面自由射流的扩展厚度和轴向最大速度的衰变规律

1. 射流的相似性分析

设射流喷管出口厚度为 $2b_0$,出口速度为 u_0,射入一无限静止的流体区域中。实验发现,一般当射流的出口 Re 数($Re_j = \frac{2b_0 u_0}{\nu}$)$>30$ 时,可认为是紊动射流。由大量的实验观测可知,在平面自由紊动射流沿程扩展的过程中,其纵向时均速度是沿程衰变的。因此,通常假定在射流主体段,轴向最大时均速度 u_m 和半扩展厚度 b 与射流轴向坐标 x 的幂次函数成正比,即

$$u_m \propto x^m \quad \text{和} \quad b \propto x^n \tag{3.1}$$

式中,指数 m 和 n 是需要确定的未知数;x 是指从射流源点起算的轴向坐标,如图3.1所示。再由射流主体段纵向时均速度分布的相似性条件,可设

$$\frac{u}{u_m} = f\left(\frac{y}{b}\right) = f(\eta) \tag{3.2}$$

同样,根据实验观测和从量纲分析考虑,在远离喷管出口的下游区域,可假设射流的紊动切应力的分布也是相似的,即

$$\frac{\tau_t}{\rho u_m^2} = \frac{-\rho \overline{u'v'}}{\rho u_m^2} = g\left(\frac{y}{b}\right) = g(\eta) \tag{3.3}$$

现将以上各式代入平面自由紊动射流的边界层控制方程中,则有

$$u\frac{\partial u}{\partial x} + v\frac{\partial u}{\partial y} = \frac{1}{\rho}\frac{\partial \tau_t}{\partial y} \tag{3.4}$$

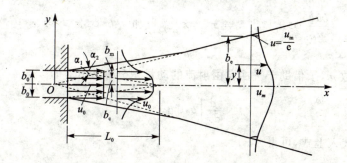

图 3.1 平面自由紊动射流

$$\frac{\partial u}{\partial x} + \frac{\partial v}{\partial y} = 0 \tag{3.5}$$

可得

$$\frac{\partial u}{\partial x} = \frac{\partial (u_m f)}{\partial x} = u_m \frac{df}{d\eta} \frac{\partial \eta}{\partial b} \frac{db}{dx} + f \frac{du_m}{dx} = -u_m f' \eta \frac{b'}{b} + f u'_m$$

$$\frac{\partial u}{\partial y} = \frac{\partial (u_m f)}{\partial y} = u_m f' \frac{\partial \eta}{\partial y} = \frac{u_m}{b} f'$$

式中,$f' = \frac{df(\eta)}{d\eta}, b' = \frac{db}{dx}, u'_m = \frac{du_m}{dx}$。这样式(3.4)等号左边第一项可写为

$$u \frac{\partial u}{\partial x} = u_m f \frac{\partial (u_m f)}{\partial x} = u_m u'_m f^2 - \frac{u_m^2 b'}{b} \eta f f' \tag{3.6}$$

为了估计式(3.4)等号左边第二项,由连续方程可得

$$v = \int_0^y \frac{\partial v}{\partial y} dy = -\int_0^y \frac{\partial u}{\partial x} dy = -\int_0^y \left(u'_m f - \frac{u_m b'}{b} \eta f' \right) dy = u_m b' \int_0^\eta \eta f' d\eta - u'_m b \int_0^\eta f d\eta$$

或者

$$v = u_m b' \left(\eta f - \int_0^\eta f d\eta \right) - u'_m b \int_0^\eta f d\eta$$

由此可得

$$v \frac{\partial u}{\partial y} = \frac{u_m^2 b'}{b} \left(\eta f f' - f' \int_0^\eta f d\eta \right) - u'_m u_m f' \int_0^\eta f d\eta \tag{3.7}$$

对于紊动切应力项有

$$\frac{1}{\rho} \frac{\partial \tau_t}{\partial y} = \frac{1}{\rho} \frac{\partial (\rho u_m^2 g)}{\partial y} = \frac{u_m^2}{b} g' \tag{3.8}$$

现将式(3.6)~(3.8)代入式(3.4)中,得

$$g' = \frac{b u'_m}{u_m} \left(f^2 - f' \int_0^\eta f d\eta \right) - b' f' \int_0^\eta f d\eta \tag{3.9}$$

由于上式等号左边仅是 η 的函数,因此其等号右边项也应仅是 η 的函数。为此,要求 $b u'_m / u_m$ 和 b' 应与 x 无关,即

$$\frac{b u'_m}{u_m} \propto x^0 \quad \text{和} \quad b' \propto x^0 \tag{3.10}$$

将式(3.1)代入式(3.10),可得

$$\frac{bu'_\mathrm{m}}{u_\mathrm{m}} \propto x^{n+m-1-m} = x^{n-1} \propto x^0 \quad \text{和} \quad b' \propto x^{n-1} \propto x^0$$

指数 $n=1$，则有 $b \propto x$。

为了确定指数 m，须借助于平面自由射流的动量积分方程式，即

$$\frac{\mathrm{d}}{\mathrm{d}x}\int_0^\infty \rho u^2 \mathrm{d}y = 0$$

现将 $u = u_\mathrm{m} f(\eta)$ 代入上式，可得

$$\frac{\mathrm{d}}{\mathrm{d}x}\int_0^\infty \rho u^2 \mathrm{d}y = \frac{\mathrm{d}}{\mathrm{d}x}\int_0^\infty \rho u_\mathrm{m}^2 f^2 b \mathrm{d}\eta = 0$$

考虑到积分项 $\int_0^\infty f^2 \mathrm{d}\eta$ 是常数，因此有

$$\frac{\mathrm{d}(bu_\mathrm{m}^2)}{\mathrm{d}x} = 0$$

这说明 bu_m^2 与 x 无关，也就是

$$bu_\mathrm{m}^2 \propto x^{2m+n} \propto x^0 \quad \text{和} \quad 2m + n = 0$$

由于 $n=1$，则有 $m = -1/2$。

由此可见，平面自由紊动射流沿程按线性规律扩展，且其轴向最大时均速度 u_m 随 x 的 $-1/2$ 次幂 $(1/\sqrt{x})$ 衰减，即

$$u_\mathrm{m} \propto \frac{1}{\sqrt{x}} \quad \text{和} \quad b \propto x \tag{3.11}$$

或写为

$$\frac{u_\mathrm{m}}{u_0} \propto \frac{1}{\sqrt{x/b_0}} \quad \text{和} \quad \frac{b}{b_0} \propto \frac{x}{b_0} \tag{3.11a}$$

2. 量纲分析法

实验表明，在自由射流中，如果喷管出口 $Re_j = 2b_0 u_0/\nu$ 在 10^3 以上，则 Re 数的影响可忽略不计。这样，对于平面自由紊动射流，轴向最大速度可表示为下列变量的函数，即

$$u_\mathrm{m} = f_1(M_0, \rho, x) \tag{3.12}$$

式中，M_0 为喷管出口动量 $(M_0 = 2b_0 \rho u_0^2)$。利用量纲分析，上式可写为

$$u_\mathrm{m} \bigg/ \sqrt{\frac{M_0}{\rho x}} = \text{const}$$

现将 $M_0 = 2b_0 \rho u_0^2$ 代入上式，可得

$$\frac{u_\mathrm{m}}{u_0} = \frac{C_1}{\sqrt{x/b_0}} \tag{3.13}$$

式中，常数 C_1 可由实验资料确定。

同样，对于射流的半扩展厚度 b，令

$$b = f_2(M_0, \rho, x) \tag{3.14}$$

利用量纲分析，有

$$\frac{b}{x} = \text{const} \quad \text{或} \quad \frac{b}{b_0} = C\frac{x}{b_0} \tag{3.15}$$

式中，常数 C 也要由实验确定。

3. 动量积分方程解法

由前面的分析可知，对于自由紊动射流而言，因紊动涡体的卷吸作用，射流的时均流量沿程增大。由于纵向压力梯度忽略不计，使射流的时均动量积分沿程不变，总动量保持守恒；由于紊动涡体的耗散作用，导致射流的总时均动能沿程衰减。显然，利用自由射流的动量守恒条件可使问题得到大大地简化。解动量积分方程须事先给定纵向时均速度分布的相似函数。实验发现，平面自由紊动射流的纵向时均速度分布函数基本符合 Gaussian 正态分布曲线形式，即

$$\frac{u}{u_m} = \exp\left(-\beta \frac{y^2}{b_\beta^2}\right) \tag{3.16}$$

式中，b_β 为射流的特征半厚度，β 为常数，其值取决于射流特征半厚度 b_β 的取值。如取 $b_\beta = b_{1/2}$，则由定义，当 $y = b_{1/2}$ 时，$u = 0.5 u_m$，代入式(3.16)可得

$$0.5 = \exp\left(-\beta \frac{b_{1/2}^2}{b_{1/2}^2}\right) = \exp(-\beta)$$

即 $\beta = -\ln 0.5 = 0.693$。这样，由式(3.16)可得到一个常用的经验公式为

$$\frac{u}{u_m} = \exp\left(-0.693 \frac{y^2}{b_{1/2}^2}\right) = \exp(-0.693 \eta^2) \tag{3.17}$$

式中，$\eta = y/b_{1/2}$。Townsend(1956)提出的一个经验式为

$$\frac{u}{u_m} = \exp[-0.661\,9\eta^2(1 + 0.056\,5\eta^4)] \tag{3.18a}$$

Bradbury(1965)给出的另一个经验式为

$$\frac{u}{u_m} = \exp[-0.674\,9\eta^2(1 + 0.026\,9\eta^4)] \tag{3.18b}$$

如取 $b_\beta = b_e$，则由定义，当 $y = b_e$ 时，$u = u_m/e$，代入式(3.16)可得

$$\exp(-1) = \exp\left(-\beta \frac{b_e^2}{b_e^2}\right) = \exp(-\beta), \quad \beta = 1$$

这样，式(3.16)变为

$$\frac{u}{u_m} = \exp\left(-\frac{y^2}{b_e^2}\right) \tag{3.19}$$

为便于积分计算，下面将利用式(3.19)求解平面自由射流的动量积分方程式。由于

$$\int_0^\infty \rho u^2 \mathrm{d}y = \int_0^\infty \rho u_m^2 \exp(-2y^2/b_e^2)\mathrm{d}y = \rho u_m^2 \frac{\sqrt{\pi}}{2\sqrt{2}} b_e$$

代入式(2.129)中，得

$$2\int_0^\infty \rho u^2 \mathrm{d}y = \rho u_m^2 \sqrt{\frac{\pi}{2}} b_e = 2\rho u_0^2 b_0$$

又由于 $b_e \propto x$ 或 $b_e = Cx$，代入上式可得

$$\frac{u_m}{u_0} = \left(\frac{2\sqrt{2}}{C\sqrt{\pi}}\right)^{1/2} \frac{1}{\sqrt{x/b_0}} \tag{3.20}$$

3.2 平面自由射流时均速度分布理论解

对于平面自由紊动射流时均速度分布的理论解,从 20 世纪 20 年代开始,各国学者借助于不同的紊流模式求解了边界层控制方程(2.110)和式(2.111),如早期 Tollmien(1926)采用 Prandtl 在 1925 年提出的混合长理论给出了平面自由紊动射流的理论解;其后 Gortler(1942) 采用 Prandtl 在 1942 年提出的关于自由剪切层紊动切应力新的关系式求解了边界层控制方程;此外,Abramovich 采用 Taylor 的涡量输运理论也进行了求解。以下主要介绍 Tollmien 和 Gortler 的时均速度分布解,至于用其他紊流输运模式给出的射流问题的解(包括数值解),读者可查阅有关专著,此处不再叙述。

1. Tollmien 解

由平面自由紊动射流的边界层控制方程(3.4)和(3.5)可知,两个方程中包括了三个未知量 u, v, τ_t,为此需要一个补充关系式。Tollmien(1926)采用 Prandtl 的混合长模式补充了紊动切应力关系式,即

$$\frac{\tau_t}{\rho} = -\overline{u'v'} = l_m^2 \frac{\partial u}{\partial y}\left|\frac{\partial u}{\partial y}\right| = l_m^2 \left(\frac{\partial u}{\partial y}\right)^2$$

式中,取混合长 l_m 为

$$b \propto x, \quad l_m \propto b \quad 或 \quad l_m = \alpha x$$

并由时均速度分布相似性,令

$$\frac{u}{u_m} = f_1(y/b) = f\left(\frac{y}{Cx}\right) = f(\phi) \tag{3.21}$$

式中,$\phi = \frac{y}{Cx}$,C 为比例常数。又由于 $u_m \propto 1/\sqrt{x}$,则式(3.21)可写为

$$u = u_m f(\phi) = \frac{C_1}{\sqrt{x}} f(\phi) \tag{3.22}$$

式中,C_1 为常数。由连续方程(3.5)

$$\frac{\partial u}{\partial x} + \frac{\partial v}{\partial y} = 0$$

引入流函数 ψ,则有

$$u = \frac{\partial \psi}{\partial y}, \quad v = -\frac{\partial \psi}{\partial x} \tag{3.23}$$

积分上式,可得

$$\psi = \int u \, dy = \frac{C_1}{\sqrt{x}} \int f C x \, d\phi = C C_1 \sqrt{x} F(\phi) \tag{3.24}$$

式中,$F(\phi) = \int f \, d\phi$,并且

第 3 章 平面自由紊动射流

$$u = \frac{\partial \psi}{\partial y} = \frac{\partial(CC_1\sqrt{x}F)}{\partial y} = CC_1\sqrt{x}F'\frac{1}{Cx} = \frac{C_1}{\sqrt{x}}F' \tag{3.25}$$

$$v = -\frac{\partial \psi}{\partial x} = -\frac{\partial(CC_1\sqrt{x}F)}{\partial x} = \frac{CC_1}{\sqrt{x}}\left(\phi F' - \frac{1}{2}F\right) \tag{3.26}$$

式中，$F' = dF/d\phi$。

$$\frac{\partial u}{\partial x} = \frac{\partial}{\partial x}\left(\frac{C_1}{\sqrt{x}}f\right) = \frac{\partial}{\partial x}\left(\frac{C_1}{\sqrt{x}}F'\right) = -\frac{C_1}{x\sqrt{x}}\left(\frac{F'}{2} + \phi F''\right)$$

$$\frac{\partial u}{\partial y} = \frac{\partial}{\partial y}\left(\frac{C_1}{\sqrt{x}}F'\right) = \frac{C_1}{Cx\sqrt{x}}F''$$

这样式(3.4)中的对流项可写为

$$u\frac{\partial u}{\partial x} = \frac{C_1}{\sqrt{x}}F'\frac{\partial}{\partial x}\left(\frac{C_1}{\sqrt{x}}F'\right) = -\frac{C_1^2}{x^2}\left(\frac{F'F'}{2} + \phi F''F'\right) \tag{3.27}$$

$$v\frac{\partial u}{\partial y} = \frac{CC_1}{\sqrt{x}}\left(\phi F' - \frac{F}{2}\right)\frac{C_1}{Cx\sqrt{x}}F'' = \frac{C_1^2}{x^2}\left(\phi F'F'' - \frac{F}{2}F''\right) \tag{3.28}$$

紊动切应力项可写为

$$\frac{1}{\rho}\frac{\partial \tau_t}{\partial y} = 2l_m^2\frac{\partial u}{\partial y}\frac{\partial^2 u}{\partial y^2} = \frac{2\alpha^2}{C^3}\frac{C_1^2}{x^2}F''F'''$$

由于 α 和 C 为自由常数，故为便于求解方程，选取 $2\alpha^2 = C^3$，则上式变为

$$\frac{1}{\rho}\frac{\partial \tau_t}{\partial y} = 2l_m^2\frac{\partial u}{\partial y}\frac{\partial^2 u}{\partial y^2} = \frac{C_1^2}{x^2}F''F''' \tag{3.29}$$

现将式(3.27)~(3.29)代入边界层控制方程(3.4)，得

$$-\left(\frac{F'F'}{2} + \phi F''F'\right) + \left(\phi F'F'' - \frac{1}{2}FF''\right) = F''F''' \tag{3.30}$$

整理后有

$$F''F''' + \frac{1}{2}FF'' + \frac{1}{2}F'F' = 0 \tag{3.30a}$$

或者

$$\frac{d}{d\phi}\left[(F'')^2 + FF'\right] = 0 \tag{3.30b}$$

边界条件是

$$y = 0, \quad \phi = 0, \quad u/u_m = F'(0) = 1$$
$$y = \infty, \quad \phi = \infty, \quad u/u_m = F'(\infty) = 0$$
$$y = 0, \quad \phi = 0, \quad v = 0, \quad F(0) = 0$$
$$y = 0, \quad \phi = 0, \quad \tau_t = 0, \quad F''(0) = 0$$
$$y = \infty, \quad \phi = \infty, \quad \tau_t = 0, \quad F''(\infty) = 0$$

利用 $\phi = 0$ 处的边界条件，积分式(3.30b)得

$$(F'')^2 + FF' = 0 \tag{3.30c}$$

这是一个二阶非线性常微分方程，1926 年 Tollmien 首次给出了这个方程的数值解，其结果如图 3.2 所示，图中黑点表示 Tollmien 的数值解，实线是本书作者根据数值解给出的拟合曲线，横坐标 $\eta = y/b_{1/2}$。拟合关系式为

$$\frac{u}{u_\mathrm{m}} = \left(0.86 + \frac{0.14}{1+\eta}\right)\exp(-0.621\eta^2) \tag{3.31}$$

由 Tollmien 数值解得

$$b_{1/2} = 0.995Cx \tag{3.31a}$$

如将 Tollmien 解代入动量积分式(2.129)中,得

$$2\int_0^\infty \rho u^2 \mathrm{d}y = 2\rho u_\mathrm{m}^2 Cx \int_0^\infty (F')^2 \mathrm{d}\phi = 2\rho u_0^2 b_0$$

由于 $\int_0^\infty (F')^2 \mathrm{d}\phi = 0.685$,因此可得

$$\frac{u_\mathrm{m}}{u_0} = \frac{1.208}{\sqrt{C}} \frac{1}{\sqrt{x/b_0}} \tag{3.31b}$$

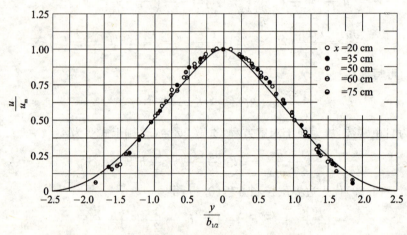

图 3.2　平面自由紊动射流的 Tollmien 解

2. Gortler 解

对于紊动切应力项 τ_t,考虑到自由射流剪切层不受固壁面的限制和影响,Gortler(1942)采用了 Prandtl 提出的尾迹形式的涡粘性假设,即

$$\frac{\tau_\mathrm{t}}{\rho} = -\overline{u'v'} = \nu_\mathrm{t} \frac{\partial u}{\partial y}$$

对于自由射流,假定涡粘度 ν_t 为

$$\nu_\mathrm{t} \propto u_\mathrm{m} b, \quad b \propto x, \quad 或 \quad \nu_\mathrm{t} = \alpha u_\mathrm{m} b$$

式中,α 为常数。并由时均速度分布相似性,Gortler 取

$$\frac{u}{u_\mathrm{m}} = F'\left(\sigma \frac{y}{x}\right) = F'(\xi) \tag{3.32}$$

式中,$\xi = \sigma \frac{y}{x}$,σ 为自由常数。又由于 $u_\mathrm{m} \propto 1/\sqrt{x}$,则式(3.32)可写为

$$u = u_\mathrm{m} F'(\xi) = \frac{C_1}{\sqrt{x}} F'(\xi) \tag{3.33}$$

式中,C_1 为常数。由连续方程(3.5)

第3章 平面自由紊动射流

$$\frac{\partial u}{\partial x} + \frac{\partial v}{\partial y} = 0$$

引入流函数 ψ,则有

$$u = \frac{\partial \psi}{\partial y}, \qquad v = -\frac{\partial \psi}{\partial x}$$

其中,流函数 ψ 为

$$\psi = \int u \mathrm{d}y = \frac{C_1}{\sqrt{x}} \int \frac{F'x}{\sigma} \mathrm{d}\xi = \frac{C_1}{\sigma}\sqrt{x}F(\xi) \tag{3.34}$$

式中,$F(\xi) = \int F' \mathrm{d}\xi$,且

$$u = \frac{\partial \psi}{\partial y} = \frac{\partial (C_1 \sqrt{x} F/\sigma)}{\partial y} = \frac{C_1 \sqrt{x} F'}{\sigma} \frac{\sigma}{x} = \frac{C_1}{\sqrt{x}} F' \tag{3.35}$$

$$v = -\frac{\partial \psi}{\partial x} = -\frac{\partial (C_1 \sqrt{x} F/\sigma)}{\partial x} = \frac{C_1}{\sigma \sqrt{x}}\left(\xi F' - \frac{1}{2}F\right) \tag{3.36}$$

$$\frac{\partial u}{\partial x} = \frac{\partial}{\partial x}\left(\frac{C_1}{\sqrt{x}}F'\right) = -\frac{C_1}{x\sqrt{x}}\left(\frac{F'}{2} + \xi F''\right)$$

$$\frac{\partial u}{\partial y} = \frac{\partial}{\partial y}\left(\frac{C_1}{\sqrt{x}}F'\right) = \frac{\sigma C_1}{x\sqrt{x}} F''$$

式(3.4)中的对流项可写为

$$u\frac{\partial u}{\partial x} = \frac{C_1}{\sqrt{x}}F' \frac{\partial}{\partial x}\left(\frac{C_1}{\sqrt{x}}F'\right) = -\frac{C_1^2}{x^2}\left(\frac{F'F'}{2} + \xi F''F'\right) \tag{3.37}$$

$$v\frac{\partial u}{\partial y} = \frac{C_1}{\sigma\sqrt{x}}\left(\xi F' - \frac{F}{2}\right)\frac{\sigma C_1}{x\sqrt{x}}F'' = \frac{C_1^2}{x^2}\left(\xi F'F'' - \frac{F}{2}F''\right) \tag{3.38}$$

又由于

$$\frac{\tau_\mathrm{t}}{\rho} = -\overline{u'v'} = \nu_\mathrm{t}\frac{\partial u}{\partial y} = \alpha u_\mathrm{m} b \frac{\partial u}{\partial y} = C\alpha \frac{C_1}{\sqrt{x}} x \frac{\partial u}{\partial y} = C_1 C_2 \sqrt{x}\frac{\partial u}{\partial y} \tag{3.39}$$

式中,$C_2 = C\alpha$ 为常数。紊动切应力项可写为

$$\frac{1}{\rho}\frac{\partial \tau_\mathrm{t}}{\partial y} = \frac{\partial}{\partial y}\left(\nu_\mathrm{t}\frac{\partial u}{\partial y}\right) = \frac{\partial}{\partial y}\left(\alpha u_\mathrm{m} b \frac{\partial u}{\partial y}\right) = \sigma^2 C_2 \frac{C_1^2}{x^2}F'''$$

由于 σ 和 C_2 为自由常数,故为便于求解方程,取 $\sigma^2 C_2 = 1/4$,则上式变为

$$\frac{1}{\rho}\frac{\partial \tau_\mathrm{t}}{\partial y} = \frac{1}{4}\frac{C_1^2}{x^2}F''' \tag{3.40}$$

现将式(3.37)~(3.40)代入边界层控制方程(3.4)中,得

$$-\left(\frac{F'F'}{2} + \xi F''F'\right) + \left(\xi F'F'' - \frac{1}{2}FF''\right) = \frac{1}{4}F''' \tag{3.41}$$

整理后有

$$F''' + 2FF'' + 2F'F' = 0 \tag{3.41a}$$

或者

$$\frac{\mathrm{d}}{\mathrm{d}\xi}[F'' + 2FF'] = 0 \tag{3.41b}$$

边界条件是

$$y = 0, \quad \xi = 0, \quad u = u_m, \quad u/u_m = F'(0) = 1$$
$$y = \infty, \quad \xi = \infty, \quad u = 0, \quad u/u_m = F'(\infty) = 0$$
$$y = 0, \quad \xi = 0, \quad v = 0, \quad F(0) = 0$$
$$y = 0, \quad \xi = 0, \quad \tau_t = 0, \quad F''(0) = 0$$
$$y = \infty, \quad \xi = \infty, \quad \tau_t = 0, \quad F''(\infty) = 0$$

利用 $\xi=0$ 处的边界条件,积分式(3.41b)得

$$F'' + 2FF' = 0 \tag{3.41c}$$

或写为

$$\frac{d}{d\xi}(F' + F^2) = 0 \tag{3.41d}$$

再利用 $\xi=0$ 处的边界条件,积分式(3.41d),可得

$$F' + F^2 = 1$$

求解上式,最后得

$$F(\xi) = \frac{1 - e^{-2\xi}}{1 + e^{-2\xi}} = \tanh \xi, \quad F'(\xi) = 1 - F^2 = 1 - \tanh^2 \xi \tag{3.42}$$

则

$$u/u_m = F'(\xi) = 1 - \tanh^2 \xi \tag{3.42a}$$

$$\frac{v}{u_m} = \frac{1}{\sigma}\left(\xi - \xi\tanh^2\xi - \frac{1}{2}\tanh\xi\right) \tag{3.42b}$$

设 $u=0.5u_m, y=b_{1/2}$,代入式(3.42a)可得

$$1 - \tanh^2\left(\sigma\frac{b_{1/2}}{x}\right) = \frac{1}{2}$$

即

$$\sigma\frac{b_{1/2}}{x} = \frac{1}{2}\ln\frac{\sqrt{2}+1}{\sqrt{2}-1} \approx 0.881$$

所以,$\xi = \sigma\frac{y}{x} = 0.881\frac{y}{b_{1/2}} = 0.881\eta$,并代入式(3.42a)和(3.42b)中,得

$$\frac{u}{u_m} = 1 - \tanh^2\xi = 1 - \tanh^2\left(0.881\frac{y}{b_{1/2}}\right) = 1 - \tanh^2(0.881\eta) \tag{3.43a}$$

$$\frac{v}{u_m} = \frac{1}{\sigma}\left(0.881\eta - 0.881\eta\tanh^2(0.881\eta) - \frac{1}{2}\tanh(0.881\eta)\right) \tag{3.43b}$$

射流特征半厚度可写为

$$b_{1/2} = 0.881\frac{x}{\sigma}$$

如将 Gortler 解代入动量积分式(2.129)中,得

$$2\int_0^\infty \rho u^2 dy = 2\rho u_m^2 \frac{x}{\sigma}\int_0^\infty (1 - \tanh^2\xi)^2 d\xi = 2\rho u_0^2 b_0$$

由数值积分可得 $\int_0^\infty (1 - \tanh^2\xi)^2 d\xi = 0.667$,代入上式有

$$\frac{u_\mathrm{m}}{u_0} = 1.224\sqrt{\sigma}\,\frac{1}{\sqrt{x/b_0}} \tag{3.43c}$$

3.3 平面自由紊动射流实验结果与分析

早在 1934 年 Forthmann 就对平面自由紊动射流进行了系统的实验研究,所获得的纵向时均速度分布结果成为后来各种理论分析的基础。他所用的喷管出口厚度为 3.0 cm,出口宽度与厚度之比为 21.7,以保证射流中心剖面是平面射流。其后 Reichardt(1942)、Albertson(1950)、Bradbury(1956)、Zijnen(1958)、Heskestad(1965)、Hussain 与 Clark(1977)等对平面自由紊动射流进行了更详细的量测,不仅测量范围扩大,而且测量的变量由时均量增加到紊动物理量,现由表 3.1 列出部分学者关于平面自由射流所进行的实验参数汇总。下面分别针对不同物理量的实验结果给出讨论。

表 3.1 平面自由紊动射流部分实验参数汇总表

实验者	喷管尺寸/mm	纵向测量范围 $(x/2b_0)$	喷管出口 Re_j 数 $Re_j = \dfrac{u_0 2b_0}{\nu}$	测量的时均物理量	测量的紊动物理量
Forthmann(1934)	$2b_0=30.0$ $s=21.7$	$\leqslant 25$	7.0×10^4	u	
Mill 与 Comings(1957)	$2b_0=12.7$ $s=40.0$	$\leqslant 40$	2.0×10^4	u,p	$\overline{u'^2}$
Van der Hegge Zijnen (1958)	$2b_0=5$ $2b_0=10$ $s=20.0$	$\leqslant 40$	1.33×10^4	u,v	$\overline{u'^2},\overline{v'^2},\overline{u'v'}$
Bradbury(1956)	$2b_0=9.53$ $s=48.0$	$\leqslant 70$	3.0×10^4	u,v,p	$\overline{u'^2},\overline{v'^2},\overline{w'^2},\overline{u'v'}$ 等
Heskestad(1965)	$2b_0=12.7$ $s=13.2$	$\leqslant 160$ $u_\infty=0.16u_0$	$4.7\times10^3\sim$ 3.7×10^4	u	$\overline{u'^2},\overline{v'^2},\overline{w'^2},\overline{u'v'}$ 等
Patel(1970)	$2b_0=7.0$ $s=114.0$	$\leqslant 152$	3.5×10^4	u	$\overline{u'^2},\overline{v'^2},\overline{w'^2},\overline{u'v'}$ 等
Mill 与 Hoopes(1972)	$2b_0=1.73$ $s=59.0$	$140\sim300$	$1.77\times10^4\sim$ 3.14×10^4	u	$\overline{u'^2},\overline{v'^2},\overline{u'v'}$ 等
Robins(1973)	$2b_0=3.2\sim19.0$ $s=128.0\sim21.0$	$\leqslant 100$	$7.0\times10^3\sim$ 7.5×10^4	u,v,p	$\overline{u'^2},\overline{v'^2},\overline{w'^2},\overline{u'v'}$ 等
Gutmark 与 Wygnanski (1957)	$2b_0=13.0$ $s=38.5$	$\leqslant 120$	3.0×10^4	u,v	$\overline{u'^2},\overline{v'^2},\overline{w'^2},\overline{u'v'}$ 等
Hussain 与 Clark (1977)	$2b_0=31.8$ $s=44.0$	$\leqslant 40$	3.26×10^4 8.14×10^4	u,p	$\overline{u'^2}$
Antonia,Satyaprakash 与 Hussain(1980)	$2b_0=31.8$ $s=44.0$	$\leqslant 160$	2.04×10^4 4.28×10^4	u_m	紊动耗散率等

注:s 为射流喷管的宽度 w 和厚度 $2b_0$ 之比,即 $s=w/(2b_0)$;u_∞ 表示射流周围环境流速,对于表中未列 u_∞ 的为静止环境;b_0 为喷管半厚度;u_0 为喷管出口流速。

1. 时均速度分布

利用 Forthmann(1934)的实验结果,由图 3.3 给出在射流主体段纵向时均速度分布,图中实线为 Tollmien 的数值解(式(3.31)),虚线为 Gortler 解(式(3.43a)),实验点为 Forthmann 的数据。由图可见,整体上理论和实验吻合相当好。但 Tollmien 和 Gortler 解相比,在射流纵轴近区,Gortler 解与实验结果吻合更好;而在射流外区,Tollmien 解与实验结果更吻合。另外,Abramovich 还建议了一个指数型的速度分布经验公式,即

$$\frac{u}{u_\mathrm{m}} = \left[1 - \left(\frac{y}{b}\right)^{3/2}\right]^2 \tag{3.44}$$

式中,b 为射流半扩展厚度。

取 Gortler 解中的自由常数 $\sigma=7.67$,利用式(3.43a)计算的射流横向时均速度分布曲线如图 3.4 所示。由此可见,横向时均速度远小于纵向时均速度,且在射流外区最大横向时均速度约为 $v_\infty = -0.0651 u_\mathrm{m}$。

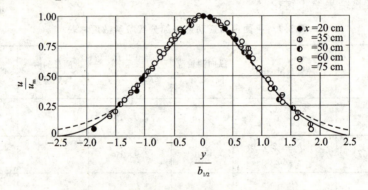

图 3.3 平面自由紊动射流纵向时均速度分布

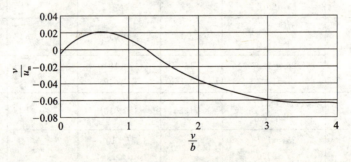

图 3.4 平面自由紊动射流横向时均速度分布

2. 射流的扩展厚度和轴向最大时均速度衰变规律

为便于分析实验结果,首先对射流源点给出说明。在射流分析中,一般将坐标源点位于由射流主体段扩展边界决定的射流源点或极点处。实验发现射流源点与喷管出口断面中心点是不重合的,射流源点可位于对称轴上喷管出口断面中心点之前或之后。如用 a_0 表示二者之间的距离,有人发现 a_0 的数值很小,且受喷管出口断面处时均速度分布的均匀程度和紊动强度等影响较大,难以给出精确值,故从实用角度出发,常常忽略 a_0 的影响,认为射流原点与喷管

出口断面中心点重合。如用 x 表示由射流极点起算的轴向坐标，x_1 表示由喷管出口断面中心点起算的轴向坐标，如图 3.1 所示，则有 $x = x_1 + a_0 \approx x_1$。

Abramovich(1963)根据 Forthmann 等的实验结果，发现 Tollmien 解中的自由常数 $C = 0.09 \sim 0.12$，这样由 Tollmien 解可得射流的特征半厚度(式(3.31a))为

$$b_{1/2} = 0.995Cx = 0.09x \sim 0.119x$$

取平均值，得

$$b_{1/2} = 0.105x \tag{3.45}$$

由射流时均纵向速度分布可知，射流的半扩展厚度 b 为

$$b \approx 2b_{1/2} = 0.21x \tag{3.46}$$

射流轴向最大时均速度衰变式(将自由常数 $C = 0.105$ 代入式(3.31b)获得)为

$$\frac{u_m}{u_0} = \frac{1.208}{\sqrt{C}} \frac{1}{\sqrt{x/b_0}} = \frac{3.73}{\sqrt{x/b_0}} \tag{3.47}$$

Gortler(1942)利用 Forthmann 和 Reichardt 等的实验资料，建议 Gortler 解中的自由常数 $\sigma = 7.67$，由此可得射流特征半厚度(式(3.43b))为

$$b_{1/2} = 0.881 \frac{x}{\sigma} = 0.115x \tag{3.48}$$

射流的半扩展厚度 b 近似取为

$$b \approx 2b_{1/2} = 0.23x \tag{3.49}$$

射流轴向最大时均速度衰变式(将自由常数 $\sigma = 7.67$ 代入式(3.43c)获得)为

$$\frac{u_m}{u_0} = 1.224\sqrt{\sigma} \frac{1}{\sqrt{x/b_0}} = \frac{3.39}{\sqrt{x/b_0}} \tag{3.50}$$

采用 Albertson 等(1950)的实验资料，得到的射流特征半厚度为

$$b_e = Cx = 0.154x \quad (\text{常数 } C = 0.154) \tag{3.51}$$

将 $C = 0.154$ 代入式(3.20)中，得射流轴向最大时均速度衰变式为

$$\frac{u_m}{u_0} = \left[\frac{2\sqrt{2}}{C\sqrt{\pi}}\right]^{1/2} \frac{1}{\sqrt{x/b_0}} = \frac{3.22}{\sqrt{x/b_0}} \tag{3.52}$$

Zijnen(1958)通过实验获得射流轴向最大时均速度衰变式为

$$\frac{u_m}{u_0} = \frac{3.52}{\sqrt{x/b_0}} \tag{3.53}$$

由上可见，不同研究者所采用的分析方法和依据的实验资料不同，得出的结果会略有差别。对于射流轴向最大时均速度，Rajaratnam 给出的一般表达式为

$$\frac{u_m}{u_0} = \frac{C_{01}}{\sqrt{x/b_0}} \quad \text{和} \quad \frac{u_m}{u_0} = \frac{C_{01}}{\sqrt{x_1/b_0 + C_{02}}} \tag{3.54}$$

式中，$C_{01} = 3.12 \sim 3.78$，$C_{02} = 0 \sim 2.4$。Rajaratnam 建议实用上可取 $C_{01} = 3.5$，$C_{02} = 0$，则

$$\frac{u_m}{u_0} = \frac{3.50}{\sqrt{x/b_0}} = \frac{3.50}{\sqrt{x_1/b_0}} \tag{3.55}$$

对于射流的各特征半厚度，如取式(3.45)和(3.48)的平均值，建议

$$b_{1/2} = 0.11x \quad \text{和} \quad b = 0.22x \tag{3.56}$$

射流边界的扩展角度为

$$\theta = \arctan(b/x) = \arctan(0.22) = 12.4°$$

和

$$\theta_{1/2} = \arctan(b_{1/2}/x) = \arctan(0.11) = 6.3°$$

如取式(3.47)、(3.50)、(3.53)和式(3.55)的平均值，建议的射流轴向最大时均速度衰变关系

式为

$$\frac{u_m}{u_0} = \frac{3.46}{\sqrt{x/b_0}} = \frac{3.46}{\sqrt{x_1/b_0}} \tag{3.57}$$

图 3.5 给出纵向最大时均速度的衰变曲线，图中实验点为 Forthmann 等人的实验数据，实线为式(3.57)的计算曲线。

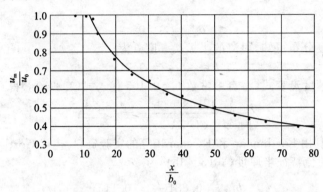

图 3.5 平面自由紊动射流纵向最大时均速度的衰变曲线

3. 射流的流量与卷吸系数

如用 Q_0 表示喷管出口流量，Q_∞ 表示射流任一横断面处的流量，Q 表示射流任一横断面处中心轴距离为 y 的范围内的流量，则对于平面自由射流，有

$$Q_\infty = \int_{-\infty}^{\infty} u \mathrm{d}y = 2\int_0^\infty u \mathrm{d}y \tag{3.58}$$

$$Q = \int_{-y}^{y} u \mathrm{d}y = 2\int_0^y u \mathrm{d}y \tag{3.59}$$

由时均速度分布相似性 $u_m = f(y/b_{1/2}) = u_m f(\eta)$，又由于 $Q_0 = 2u_0 b_0$，可得

$$\frac{Q_\infty}{Q_0} = \frac{2\int_0^\infty u \mathrm{d}y}{2u_0 b_0} = \frac{\int_0^\infty u_m f\left(\frac{y}{b_{1/2}}\right) \mathrm{d}y}{u_0 b_0} = \frac{u_m}{u_0} \frac{b_{1/2}}{b_0} \int_0^\infty f(\eta) \mathrm{d}\eta \tag{3.60}$$

射流的卷吸速度 v_e 为

$$v_e = \frac{1}{2} \frac{\mathrm{d}Q_\infty}{\mathrm{d}x} = \frac{\mathrm{d}}{\mathrm{d}x}\left(u_m b_{1/2} \int_0^\infty f(\eta) \mathrm{d}\eta\right) \tag{3.61}$$

卷吸系数 α_e 为

$$\alpha_e = \frac{1}{2u_m} \frac{\mathrm{d}Q_\infty}{\mathrm{d}x} = \frac{1}{u_m} \frac{\mathrm{d}}{\mathrm{d}x}\left(u_m b_{1/2} \int_0^\infty f(\eta) \mathrm{d}\eta\right) \tag{3.62}$$

上述各式中不同相似解的积分值 $\int_0^\infty f(\eta) \mathrm{d}\eta$ 由表 3.2 列出；表 3.3 列出了由式(3.60)导出的用不同相似解射流流量；表 3.4 列出了由式(3.61)和式(3.62)计算的不同相似解射流卷吸速度和卷吸系数。如取各表中的平均值，则可获得

平面自由紊动射流流量

$$\frac{Q_\infty}{Q_0} = 0.428\sqrt{\frac{x}{b_0}} \tag{3.63}$$

平面自由紊动射流卷吸速度

$$\frac{v_e}{u_0} = \frac{0.214}{\sqrt{x/b_0}} \tag{3.64}$$

平面自由紊动射流卷吸系数

$$\alpha_e = 0.0621 \tag{3.65}$$

此外,如将时均速度分布 $u = u_m \exp(-y^2/b_e^2)$ 代入式(3.59),得

$$Q = 2u_m \int_0^y \exp(-y^2/b_e^2)\,dy \tag{3.66}$$

现将

$$Q_\infty = 2\int_0^\infty u\,dy = 2\int_0^\infty u_m \exp(-y^2/b_e^2)\,dy = \sqrt{\pi}\,b_e u_m \quad \text{和} \quad Q_0 = 2b_0 u_0$$

代入式(3.66),得

$$\frac{Q}{Q_0} = \frac{2}{\sqrt{\pi}} \frac{Q_\infty}{Q_0} \int_0^\eta \exp(-\eta^2)\,d\eta \tag{3.67}$$

式中,$\eta = y/b_e$。令 $\xi = \sqrt{2}\eta$,则上式可写为

$$\frac{Q}{Q_0} = 2\frac{Q_\infty}{Q_0}\left[\frac{1}{\sqrt{2\pi}}\int_0^{\sqrt{2}\eta} \exp(-\xi^2/2)\,d\xi\right] \tag{3.68}$$

上式等号右边括号中的积分是标准正态分布函数的积分,在积分上限小于1.2的情况下,有下列近似积分关系式

$$\frac{1}{\sqrt{2\pi}}\int_0^{\sqrt{2}\eta} \exp(-\xi^2/2)\,d\xi \approx 0.345(\sqrt{2}\eta)^{0.88}$$

将上式代入式(3.68),有

$$\frac{Q}{Q_0} = 2\frac{Q_\infty}{Q_0}\left[\frac{1}{\sqrt{2\pi}}\int_0^{\sqrt{2}\eta} \exp(-\xi^2/2)\,d\xi\right] = 2\frac{Q_\infty}{Q_0}\left[0.345(\sqrt{2}\eta)^{0.88}\right] \tag{3.69}$$

在射流任一断面处,如设 $Q = Q_0$,$y = b_q$(通过的流量为 Q_0 时射流的半厚度),则由上式可得

$$\eta_q = \frac{b_q}{b_e} = 1.078\left(\frac{Q_0}{Q_\infty}\right)^{1.1364} \tag{3.70}$$

表3.2 不同相似解 $\int_0^\infty f(\eta)\,d\eta$ 的数值积分值

相似解名称	量纲为1的变量	相似解形式	$\int_0^\infty f(\eta)\,d\eta$ 积分值
Tollmien 解	$\eta = y/b_{1/2}$	$f(\eta) = f(y/b_{1/2}) = \left(0.86 + \dfrac{0.14}{1+\eta}\right)\exp(-0.621\eta^2)$	1.0674
Gortler 解	$\eta = y/b_{1/2}$	$f(\eta) = f(y/b_{1/2}) = 1 - \tanh^2(0.881\eta)$	1.1351
实验曲线1	$\eta = y/b_{1/2}$	$f(\eta) = \exp(-0.693\eta^2) = \exp(-(\ln 2)\eta^2)$	$\dfrac{\sqrt{\pi}}{2\sqrt{\ln 2}}$
实验曲线2	$\eta = y/b_e$	$f(\eta) = \exp(-\eta^2)$	$\dfrac{\sqrt{\pi}}{2}$

表 3.3　不同相似解射流流量的沿程变化

相似解名称	量纲为 1 的变量	$\int_0^\infty f(\eta)\mathrm{d}\eta$ 积分值	射流特征半厚度 b	射流纵向最大速度衰变	射流流量沿程变化 Q_∞/Q_0
Tollmien 解	$\eta=y/b_{1/2}$	1.067 4	$b_{1/2}=0.105x$	$\dfrac{u_m}{u_0}=\dfrac{3.73}{\sqrt{x/b_0}}$	$1.067\,4\,\dfrac{u_m}{u_0}\dfrac{b_{1/2}}{b_0}=0.418\sqrt{\dfrac{x}{b_0}}$
Gortler 解	$\eta=y/b_{1/2}$	1.135 1	$b_{1/2}=0.115x$	$\dfrac{u_m}{u_0}=\dfrac{3.39}{\sqrt{x/b_0}}$	$1.135\,1\,\dfrac{u_m}{u_0}\dfrac{b_{1/2}}{b_0}=0.443\sqrt{\dfrac{x}{b_0}}$
实验曲线 1	$\eta=y/b_{1/2}$	$\dfrac{\sqrt{\pi}}{2}\dfrac{1}{\sqrt{\ln 2}}$	$b_{1/2}=0.11x$	$\dfrac{u_m}{u_0}=\dfrac{3.50}{\sqrt{x/b_0}}$	$1.064\,5\,\dfrac{u_m}{u_0}\dfrac{b_{1/2}}{b_0}=0.410\sqrt{\dfrac{x}{b_0}}$
实验曲线 2	$\eta=y/b_e$	$\dfrac{\sqrt{\pi}}{2}$	$b_e=0.154x$	$\dfrac{u_m}{u_0}=\dfrac{3.22}{\sqrt{x/b_0}}$	$\dfrac{\sqrt{\pi}}{2}\dfrac{u_m}{u_0}\dfrac{b_e}{b_0}=0.439\sqrt{\dfrac{x}{b_0}}$

表 3.4　不同相似解射流卷吸速度与卷吸系数

相似解名称	量纲为 1 的变量	$\int_0^\infty f(\eta)\mathrm{d}\eta$ 积分值	射流流量沿程变化 Q_∞/Q_0	射流卷吸速度 $v_e=\dfrac{1}{2}\dfrac{\mathrm{d}Q_\infty}{\mathrm{d}x}$	射流卷吸系数 $\alpha_e=\dfrac{v_e}{u_m}$
Tollmien 解	$\eta=y/b_{1/2}$	1.067 4	$0.418\sqrt{\dfrac{x}{b_0}}$	$0.209\,\dfrac{u_0}{\sqrt{x/b_0}}$	0.056 0
Gortler 解	$\eta=y/b_{1/2}$	1.135 1	$0.443\sqrt{\dfrac{x}{b_0}}$	$0.222\,\dfrac{u_0}{\sqrt{x/b_0}}$	0.065 5
实验曲线 1	$\eta=y/b_{1/2}$	$\dfrac{\sqrt{\pi}}{2}\dfrac{1}{\sqrt{\ln 2}}$	$0.410\sqrt{\dfrac{x}{b_0}}$	$0.205\,\dfrac{u_0}{\sqrt{x/b_0}}$	0.058 6
实验曲线 2	$\eta=y/b_e$	$\dfrac{\sqrt{\pi}}{2}$	$0.439\sqrt{\dfrac{x}{b_0}}$	$0.22\,\dfrac{u_0}{\sqrt{x/b_0}}$	0.068 3

将 $b_e=0.154x$ 和 $Q_\infty/Q_0=0.439\sqrt{x/b_0}$ 代入式(3.70)中,得

$$\frac{b_q}{b_0}=0.424\left(\frac{x}{b_0}\right)^{0.432} \tag{3.71}$$

由此可见,通过 Q_0 的半厚度 b_q 与 x 并不是线性关系,而是曲线关系,如图 3.6 所示。

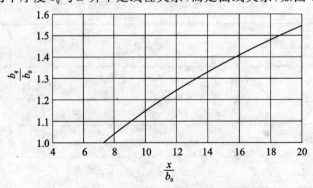

图 3.6　平面自由紊动射流 b_q 与 x 变化曲线

4. 射流的时均动能衰变率与消能率

在射流任一横断面上,总的时均动能为

$$\text{TE} = 2\int_0^\infty \frac{u^2}{2}\rho\,u\,\mathrm{d}y = \int_0^\infty \rho u^3 \mathrm{d}y \tag{3.72}$$

射流出口断面总的时均动能为

$$\text{TE}_0 = 2\rho u_0 b_0 \frac{u_0^2}{2} = \rho b_0 u_0^3 \tag{3.73}$$

再由时均速度分布相似性可知

$$u_m = f(y/b) = u_m f(\eta)$$

将上式代入式(3.72)中,可得
平面自由射流时均动能衰变率 E_j 为

$$E_j = \frac{\text{TE}}{\text{TE}_0} = \frac{u_m^3}{u_0^3}\frac{b}{b_0}\int_0^\infty f^3(\eta)\mathrm{d}\eta \tag{3.74}$$

平面自由射流时均流消能率 K_j 为

$$K_j = \frac{\text{TE}_0 - \text{TE}}{\text{TE}_0} = 1 - \frac{\text{TE}}{\text{TE}_0} = 1 - E_j \tag{3.75}$$

利用表 3.2 中不同形式的时均速度分布相似解,可由表 3.5 给出 E_j 的积分结果。

表 3.5 不同相似解计算的平面自由射流总时均动能衰变率

相似解名称	量纲为 1 的变量	$\int_0^\infty f^3(\eta)\mathrm{d}\eta$ 积分值	射流特征半厚度 b	射流纵向最大速度衰变	射流时均总动能沿程变化 $E_j = \text{TE}/\text{TE}_0$
Tollmien 解	$\eta = y/b_{1/2}$	0.581 5	$b_{1/2} = 0.105x$	$\dfrac{u_m}{u_0} = \dfrac{3.73}{\sqrt{x/b_0}}$	$E_j = \dfrac{3.169}{\sqrt{x/b_0}}$
Gortler 解	$\eta = y/b_{1/2}$	0.605 4	$b_{1/2} = 0.115x$	$\dfrac{u_m}{u_0} = \dfrac{3.39}{\sqrt{x/b_0}}$	$E_j = \dfrac{2.712}{\sqrt{x/b_0}}$
实验曲线 1	$\eta = y/b_{1/2}$	$\dfrac{\sqrt{\pi}}{2\sqrt{3\ln 2}}$	$b_{1/2} = 0.11x$	$\dfrac{u_m}{u_0} = \dfrac{3.50}{\sqrt{x/b_0}}$	$E_j = \dfrac{2.899}{\sqrt{x/b_0}}$
实验曲线 2	$\eta = y/b_e$	$\dfrac{\sqrt{\pi}}{2\sqrt{3}}$	$b_e = 0.154x$	$\dfrac{u_m}{u_0} = \dfrac{3.22}{\sqrt{x/b_0}}$	$E_j = \dfrac{2.631}{\sqrt{x/b_0}}$

如对该表中四个相似解的 E_j 取平均,则建议
平面自由紊动射流时均动能衰变率

$$E_j = \frac{\text{TE}}{\text{TE}_0} = \frac{2.853}{\sqrt{x/b_0}} \tag{3.76}$$

平面自由紊动射流时均流消能率

$$K_j = 1 - \frac{\text{TE}}{\text{TE}_0} = 1 - \frac{2.853}{\sqrt{x/b_0}} \tag{3.77}$$

采用以上两式计算的 E_j 和 K_j 变化曲线如图 3.7 所示。显然,平面自由射流的时均总动能在 $x/b_0 = 10 \sim 50$ 范围内,衰变速率较快;而在 $x/b_0 > 50$ 以后,总动能衰变速率较为缓慢。例如,在 $x = 50b_0 = 25(2b_0)$ 处,射流消能率 K_j 达 60%;而在 $x = 80b_0 = 40(2b_0)$ 处,射流消能率 K_j 为 68%。

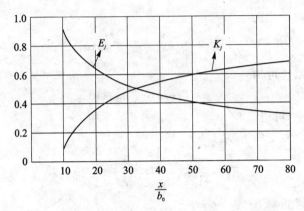

图 3.7 平面自由紊动射流时均动能衰变率和消能率

5. 平面自由紊动射流初始段流动

针对射流的基本流动特征,射流沿轴向可分为初始段、过渡段和主体段。但由于射流的过渡段较短,实用上一般仅将射流分为初始段和主体段,也就是说射流核心区末端紧接主体段,这样射流初始段长度 L_0(如图 3.1 所示)可由射流主体段轴向最大时均速度公式(令 $u_m = u_0$)解出 x 获得,如表 3.6 所列。由此可见,因轴向最大时均速度公式不同,所得到的射流初始段长度也不同。取表 3.6 中的平均值,射流的初始段长度可近似写为

$$L_0 \approx 12.0 b_0 \approx 6.0 (2b_0) \tag{3.78}$$

表 3.6 不同相似解计算的平面自由射流初始段长度

相似解名称	量纲为 1 的变量	射流特征半厚度 b	射流纵向最大速度衰变	射流初始段长度 L_0 ($u_m = u_0$)
Tollmien 解	$\eta = y/b_{1/2}$	$b_{1/2} = 0.105x$	$\dfrac{u_m}{u_0} = \dfrac{3.73}{\sqrt{x/b_0}}$	$L_0 = 13.9 b_0$
Gortler 解	$\eta = y/b_{1/2}$	$b_{1/2} = 0.115x$	$\dfrac{u_m}{u_0} = \dfrac{3.39}{\sqrt{x/b_0}}$	$L_0 = 11.5 b_0$
实验曲线 1	$\eta = y/b_{1/2}$	$b_{1/2} = 0.11x$	$\dfrac{u_m}{u_0} = \dfrac{3.50}{\sqrt{x/b_0}}$	$L_0 = 12.3 b_0$
实验曲线 2	$\eta = y/b_e$	$b_e = 0.154x$	$\dfrac{u_m}{u_0} = \dfrac{3.22}{\sqrt{x/b_0}}$	$L_0 = 10.4 b_0$
平均值			$\dfrac{u_m}{u_0} = \dfrac{3.46}{\sqrt{x/b_0}}$	$L_0 = 12.0 b_0$

射流初始段包括核心区和自由剪切层区。对于喷管出口流速均匀分布的平面自由紊动射流，实验得出：自由剪切层区内边界扩展角 $\alpha_1 \approx 5°$；外边界扩展角 $\alpha_2 \approx 10°$。自由剪切层区的纵向时均速度分布也是相似的，如采用 Gauss 分布，则可写为

$$\frac{u}{u_0} = \exp\left[-\frac{(y-b_c)^2}{b_m^2}\right] \tag{3.79}$$

式中，b_c 为射流核心区的半厚度；b_m 为射流自由剪切层区的厚度。

6. 平面自由紊动射流紊动动能平衡关系

对于平面自由紊动射流，通过量级比较，紊动动能 K 方程

$$\frac{\partial K}{\partial t} + u_j\frac{\partial K}{\partial x_j} = \frac{\partial}{\partial x_j}\left[-\overline{\frac{u_i'u_i'}{2}u_j'} - \overline{\frac{p'u_j'}{\rho}} + \nu\frac{\partial K}{\partial x_j}\right] - \overline{u_i'u_j'}\frac{\partial u_i}{\partial x_j} - \nu\overline{\frac{\partial u_i'}{\partial x_j}\frac{\partial u_i'}{\partial x_j}}$$

可简化为(定常流动)

$$u\frac{\partial K}{\partial x} + v\frac{\partial K}{\partial y} = \frac{\partial}{\partial y}\left[-\overline{\frac{u_i'u_i'}{2}v'} - \overline{\frac{p'v'}{\rho}}\right] - \overline{u'v'}\frac{\partial u}{\partial y} - \varepsilon \tag{3.80}$$

式中，各项的物理意义是

对流项 $\quad\quad\quad\quad\quad\quad\quad\quad \mathrm{ADV}(K) = u\dfrac{\partial K}{\partial x} + v\dfrac{\partial K}{\partial y}$

紊动扩散项 $\quad\quad\quad\quad\quad\quad \mathrm{Diff}(K) = \dfrac{\partial}{\partial y}\left[-\overline{\dfrac{u_i'u_i'}{2}v'} - \overline{\dfrac{p'v'}{\rho}}\right]$

紊动产生项 $\quad\quad\quad\quad\quad\quad P_t = -\overline{u'v'}\dfrac{\partial u}{\partial y}$

紊动动能耗散率项 $\quad\quad\quad\quad \varepsilon = \nu\overline{\dfrac{\partial u_i'}{\partial x_j}\dfrac{\partial u_i'}{\partial x_j}}$

这样，式(3.80)可写为

$$\mathrm{ADV}(K) = \mathrm{Diff}(K) + P_t - \varepsilon \tag{3.81}$$

上式中，对流项和产生项可由紊动量测获得，紊动耗散项通过量测脉动速度 u' 分量的时间导数或空间导数均方值获得，即

$$\varepsilon = 15\nu\overline{\left(\frac{\partial u'}{\partial x}\right)^2} \quad \text{或} \quad \varepsilon = 15\frac{\nu}{u^2}\overline{\left(\frac{\partial u'}{\partial t}\right)^2} \tag{3.82}$$

式(3.82)中，第一个表达式假定紊流场中的耗散涡是各向同性的(isotropic)；第二个表达式假定紊流场中的耗散涡满足 Taylor 的"冻结"紊流假设，即

$$\frac{\partial u'}{\partial t} + u\frac{\partial u'}{\partial x} = 0 \tag{3.83}$$

紊动扩散项可利用式(3.80)获得，即

$$\mathrm{Diff}(K) = \mathrm{ADV}(K) - (P_t - \varepsilon) \tag{3.84}$$

此外，在紊动动能 K 的平衡关系中，紊动动能 K 的净扩散通量应为零，即

$$\int_0^\infty \mathrm{Diff}(K)\mathrm{d}y = \int_0^\infty \frac{\partial}{\partial y}\left[-\overline{\frac{u_i'u_i'}{2}v'} - \overline{\frac{p'v'}{\rho}}\right]\mathrm{d}y = 0 \tag{3.85}$$

图 3.8 为 Bradbury(1965)给出的平面自由射流紊动能量平衡关系。由该图可见，在自由射流中，紊动能量平衡关系的主要特征是：

(1) 在平面自由紊动射流横断面的不同区域，紊动动能方程中各项的贡献是不同的，这与紊动尾流中的情况相类似。在射流轴心区域，紊动产生项很小，紊动能量的主要正贡献是轴向对流项和横向扩散项，紊动对流项和扩散项与紊动耗散项平衡；在射流轴心外域，紊动扩散项和对流项是可忽略的小量，此时紊动能量产生项约等于紊动耗散项，紊流处于局部平衡状态；在射流外边界线区域，紊动产生项很小，对紊流能量的主要正贡献是对流项，主要的负贡献是紊动耗散项。

(2) 紊动耗散项在射流轴心区域几乎是不变的常数，而在射流轴心区域以外，紊动耗散项逐渐减小。

(3) 在紊动能量平衡关系中，最主要的项是由大尺度涡控制的紊动产生项和小尺度涡起主要作用的紊动耗散项。实验表明这两项在射流绝大部分区域都具有相同的量级。

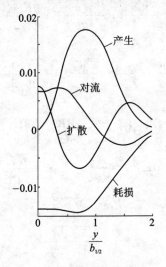

图 3.8 平面自由紊动射流紊动能量平衡关系

第 4 章 圆形自由紊动射流

本章将从不同角度论述在无限空间静止流体中轴对称圆形自由紊动射流的分析方法及其流动特征。

4.1 圆形自由射流的扩展厚度和轴向最大速度的衰变规律

1. 射流的相似性分析

设射流喷管出口直径为 d，出口速度为 u_0，射入一无限静止的流体区域中。取如图 4.1 所示的坐标系，x 表示从射流源点起算的轴向坐标，r 为垂直于 x 轴的径向坐标，则由实验表明，和平面自由射流一样，在射流主体段可假定轴向最大时均速度 u_m 和半扩展厚度 b 与射流轴向坐标 x 的幂次函数成正比，即

$$u_m \propto x^m \quad \text{和} \quad b \propto x^n \tag{4.1}$$

式中，指数 m 和 n 是需要确定的未知数。由式(2.13)和式(2.14)可知，轴对称自由射流的边界层控制方程(时均定常流动)为

$$u \frac{\partial u}{\partial x} + v \frac{\partial u}{\partial r} = \frac{1}{\rho r} \frac{\partial r \tau_t}{\partial r} \tag{4.2}$$

$$\frac{\partial r u}{\partial x} + \frac{\partial r v}{\partial r} = 0 \tag{4.3}$$

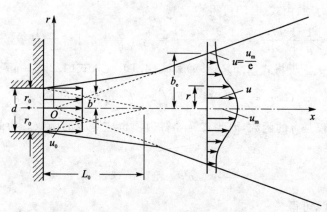

图 4.1 圆形断面自由紊动射流

根据射流主体段纵向时均速度分布的相似性条件，设

$$\frac{u}{u_m} = f\left(\frac{r}{b}\right) = f(\eta) \tag{4.4}$$

同样,在远离喷管出口的下游区域,可假设射流的紊动切应力分布也是相似的,则有

$$\frac{\tau_t}{\rho u_m^2} = \frac{-\rho \overline{u'v'}}{\rho u_m^2} = g\left(\frac{r}{b}\right) = g(\eta) \tag{4.5}$$

由式(4.4)可得

$$\frac{\partial u}{\partial x} = \frac{\partial (u_m f)}{\partial x} = u_m \frac{df}{d\eta}\frac{\partial \eta}{\partial b}\frac{db}{dx} + f\frac{du_m}{dx} = -u_m f'\eta \frac{b'}{b} + f u_m'$$

$$\frac{\partial u}{\partial r} = \frac{\partial (u_m f)}{\partial r} = u_m f'\frac{\partial \eta}{\partial r} = \frac{u_m}{b} f'$$

式中,$f' = \frac{df(\eta)}{d\eta}, b' = \frac{db}{dx}, u_m' = \frac{du_m}{dx}$,且有

$$u\frac{\partial u}{\partial x} = u_m f\frac{\partial (u_m f)}{\partial x} = u_m u_m' f^2 - \frac{u_m^2 b'}{b}\eta f f' \tag{4.6}$$

为了估计径向时均速度 v,由连续方程(4.3)可知

$$\frac{\partial rv}{\partial r} = -\frac{\partial ru}{\partial x} = -r\frac{\partial u}{\partial x} = -\eta b\left(-u_m f'\eta\frac{b'}{b} + f u_m'\right) = u_m b'\eta^2 f' - b u_m' \eta f \tag{4.7}$$

$$rv = \int_0^r \frac{\partial rv}{\partial r}dr = \int_0^r (u_m b'\eta^2 f' - b u_m' \eta f)dr = u_m b'b\int_0^\eta \eta^2 f' d\eta - u_m' b^2 \int_0^\eta \eta f d\eta$$

由此可得

$$v = \frac{1}{r}\int_0^r \frac{\partial rv}{\partial r}dr = u_m b'\frac{1}{\eta}\int_0^\eta \eta^2 f' d\eta - u_m' b\frac{1}{\eta}\int_0^\eta \eta f d\eta = u_m b' F_1(\eta) - u_m' b F_2(\eta) \tag{4.8}$$

$$v\frac{\partial u}{\partial r} = [u_m b' F_1(\eta) - u_m' b F_2(\eta)]\frac{u_m f'}{b} = \frac{u_m^2 b'}{b}F_1(\eta)f' - u_m' u_m F_2(\eta) f' \tag{4.9}$$

式中,$F_1(\eta) = \frac{1}{\eta}\int_0^\eta \eta^2 f' d\eta, F_2(\eta) = \frac{1}{\eta}\int_0^\eta \eta f d\eta$。

对于紊动切应力项,由式(4.5)可得

$$\frac{1}{\rho}\frac{1}{r}\frac{\partial r\tau_t}{\partial r} = \frac{1}{r}\frac{\partial (r u_m^2 g)}{\partial r} = \frac{u_m^2}{b}\left(\frac{g}{\eta} + g'\right) = \frac{u_m^2}{b}G(\eta) \tag{4.10}$$

式中,$G(\eta) = g/\eta + g'$。现将式(4.6)、(4.9)和式(4.10)代入式(4.2)中,整理后有

$$G(\eta) = \frac{b u_m'}{u_m}(f^2 - F_2 f') - b'(\eta f f' - F_1 f') \tag{4.11}$$

由于上式等号左边仅是 η 的函数,因此其等号右边项也应是 η 的函数。为此,要求 $b u_m'/u_m$ 和 b' 应与 x 无关,即

$$\frac{b u_m'}{u_m} \propto x^0 \quad \text{和} \quad b' \propto x^0 \tag{4.12}$$

将式(4.1)代入上式,可得

$$\frac{b u_m'}{u_m} \propto x^{n+m-1-m} = x^{n-1} \propto x^0 \quad \text{和} \quad b' \propto x^{n-1} \propto x^0$$

指数 $n=1$,则有 $b \propto x$。

为了确定指数 m,须借助于轴对称圆形自由射流的动量积分方程(2.131),即

$$\frac{\mathrm{d}}{\mathrm{d}x}\int_0^\infty \rho u^2 \cdot 2\pi r \mathrm{d}r = 0$$

现将 $u = u_\mathrm{m} f(\eta)$ 代入上式,可得

$$\frac{\mathrm{d}}{\mathrm{d}x}\int_0^\infty \rho u^2 \cdot 2\pi r \mathrm{d}r = \frac{\mathrm{d}}{\mathrm{d}x}\int_0^\infty 2\pi \rho u_\mathrm{m}^2 b^2 f^2 \eta \mathrm{d}\eta = 0$$

考虑到积分项 $\int_0^\infty 2\pi \eta f^2 \mathrm{d}\eta$ 是常数,因此有

$$\frac{\mathrm{d}(b^2 u_\mathrm{m}^2)}{\mathrm{d}x} = 0$$

这说明 $b^2 u_\mathrm{m}^2$ 与 x 无关,也就是

$$b^2 u_\mathrm{m}^2 \propto x^{2m+2n} \propto x^0 \quad \text{和} \quad 2m + 2n = 0$$

将 $n=1$ 代入,可得 $m=-1$。

由此可见,轴对称自由紊动射流沿程按线性规律扩展,且其轴向最大时均速度 u_m 随 x 的 1 次幂 $(1/x)$ 衰减,即

$$u_\mathrm{m} \propto \frac{1}{x} \quad \text{和} \quad b \propto x \tag{4.12a}$$

或写为

$$\frac{u_\mathrm{m}}{u_0} \propto \frac{1}{x/d} \quad \text{和} \quad \frac{b}{d} \propto \frac{x}{d} \tag{4.12b}$$

2. 量纲分析法

和平面自由射流一样,可将轴对称圆形紊动射流的轴向最大速度表示为下列变量的函数,即

$$u_\mathrm{m} = f_1(M_0, \rho, x) \tag{4.13}$$

式中,M_0 为喷管出口动量 $\left(M_0 = \frac{\pi d^2}{4}\rho u_0^2\right)$。利用量纲分析,上式可写为

$$u_\mathrm{m}\Big/\sqrt{\frac{M_0}{\rho x^2}} = \mathrm{const}$$

现将 $M_0 = \frac{\pi d^2}{4}\rho u_0^2$ 代入上式,可得

$$\frac{u_\mathrm{m}}{u_0} = \frac{C_1}{x/d} \tag{4.14}$$

式中,常数 C_1 由实验确定。

同样,对于射流的半扩展厚度 b,令

$$b = f_2(M_0, \rho, x) \tag{4.15}$$

利用量纲分析,有

$$\frac{b}{x} = \mathrm{const} \quad \text{或} \quad \frac{b}{d} = C\frac{x}{d} \tag{4.16}$$

式中,常数 C 也要由实验确定。

3. 动量积分方程解法

与平面自由射流一样,如果忽略纵向压力梯度,则圆形自由射流的时均动量积分沿程不变,总动量也保持守恒,即

$$M = \int_0^\infty \rho u^2 \cdot 2\pi r dr = \frac{\pi}{4}d^2 \rho u_0^2 \tag{4.17}$$

求解上式,须预先给定时均速度分布的相似函数。实验表明,圆形自由紊动射流的纵向时均速度分布函数仍符合 Gauss 正态分布曲线形式,即

$$\frac{u}{u_m} = \exp\left(-\beta \frac{r^2}{b_\beta^2}\right) \tag{4.18}$$

式中,b_β 为射流的特征半厚度。常数 β 取决于射流特征半厚度 b_β 的取值,如取 $b_\beta = b_{1/2}$,则由定义,当 $r = b_{1/2}$ 时,$u = 0.5 u_m$,代入式(3.18)可得

$$0.5 = \exp\left(-\beta \frac{b_{1/2}^2}{b_{1/2}^2}\right) = \exp(-\beta)$$

即 $\beta = -\ln 0.5 = 0.693$。这样,由式(4.18)可得到一个常用的经验公式为

$$\frac{u}{u_m} = \exp\left(-0.693 \frac{r^2}{b_{1/2}^2}\right) = \exp(-0.693\eta^2) \tag{4.19}$$

式中,$\eta = r/b_{1/2}$。如取 $b_\beta = b_e$,则由定义,当 $r = b_e$ 时,$u = u_m/e$,代入式(4.18)可得

$$\exp(-1) = \exp\left(-\beta \frac{b_e^2}{b_e^2}\right) = \exp(-\beta), \qquad \beta = 1$$

这样,式(4.18)变为

$$\frac{u}{u_m} = \exp\left(-\frac{r^2}{b_e^2}\right) \tag{4.20}$$

为便于积分计算,现将式(4.20)代入动量积分方程(4.17)中积分,有

$$\int_0^\infty \rho u^2 \cdot 2\pi r dr = \int_0^\infty \rho u_m^2 \exp(-2r^2/b_e^2) 2\pi r dr = \frac{\pi}{2} \rho u_m^2 b_e^2$$

这样式(4.17)可写为

$$M = \int_0^\infty \rho u^2 \cdot 2\pi r dr = \frac{\pi}{2} \rho u_m^2 b_e^2 = \frac{\pi d^2}{4} \rho u_0^2$$

设射流的半扩展厚度 $b_e = Cx$,代入上式可得

$$\frac{u_m}{u_0} = \frac{1}{\sqrt{2}C} \frac{1}{x/d} \tag{4.21}$$

4.2 圆形自由紊动射流时均速度分布理论解

从 20 世纪 20 年代开始,各国学者从边界层控制方程式出发,借助于不同紊流模式对圆形自由紊动射流的时均速度分布进行了理论求解,如早期 Tollmien(1926)采用 Prandtl 的混合

长理论给出了圆形自由紊动射流的理论解；其后 Schlichting 采用 Prandtl 在 1942 年提出的自由剪切层紊动切应力新的关系式求解了边界层控制方程；此外，Abramovich 采用 Taylor 的涡量输运理论也进行了求解。以下主要介绍时均速度分布的 Tollmien 解和 Gortler 解，至于用其他紊流输运模式给出的射流问题的解（包括数值解），读者可查阅有关专著，此处不再叙述。

1. Tollmien 解

为了封闭圆形自由紊动射流的边界层控制方程式(4.2)和式(4.3)，Tollmien(1926)采用 Prandtl 的混合长模式补充了紊动切应力关系式，即

$$\frac{\tau_t}{\rho} = -\overline{u'v'} = l_m^2 \left|\frac{\partial u}{\partial r}\right| \frac{\partial u}{\partial r} = l_m^2 \left(\frac{\partial u}{\partial r}\right)^2$$

通过量纲分析，在射流任一断面处取混合长 l_m 为

$$b \propto x, \quad l_m \propto b \quad 或 \quad l_m = \alpha x$$

并由时均速度分布相似性，令

$$\frac{u}{u_m} = f_1(r/b) = f\left(\frac{r}{Cx}\right) = f(\phi) \tag{4.22}$$

式中，$\phi = \frac{r}{Cx}$，C 为比例常数。又由于 $u_m \propto 1/x$，则式(4.22)可写为

$$u = u_m f(\phi) = \frac{C_1}{x} f(\phi) \tag{4.23}$$

式中，C_1 为常数（有量纲）。由连续方程(4.3)

$$\frac{\partial ru}{\partial x} + \frac{\partial rv}{\partial r} = 0$$

引入 Stokes 流函数 ψ，有

$$u = \frac{1}{r}\frac{\partial \psi}{\partial r} \tag{4.24a}$$

$$v = -\frac{1}{r}\frac{\partial \psi}{\partial x} \tag{4.24b}$$

积分式(4.24a)，可得

$$\psi = \int_0^r ru\,dr = \int_0^\phi Cx\phi u_m f Cx\,d\phi = C^2 x^2 u_m \int_0^\phi \phi f\,d\phi = C^2 C_1 x F(\phi) \tag{4.25}$$

式中，$F(\phi) = \int_0^\phi \phi f\,d\phi$。并且

$$u = \frac{1}{r}\frac{\partial \psi}{\partial r} = \frac{1}{r}\frac{\partial (C^2 C_1 xF)}{\partial r} = \frac{1}{Cx\phi}C^2 C_1 x F' \frac{1}{Cx} = \frac{C_1}{x}\frac{F'}{\phi} \tag{4.26}$$

$$v = -\frac{1}{r}\frac{\partial \psi}{\partial x} = -\frac{1}{r}\frac{\partial (C^2 C_1 xF)}{\partial x} = \frac{CC_1}{x}\left(F' - \frac{F}{\phi}\right) \tag{4.27}$$

式中，$F' = dF/d\phi$。

$$\frac{\partial u}{\partial x} = \frac{\partial}{\partial x}\left(\frac{C_1}{x}f\right) = \frac{\partial}{\partial x}\left(\frac{C_1}{x}\frac{F'}{\phi}\right) = -\frac{C_1}{x^2}F''$$

$$\frac{\partial u}{\partial r} = \frac{\partial}{\partial r}\left(\frac{C_1}{x}\frac{F'}{\phi}\right) = \frac{1}{C}\frac{C_1}{x^2}\left[\frac{F''}{\phi} - \frac{F'}{\phi^2}\right]$$

这样式(4.3)中的对流项可写为

$$u\frac{\partial u}{\partial x} = \frac{C_1}{x}\frac{F'}{\phi}\frac{\partial}{\partial x}\left(\frac{C_1}{x}\frac{F'}{\phi}\right) = -\frac{C_1^2}{x^3}\frac{F''F'}{\phi} \tag{4.28}$$

$$v\frac{\partial u}{\partial r} = \frac{C_1^2}{x^3}\left(\frac{F''}{\phi} - \frac{F'}{\phi^2}\right)\left(F' - \frac{F}{\phi}\right) \tag{4.29}$$

$$u\frac{\partial u}{\partial x} + v\frac{\partial u}{\partial r} = -\frac{C_1^2}{x^3}\frac{1}{\phi}\frac{\mathrm{d}}{\mathrm{d}\phi}\left[\frac{FF'}{\phi}\right] \tag{4.30}$$

紊动切应力项为

$$\frac{\tau_\mathrm{t}}{\rho} = l_\mathrm{m}^2\frac{\partial u}{\partial r}\left|\frac{\partial u}{\partial r}\right| = \frac{\alpha^2}{C^2}\frac{C_1^2}{x^2}\left(\frac{F''}{\phi} - \frac{F'}{\phi^2}\right)\left|\left(\frac{F''}{\phi} - \frac{F'}{\phi^2}\right)\right|$$

$$\frac{1}{\rho r}\frac{\partial r\tau_\mathrm{t}}{\partial r} = -\frac{\alpha^2}{C^3}\frac{C_1^2}{x^3}\frac{1}{\phi}\frac{\mathrm{d}}{\mathrm{d}\phi}\left[\frac{(F'' - F'/\phi)^2}{\phi}\right] \tag{4.31}$$

由于 α 和 C 为自由常数,故为便于求解方程,选取 $\alpha^2 = C^3$,则将式(4.30)和式(4.31)代入边界层控制方程式(4.3)得

$$\frac{\mathrm{d}}{\mathrm{d}\phi}\left[\frac{FF'}{\phi}\right] = \frac{\mathrm{d}}{\mathrm{d}\phi}\left[\frac{(F'' - F'/\phi)^2}{\phi}\right] \tag{4.32}$$

整理后有

$$(F'' - F'/\phi)^2 = FF' \tag{4.33}$$

或写为

$$F'' = F'/\phi - \sqrt{FF'} \tag{4.34a}$$

边界条件是

$$r = 0, \quad \phi = 0, \quad u = u_\mathrm{m}, \quad u/u_\mathrm{m} = F'/\phi = 1, \quad F'(0) = 0$$
$$r = \infty, \quad \phi = \infty, \quad u = 0, \quad u/u_\mathrm{m} = F'/\phi = 0, \quad F'(\infty) = 0$$
$$r = 0, \quad \phi = 0, \quad v = 0, \quad F' - F/\phi = 0, \quad F(0) = 0$$

方程(4.34a)是一个二阶非线性常微分方程。Tollmien 首次得到这个方程的级数解,其结果如图 4.2 所示。图中的点表示 Tollmien 的级数解,实线是本书作者给出的拟合曲线,横坐标 $\eta = r/b_{1/2}$。拟合关系式为

$$\frac{u}{u_\mathrm{m}} = \left(0.80 + \frac{0.20}{1 + \eta}\right)\exp(-0.588\eta^2) \tag{4.35}$$

由 Tollmien 数值解得

$$b_{1/2} = 1.239Cx \tag{4.36}$$

如将 Tollmien 解代入动量积分式(2.132)中,得

$$M = \int_0^\infty \rho u^2 \cdot 2\pi r\mathrm{d}r = \int_0^\infty \rho u_\mathrm{m}^2\frac{F'^2}{\phi^2}2\pi C^2 x^2\phi\mathrm{d}\phi = \frac{\pi}{4}d^2\rho u_0^2$$

整理后,有

$$\frac{u_\mathrm{m}}{u_0} = \frac{1}{\sqrt{8\beta}\,C}\frac{1}{x/d} \tag{4.37}$$

式中,$\beta = \int_0^\infty \dfrac{F'^2}{\phi}\mathrm{d}\phi \approx 0.536$。最后得

$$\frac{u_m}{u_0} = \frac{0.483}{C} \frac{1}{x/d} \tag{4.37a}$$

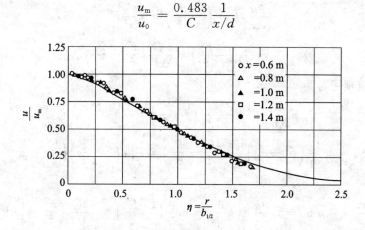

图 4.2 圆形自由紊动射流的 Tollmien 解

2. Gortler 解

对于紊动切应力项 τ_t，考虑到自由射流剪切层不受固壁面的限制和影响，Schlichting 采用了 Prandtl 提出的尾迹形式的涡粘性假设，即

$$\frac{\tau_t}{\rho} = -\overline{u'v'} = \nu_t \frac{\partial u}{\partial r}$$

假定涡粘度 $\nu_t \propto u_m b$，由于 $b \propto x$ 和 $u_m \propto 1/x$，则

$$\nu_t \propto u_m b = \alpha$$

式中，α 为常数。并由时均速度分布相似性，取

$$\frac{u}{u_m} = f\left(\sigma \frac{r}{x}\right) = f(\xi) \tag{4.38}$$

式中，$\xi = \sigma \frac{r}{x}$，σ 为自由常数。根据连续方程式(4.2)，引入 Stokes 流函数，有

$$u = \frac{1}{r}\frac{\partial \psi}{\partial r}, \qquad v = -\frac{1}{r}\frac{\partial \psi}{\partial x}$$

$$\psi = \int_0^r ru\, dr = \int_0^r \frac{\xi}{\sigma} x u_m f(\xi) \frac{x}{\sigma} d\xi = \frac{x^2}{\sigma^2}\int_0^\xi u_m f(\xi)\xi d\xi$$

由于 $u_m \propto 1/x$，则上式可写为

$$\psi = \int_0^r ru\, dr = \frac{C_1 x}{\sigma^2}\int_0^\xi f(\xi)\xi d\xi = \frac{C_1 x}{\sigma^2} F(\xi) \tag{4.39}$$

式中，$F(\xi) = \int_0^\xi f(\xi)\xi d\xi$，且

$$u = \frac{1}{r}\frac{\partial \psi}{\partial r} = \frac{C_1}{x}\frac{F'}{\xi} \tag{4.40a}$$

$$v = -\frac{1}{r}\frac{\partial \psi}{\partial x} = \frac{C_1}{\sigma x}\left(F' - \frac{F}{\xi}\right) \tag{4.40b}$$

$$\frac{\partial u}{\partial x} = \frac{\partial}{\partial x}\left(\frac{C_1}{x}\frac{F'}{\xi}\right) = -\frac{C_1}{x^2}F''$$

$$\frac{\partial u}{\partial r} = \frac{\partial}{\partial r}\left(\frac{C_1}{x}\frac{F'}{\xi}\right) = \frac{\sigma C_1}{x^2}\left(\frac{F''}{\xi} - \frac{F'}{\xi^2}\right)$$

式(4.2)中的对流项可写为

$$u\frac{\partial u}{\partial x} = \frac{C_1}{x}\frac{F'}{\xi}\frac{\partial}{\partial x}\left(\frac{C_1}{x}\frac{F'}{\xi}\right) = -\frac{C_1^2}{x^3}\frac{F'F''}{\xi} \tag{4.41a}$$

$$v\frac{\partial u}{\partial r} = \frac{C_1}{\sigma x}\left(F' - \frac{F}{\xi}\right)\frac{\sigma C_1}{x^2}\left(\frac{F''}{\xi} - \frac{F'}{\xi^2}\right) = \frac{C_1^2}{x^3}\left(F' - \frac{F}{\xi}\right)\left(\frac{F''}{\xi} - \frac{F'}{\xi^2}\right) \tag{4.41b}$$

又由于

$$\frac{\tau_t}{\rho} = -\overline{u'v'} = \nu_t\frac{\partial u}{\partial r} = \alpha\frac{\partial u}{\partial r} = \alpha\frac{\partial}{\partial r}\left(\frac{C_1}{x}\frac{F'}{\xi}\right) = \frac{\sigma\alpha C_1}{x^2}\left(\frac{F''}{\xi} - \frac{F'}{\xi^2}\right)$$

紊动切应力项可写为

$$\frac{1}{\rho r}\frac{\partial r\tau_t}{\partial r} = \frac{1}{r}\frac{\partial}{\partial r}\left(r\alpha\frac{\partial u}{\partial r}\right) = \frac{\alpha C_1\sigma^2}{x^3}\left(\frac{F'''}{\xi} - \frac{F''}{\xi^2} + \frac{F'}{\xi^3}\right) \tag{4.41c}$$

由于 σ 和 C_1 为自由常数,故为便于求解方程,取 $\sigma^2\alpha = C_1$,并将式(4.41a)~(4.41c)代入式(4.2)中,得

$$-\frac{F'F''}{\xi} + \left(F' - \frac{F}{\xi}\right)\left(\frac{F''}{\xi} - \frac{F'}{\xi^2}\right) = \left(\frac{F'''}{\xi} - \frac{F''}{\xi^2} + \frac{F'}{\xi^3}\right)$$

整理后,上式可写为

$$-\left(\frac{FF''}{\xi} + \frac{F'^2}{\xi} - \frac{FF'}{\xi^2}\right) = \frac{d}{d\xi}\left(F'' - \frac{F'}{\xi}\right) \tag{4.42}$$

由于

$$\frac{d}{d\xi}\left(\frac{FF'}{\xi}\right) = \left(\frac{FF''}{\xi} + \frac{F'^2}{\xi} - \frac{FF'}{\xi^2}\right)$$

代入式(4.42),得

$$-\frac{d}{d\xi}\left(\frac{FF'}{\xi}\right) = \frac{d}{d\xi}\left(F'' - \frac{F'}{\xi}\right) \tag{4.43}$$

边界条件是

$$r = 0, \quad \xi = 0, \quad u = u_m, \quad u/u_m = F'/\xi = 1, \quad F'(0) = 0$$
$$r = \infty, \quad \xi = \infty, \quad u = 0, \quad u/u_m = F'/\xi = 0, \quad F'(\infty) = 0$$
$$r = 0, \quad \xi = 0, \quad v = 0, \quad F' - F/\xi = 0, \quad F(0) = 0$$

利用 $\xi=0$ 处的边界条件,积分式(4.43),得

$$FF' = F' - \xi F'' \tag{4.43a}$$

或写为

$$\frac{d}{d\xi}(\xi F') = \frac{d}{d\xi}\left(2F - \frac{1}{2}F^2\right) \tag{4.43b}$$

再利用 $\xi=0$ 处的边界条件,积分式(4.43b),得

$$\left(\frac{1}{F} + \frac{1}{4-F}\right)dF = 2\frac{d\xi}{\xi}$$

再积分上式一次,有

$$\ln\frac{F}{4-F} = \ln \xi^2 + \ln C_0$$

式中,C_0 为积分常数。由此可得

$$F(\xi) = \frac{4\xi^2 C_0}{1+\xi^2 C_0} \tag{4.44a}$$

积分常数 C_0 可由边界条件而定。由式(4.44a)可知

$$\frac{F'}{\xi} = \frac{8C_0}{(1+\xi^2 C_0)^2}$$

利用边界条件,$\xi=0$ 时,$\left.\dfrac{F'(\xi)}{\xi}\right|_{\xi=0}=1$,代入上式得 $C_0=1/8$。这样得到的最后解为

$$F(\xi) = \frac{\xi^2/2}{1+\xi^2/8} = \frac{0.5\xi^2}{1+0.125\xi^2} \tag{4.44b}$$

对上式求导一次,得

$$F' = \frac{\xi}{(1+\xi^2/8)^2} \tag{4.44c}$$

将以上两式代入式(4.40a)和式(4.40b),得

$$u = \frac{1}{r}\frac{\partial \psi}{\partial r} = u_m \frac{F'}{\xi} = \frac{u_m}{(1+\xi^2/8)^2} \tag{4.45}$$

$$v = -\frac{1}{r}\frac{\partial \psi}{\partial x} = \frac{u_m}{\sigma}\left(F' - \frac{F}{\xi}\right) = \frac{u_m}{\sigma}\frac{\xi - \xi^3/8}{2(1+\xi^2/8)^2} \tag{4.46}$$

由式(4.45)可知,当 $u/u_m=0.5$ 时,对应的 ξ 值为

$$\xi_{1/2} = \sigma\frac{b_{1/2}}{x} = \sqrt{8(\sqrt{2}-1)} \approx 1.82 \quad \text{或} \quad b_{1/2} = \frac{x}{\sigma}\sqrt{8(\sqrt{2}-1)} \approx 1.82\frac{x}{\sigma} \tag{4.47}$$

ξ 和 η 的转换关系为

$$\eta = \frac{r}{b_{1/2}} = \frac{r}{1.82x/\sigma} = \frac{1}{1.82}\sigma\frac{r}{x} = \frac{\xi}{1.82}$$

这样,式(4.45)和式(4.46)可写成 η 的表达式,即

$$\frac{u}{u_m} = \frac{1}{(1+\xi^2/8)^2} = \frac{1}{(1+(\sqrt{2}-1)\eta^2)^2} = \frac{1}{(1+0.414\eta^2)^2} \tag{4.48a}$$

$$\frac{v}{u_m} = \frac{1}{\sigma}\frac{\xi - \xi^3/8}{2(1+\xi^2/8)^2} = \frac{1}{\sigma} \cdot \frac{1.82\eta - 0.754\eta^3}{2(1+0.414\eta^2)^2} \tag{4.48b}$$

如将上述 Gortler 解代入动量积分式(2.84)中,得

$$M = \int_0^\infty \rho u^2 \cdot 2\pi r dr = \int_0^\infty \rho u_m^2 \frac{F'^2}{\xi^2} 2\pi \frac{\xi x^2}{\sigma^2} d\xi = \frac{\pi}{4}d^2 \rho u_0^2$$

整理后,有

$$\frac{u_m}{u_0} = \frac{\sigma}{\sqrt{8\beta}}\frac{1}{x/d} \tag{4.49}$$

式中,$\beta = \displaystyle\int_0^\infty \frac{F'^2}{\xi}d\xi \approx 1.296$。最后得

$$\frac{u_m}{u_0} = \frac{\sigma}{3.22}\frac{1}{x/d} \tag{4.50}$$

4.3 圆形自由紊动射流实验结果与分析

对于圆形自由紊动射流,早期的实验结果是由 Trupel(1915)给出的(所用的喷管出口半径为 4.5 cm,出口流速 87 m/s);其后,Reichardt(1942)、Corrisin(1946)、Hinze 和 Zijnen(1949)、Albertson(1950)和 Schlichting(1968)等人进行了系统实验量测。下面分别针对不同物理量的实验结果给出讨论。

1. 时均速度分布

利用 Reichardt(1942)的实验结果,现由图 4.3 给出射流主体段纵向时均速度分布,图中实线为 Tollmien 的数值解(式(4.35)),虚线为 Gortler 解(式(4.48a)),实验点为 Reichardt 的数据。由图可见,整体上理论和实验吻合相当好。Tollmien 和 Gortler 解相比,在射流纵轴近区 Gortler 解与实验结果吻合更好,而在射流外区 Tollmien 解与实验结果更吻合。

取 Gortler 解中的自由常数 $\sigma=18.5$,利用式(4.48b)计算得射流横向时均速度分布曲线,如图 4.4 所示。由此可见,横向时均速度远小于纵向时均速度,且在射流外区最大横向时均速度约为 $v_\infty=-0.019u_m$。

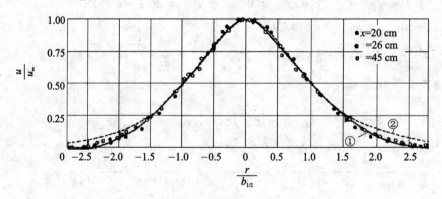

图 4.3 圆形自由紊动射流主体段纵向时均速度分布

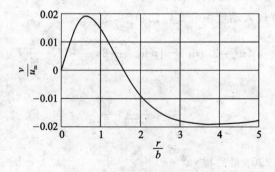

图 4.4 圆形自由紊动射流横向时均速度分布

2. 射流的扩展厚度和轴向最大时均速度衰变规律

与平面射流一样，将坐标源点取在由射流主体段扩展边界决定的射流源点或极点上，实验发现射流源点与喷管出口断面中心点是不重合的，射流源点可位于对称轴喷管出口断面中心点之前或之后。如用 a_0 表示二者之间的距离，有人发现 a_0 的数值很小，且受喷管出口断面处时均速度分布的均匀程度和紊动强度等因素的影响较大，难以给出精确的值，故从实用角度常常忽略 a_0 的影响，认为射流源点与喷管出口断面中心点重合，如用 x 表示由射流极点起算的轴向坐标，x_1 表示由喷管出口断面中心点起算的轴向坐标，则有 $x = x_1 + a_0 \approx x_1$。

根据 Trupel 的实验结果（喷管出口速度分布基本均匀），Tollmien 解中的自由常数 $C \approx 0.066$，这样由 Tollmien 解可得射流的特征半厚度（式(4.36)）为

$$b_{1/2} = 1.239Cx = 0.082x \tag{4.51}$$

由射流时均纵向速度分布可知，射流的半扩展厚度 b 为

$$b \approx 2.5 b_{1/2} = 0.205x = (\tan 11.6°)x \tag{4.52}$$

射流轴向最大时均速度衰变式（将自由常数 $C = 0.066$ 代入式(4.37a)获得）为

$$\frac{u_m}{u_0} = \frac{0.483}{C} \frac{1}{x/d} = 7.32 \frac{1}{x/d} \tag{4.53}$$

利用 Reichardt 的实验资料，Gortler 解中的自由常数可取 $\sigma = 18.5$，由此可得射流特征半厚度（式(4.47)）为

$$b_{1/2} = \frac{x}{\sigma} \sqrt{8(\sqrt{2} - 1)} \approx 1.82 \frac{x}{\sigma} = 0.098x \tag{4.54}$$

射流的半扩展厚度 b 近似取为

$$b \approx 2.5 b_{1/2} = 0.245x = (\tan 13.76°)x \tag{4.55}$$

射流轴向最大时均速度衰变式（将自由常数 $\sigma = 18.5$ 代入式(4.50)获得）为

$$\frac{u_m}{u_0} = \frac{\sigma}{3.22} \frac{1}{x/d} = 5.75 \frac{1}{x/d} \tag{4.56}$$

采用 Albertson 等(1950)的实验资料，得到的射流特征半厚度为

$$b_e = Cx = 0.114x \quad （常数 C = 0.114） \tag{4.57}$$

将 $C = 0.114$ 代入式(4.21)中，得射流轴向最大时均速度衰变式为

$$\frac{u_m}{u_0} = \frac{1}{\sqrt{2}C} \frac{1}{x/d} = 6.2 \frac{1}{x/d} \tag{4.58}$$

Hinze 和 Zijnen(1949)通过实验获得射流轴向最大时均速度衰变式为

$$\frac{u_m}{u_0} = \frac{6.39}{x_1/d + 0.6} \tag{4.59}$$

Rajaratnam 建议采用下式（如图 4.5 所示）

$$\frac{u_m}{u_0} = 6.3 \frac{1}{x/d} \tag{4.60}$$

对于射流的各特征半厚度，Albertson 建议 $b_{1/2} = 0.094x$，Abramovich 取 $b_{1/2} = 0.097x$。取近似值，建议

$$b_{1/2} = 0.1x \quad 和 \quad b = 0.25x \tag{4.61}$$

射流边界的扩展角度为

$$\theta = \arctan(b/x) = \arctan(0.25) = 14°$$

和

$$\theta_{1/2} = \arctan(b_{1/2}/x) = \arctan(0.1) = 5.7°$$

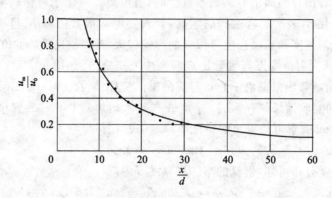

图 4.5 圆形自由紊动射流纵向最大时均速度的衰变曲线

3. 射流的流量与卷吸系数

如用 Q_0 表示喷管出口流量，Q_∞ 表示射流任一横断面处的流量，Q 表示射流任一横断面处与中心轴距离为 r 的范围内的流量，则对于圆形自由射流，有

$$Q_\infty = \int_0^\infty u \cdot 2\pi r \, dr = 2\pi \int_0^\infty u r \, dr \qquad (4.62)$$

$$Q = \int_0^r u \cdot 2\pi r \, dr = 2\pi \int_0^r u r \, dr \qquad (4.63)$$

由时均速度分布相似性，$u_m = f(r/b_{1/2}) = u_m f(\eta)$，又由于 $Q_0 = u_0 \cdot \pi r_0^2$，可得

$$\frac{Q_\infty}{Q_0} = \frac{2\pi \int_0^\infty u r \, dr}{u_0 \cdot \pi r_0^2} = \frac{2 \int_0^\infty u_m r f\left(\frac{r}{b_{1/2}}\right) dr}{u_0 r_0^2} = 2 \frac{u_m}{u_0} \frac{b_{1/2}^2}{r_0^2} \int_0^\infty \eta f(\eta) \, d\eta \qquad (4.64)$$

射流的卷吸速度 v_e 为

$$v_e = \frac{1}{2\pi b} \frac{dQ_\infty}{dx} = \frac{1}{b} \frac{d}{dx}\left(\int_0^\infty u r \, dr\right) = \frac{1}{b} \frac{d}{dx}\left(u_m b_{1/2}^2 \int_0^\infty f(\eta) \eta \, d\eta\right) \qquad (4.65)$$

卷吸系数 α_e 为

$$\alpha_e = \frac{v_e}{u_m} = \frac{1}{2\pi b u_m} \frac{dQ_\infty}{dx} = \frac{1}{u_m b} \frac{d}{dx}\left(u_m b_{1/2}^2 \int_0^\infty f(\eta) \eta \, d\eta\right) \qquad (4.66)$$

上述各式中采用不同的相似解的积分值 $\int_0^\infty f(\eta) \eta \, d\eta$ 由表 4.1 列出；表 4.2 列出了由式 (4.64) 导出的用不同相似解射流流量；表 4.3 列出了由式 (4.65) 和 (4.66) 计算的不同相似

解射流卷吸速度和卷吸系数。如取各表中的平均值,则可获得

圆形自由紊动射流流量

$$\frac{Q_\infty}{Q_0} = 0.38 \frac{x}{d} \qquad (4.67)$$

圆形自由紊动射流卷吸速度

$$\frac{v_e}{u_0} = \frac{0.248}{x/d} \qquad (4.68)$$

圆形自由紊动射流卷吸系数

$$\alpha_e = 0.04 \qquad (4.69)$$

此外,如将时均速度分布 $u = u_m \exp(-r^2/b_e^2)$ 代入式(4.63),得

$$Q = \int_0^r u \cdot 2\pi r \mathrm{d}r = 2\pi \int_0^r u r \mathrm{d}r = \pi u_m b_e^2 \left(1 - e^{-\frac{r^2}{b_e^2}}\right) \qquad (4.70)$$

表 4.1 不同相似解 $\int_0^\infty f(\eta)\eta \mathrm{d}\eta$ 的数值积分值

相似解名称	量纲为1的变量	相似解形式	$\int_0^\infty \eta f(\eta) \mathrm{d}\eta$ 积分值
Tollmien 解	$\eta = r/b_{1/2}$	$f(\eta) = f(r/b_{1/2}) = \left(0.8 + \dfrac{0.2}{1+\eta}\right)\exp(-0.588\eta^2)$	0.765 0
Gortler 解	$\eta = r/b_{1/2}$	$f(\eta) = f(r/b_{1/2}) = \dfrac{1}{(1+0.414\eta^2)^2}$	$\dfrac{1}{2 \times 0.414}$
实验曲线 1	$\eta = r/b_{1/2}$	$f(\eta) = \exp(-0.693\eta^2) = \exp(-(\ln 2)\eta^2)$	$\dfrac{1}{2\ln 2}$
实验曲线 2	$\eta = r/b_e$	$f(\eta) = \exp(-\eta^2)$	$\dfrac{1}{2}$

表 4.2 不同相似解射流流量的沿程变化

相似解名称	量纲为1的变量	$\int_0^\infty \eta f(\eta)\mathrm{d}\eta$ 积分值	射流特征半厚度 b	射流纵向最大速度衰变	射流流量沿程变化 Q_∞/Q_0
Tollmien 解	$\eta = r/b_{1/2}$	0.765 0	$b_{1/2} = 0.082x$	$\dfrac{u_m}{u_0} = \dfrac{7.32}{x/b}$	$1.53 \dfrac{u_m}{u_0}\left(\dfrac{b_{1/2}}{r_0}\right)^2 = 0.301 \dfrac{x}{d}$
Gortler 解	$\eta = r/b_{1/2}$	1.207 7	$b_{1/2} = 0.098x$	$\dfrac{u_m}{u_0} = \dfrac{5.75}{x/b}$	$2.42 \dfrac{u_m}{u_0}\left(\dfrac{b_{1/2}}{r_0}\right)^2 = 0.535 \dfrac{x}{d}$
实验曲线 1	$\eta = r/b_{1/2}$	0.721 3	$b_{1/2} = 0.100x$	$\dfrac{u_m}{u_0} = \dfrac{6.30}{x/b}$	$1.44 \dfrac{u_m}{u_0}\left(\dfrac{b_{1/2}}{r_0}\right)^2 = 0.363 \dfrac{x}{d}$
实验曲线 2	$\eta = r/b_e$	0.500 0	$b_e = 0.114x$	$\dfrac{u_m}{u_0} = \dfrac{6.20}{x/b}$	$1.00 \dfrac{u_m}{u_0}\left(\dfrac{b_e}{r_0}\right)^2 = 0.322 \dfrac{x}{d}$

现将

$$Q_\infty = 2\pi \int_0^\infty ur\,dr = 2\pi \int_0^\infty u_m r \exp(-r^2/b_e^2)\,dr = \pi b_e^2 u_m \quad 和 \quad Q_0 = \pi r_0^2 u_0$$

代入式(4.70),得

$$\frac{Q}{Q_0} = \frac{Q_\infty}{Q_0}(1 - e^{-\frac{r^2}{b_e^2}}) \tag{4.71}$$

在射流任一断面处,如设 $Q=Q_0$,$y=b_q$(通过的流量为 Q_0 时射流的半厚度),则由上式可得

$$\eta_q = \frac{b_q}{b_e} = \sqrt{-\ln\left(1 - \frac{Q_0}{Q_\infty}\right)} \tag{4.72}$$

将 $b_e = 0.114x$ 和 $Q_\infty/Q_0 = 0.322\frac{x}{d}$ 代入上式中,得

$$\frac{b_q}{r_0} = 0.228\frac{x}{d}\sqrt{-\ln\left(1 - \frac{3.11}{x/d}\right)} \tag{4.73}$$

由此可见,通过 Q_0 的半厚度 b_q 与 x 并不是线性关系,而是曲线关系,如图 4.6 所示。

表 4.3　不同相似解射流卷吸速度与卷吸系数

相似解名称	量纲为 1 的变量	$\int_0^\infty \eta f(\eta)d\eta$ 积分值	射流流量沿程变化 Q_∞/Q_0	射流半扩展厚度 b	射流卷吸速度 $v_e = \frac{1}{2\pi b}\frac{dQ_\infty}{dx}$	射流卷吸系数 $\alpha_e = \frac{v_e}{u_m}$
Tollmien 解	$\eta = r/b_{1/2}$	0.765 0	$0.301\frac{x}{d}$	$b = 0.205x$	$0.184\frac{u_0}{x/d}$	0.025 0
Gortler 解	$\eta = r/b_{1/2}$	1.207 7	$0.535\frac{x}{d}$	$b = 0.245x$	$0.273\frac{u_0}{x/d}$	0.047 5
实验曲线 1	$\eta = r/b_{1/2}$	0.721 3	$0.363\frac{x}{d}$	$b = 0.250x$	$0.182\frac{u_0}{x/d}$	0.028 8
实验曲线 2	$\eta = r/b_e$	0.500 0	$0.322\frac{x}{d}$	$b_e = 0.114x$	$0.353\frac{u_0}{x/d}$	0.057 0

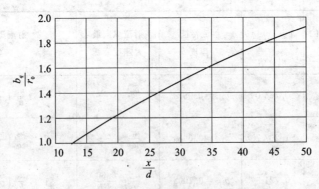

图 4.6　圆形自由紊动射流 b_q 与 x 变化曲线

4. 射流的时均动能衰变率与消能率

在射流任一横断面上,总的时均动能为

$$\mathrm{TE} = \int_0^\infty \frac{u^2}{2} 2\pi r\rho\, u\,\mathrm{d}r = \pi \int_0^\infty \rho\, r u^3\, \mathrm{d}r \tag{4.74}$$

射流出口断面总的时均动能为

$$\mathrm{TE}_0 = \rho u_0 \pi r_0^2 \frac{u_0^2}{2} = \rho\pi r_0^2 \frac{u_0^3}{2} \tag{4.75}$$

再由时均速度分布相似性可知

$$u = u_\mathrm{m} f(y/b) = u_\mathrm{m} f(\eta)$$

将上式代入式(4.74)中,可得

圆形自由射流时均动能衰变率 E_j 为

$$E_j = \frac{\mathrm{TE}}{\mathrm{TE}_0} = 2\frac{u_\mathrm{m}^3}{u_0^3}\frac{b^2}{r_0^2}\int_0^\infty \eta f^3(\eta)\,\mathrm{d}\eta \tag{4.76}$$

圆形自由射流时均流消能率 K_j 为

$$K_j = \frac{\mathrm{TE}_0 - \mathrm{TE}}{\mathrm{TE}_0} = 1 - \frac{\mathrm{TE}}{\mathrm{TE}_0} = 1 - E_j \tag{4.77}$$

利用表 4.1 中不同形式的时均速度分布相似解,可由表 4.4 列出 E_j 的积分结果。

表 4.4 不同相似解计算的平面自由射流总时均动能衰变率

相似解名称	量纲为1的变量	$\int_0^\infty \eta f^3(\eta)\,\mathrm{d}\eta$ 积分值	射流特征半厚度 b	射流纵向最大速度衰变	射流时均总动能沿程变化 $E_j=\mathrm{TE}/\mathrm{TE}_0$
Tollmien 解	$\eta=r/b_{1/2}$	0.2249	$b_{1/2}=0.082x$	$\dfrac{u_\mathrm{m}}{u_0}=\dfrac{7.32}{x/d}$	$E_j=\dfrac{4.745}{x/d}$
Gortler 解	$\eta=r/b_{1/2}$	0.2415	$b_{1/2}=0.098x$	$\dfrac{u_\mathrm{m}}{u_0}=\dfrac{5.75}{x/d}$	$E_j=\dfrac{3.527}{x/d}$
实验曲线 1	$\eta=r/b_{1/2}$	0.2405	$b_{1/2}=0.100x$	$\dfrac{u_\mathrm{m}}{u_0}=\dfrac{6.30}{x/d}$	$E_j=\dfrac{4.811}{x/d}$
实验曲线 2	$\eta=r/b_\mathrm{e}$	0.1666	$b_\mathrm{e}=0.114x$	$\dfrac{u_\mathrm{m}}{u_0}=\dfrac{6.20}{x/d}$	$E_j=\dfrac{4.128}{x/d}$

如对该表中四个相似解的 E_j 取平均,则建议

圆形自由紊动射流时均动能衰变率

$$E_j = \frac{\mathrm{TE}}{\mathrm{TE}_0} = \frac{4.3}{x/d} \tag{4.78}$$

圆形自由紊动射流时均流消能率

$$K_j = 1 - \frac{\mathrm{TE}}{\mathrm{TE}_0} = 1 - \frac{4.3}{x/d} \tag{4.79}$$

采用以上两式计算的 E_j 和 K_j 变化曲线如图 4.7 所示。显然,圆形自由射流的时均总动能在 $x/d=7\sim 25$ 范围内,衰变速率较快;而在 $x/d>25$ 以后,总动能衰变速率较为缓慢。例

如，在 $x=25d=50r_0$ 处，射流消能率 K_j 达 82.8%；而在 $x=30d=60r_0$ 处，射流消能率 K_j 为 85.7%。

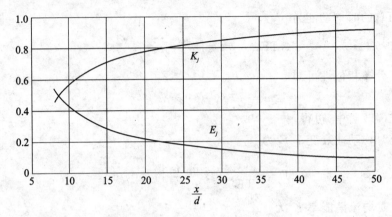

图 4.7 圆形自由紊动射流时均动能衰变率和消能率

5. 圆形自由紊动射流初始段流动

与平面自由射流类同，射流沿轴向可分为初始段、过渡段和主体段。但由于射流的过渡段较短，实用上一般仅将射流分为初始段和主体段。也就是说射流核心区末端紧接主体段，这样射流初始段长度 L_0（如图 4.1 所示）可由射流主体段轴向最大时均速度公式（令 $u_m=u_0$）解出 x 获得，如表 4.5 所列。由此可见，由于轴向最大时均速度公式不同，所得到的射流初始段长度也不同。取表 4.5 中的平均值，射流的初始段长度可近似写为

$$L_0 \approx 12.78 r_0 \approx 6.39 d \tag{4.80}$$

表 4.5 不同相似解计算的圆形自由射流初始段长度

相似解名称	量纲为 1 的变量	射流特征半厚度 b	射流纵向最大速度衰变	射流初始段长度 L_0 ($u_m=u_0$)
Tollmien 解	$\eta=r/b_{1/2}$	$b_{1/2}=0.082x$	$\dfrac{u_m}{u_0}=\dfrac{7.32}{x/d}$	$L_0=14.64 r_0$
Gortler 解	$\eta=r/b_{1/2}$	$b_{1/2}=0.098x$	$\dfrac{u_m}{u_0}=\dfrac{5.75}{x/d}$	$L_0=11.50 r_0$
实验曲线 1	$\eta=r/b_{1/2}$	$b_{1/2}=0.100x$	$\dfrac{u_m}{u_0}=\dfrac{6.30}{x/d}$	$L_0=12.60 r_0$
实验曲线 2	$\eta=r/b_e$	$b_e=0.114x$	$\dfrac{u_m}{u_0}=\dfrac{6.20}{x/d}$	$L_0=12.40 r_0$
平均值			$\dfrac{u_m}{u_0}=\dfrac{6.39}{x/d}$	$L_0=12.78 r_0$

6. 圆形自由紊动射流紊动动能平衡关系

对于圆形自由紊动射流，由紊动动能 K 方程式(2.27)

$$\frac{\partial K}{\partial t}+u_j\frac{\partial K}{\partial x_j}=\frac{\partial}{\partial x_j}\left[-\overline{\frac{u'_iu'_i}{2}u'_j}-\overline{\frac{p'u'_j}{\rho}}+\nu\frac{\partial K}{\partial x_j}\right]-\overline{u'_iu'_j}\frac{\partial u_i}{\partial x_j}-\nu\overline{\frac{\partial u'_i}{\partial x_j}\frac{\partial u'_i}{\partial x_j}}$$

可简化为（定常流动）

$$u\frac{\partial K}{\partial x}+v\frac{\partial K}{\partial r}=\frac{1}{r}\frac{\partial}{\partial r}r\left[-\overline{\frac{u'_iu'_i}{2}v'}-\overline{\frac{p'v'}{\rho}}\right]-\overline{u'v'}\frac{1}{r}\frac{\partial ru}{\partial r}-\varepsilon \qquad (4.81)$$

式中，中各项的物理意义是

对流项 $\qquad\mathrm{ADV}(K)=u\dfrac{\partial K}{\partial x}+v\dfrac{\partial K}{\partial r};$

紊动扩散项 $\qquad\mathrm{Diff}(K)=\dfrac{1}{r}\dfrac{\partial}{\partial r}r\left[-\overline{\dfrac{u'_iu'_i}{2}v'}-\overline{\dfrac{p'v'}{\rho}}\right]$

紊动产生项 $\qquad P_\mathrm{t}=-\overline{u'v'}\dfrac{1}{r}\dfrac{\partial ru}{\partial r}$

紊动动能耗散率项 $\qquad\varepsilon=\nu\overline{\dfrac{\partial u'_i}{\partial x_j}\dfrac{\partial u'_i}{\partial x_j}}$

这样式(4.81)可写为

$$\mathrm{ADV}(K)=\mathrm{Diff}(K)+P_\mathrm{t}-\varepsilon \qquad (4.82)$$

上式中，对流项和产生项可由紊动量测获得，紊动耗散项通过量测脉动速度 u' 分量的时间导数或空间导数均方值获得，即

$$\varepsilon=15\nu\overline{\left(\frac{\partial u'}{\partial x}\right)^2}\quad\text{或}\quad\varepsilon=15\frac{\nu}{u^2}\overline{\left(\frac{\partial u'}{\partial t}\right)^2} \qquad (4.83)$$

式(4.83)的第一个表达式假定紊流场中的耗散涡是各向同性的（isotropic）；第二个表达式假定紊流场中的耗散涡满足 Taylor 的"冻结"紊流假设，即

$$\frac{\partial u'}{\partial t}+u\frac{\partial u'}{\partial x}=0 \qquad (4.84)$$

紊动扩散项可利用式(4.82)获得，即

$$\mathrm{Diff}(K)=\mathrm{ADV}(K)-(P_\mathrm{t}-\varepsilon) \qquad (4.85)$$

此外，在紊动动能 K 的平衡关系中，紊动动能 K 的净扩散通量应为零，即

$$\int_0^\infty\mathrm{Diff}(K)2\pi rdr=\int_0^\infty\frac{1}{r}\frac{\partial}{\partial r}r\left[-\overline{\frac{u'_iu'_i}{2}v'}-\overline{\frac{p'v'}{\rho}}\right]2\pi rdr=0 \qquad (4.86)$$

图 4.8 为 Wygnanski 和 Fiedler(1969)利用热线风速仪给出的圆形自由射流紊动能量平衡关系。由该图可见，在自由射流中紊动能量平衡关系的主要特征是：

(1) 在圆形自由紊动射流横断面的不同区域，紊动动能方程中各项的贡献是不同的。在射流轴心区域，紊动产生项很小，紊动能量的主要正贡献是轴向对流，紊动对流项与扩散项和紊动耗散项平衡；在射流轴心区外域，紊动扩散项和对流项是可忽略的小量，此时紊动能量产生项约等于紊动耗散项，紊流处于局部平衡状态。

(2) 紊动耗散项在射流轴心区域几乎是不变的常数,而在射流轴心区域以外,紊动耗散项逐渐减小。

(3) 在紊动能量平衡关系中,最主要的项是由大尺度涡控制的紊动产生项和小尺度涡起主要作用的紊动耗散项。实验表明这两项在射流绝大部分区域都具有相同的量级。

此外,Wygnanski 和 Fiedler(1969)(实验的空气射流喷管出口直径为 26 mm,出口速度为 51 m/s,部分实验出口速度为 72 m/s,出口 $Re = \dfrac{u_0 d}{\nu} = 10^5$)还获得了其他紊动量的实验结果。图 4.9 为紊流脉动速度均方根值在断面上的分布;图 4.10 为射流中心轴处紊流脉动速度均方根值的沿程分布,可以看出当紊流强度达到相似分布时,要求 $x/d > 60$;图 4.11 为紊动切应力在横断面上的分布,其中最大切应力值出现在 $r = 0.058x$ 处;图 4.12 为圆形自由紊动射流间歇因子 γ 沿断面分布,其中,在射流边缘附近($r > 0.2x$),间歇因子 γ 很小,说明该处流动绝大部分时间处于无脉动的非紊流状态,在射流中心区域($r < 0.1x$)间歇因子 $\gamma = 1.0$,说明该处流动在全部测量时间内处于脉动的紊流状态。

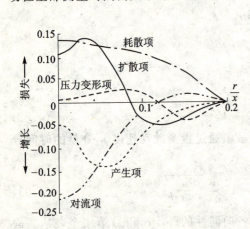

图 4.8　圆形自由紊动射流紊动能量平衡关系

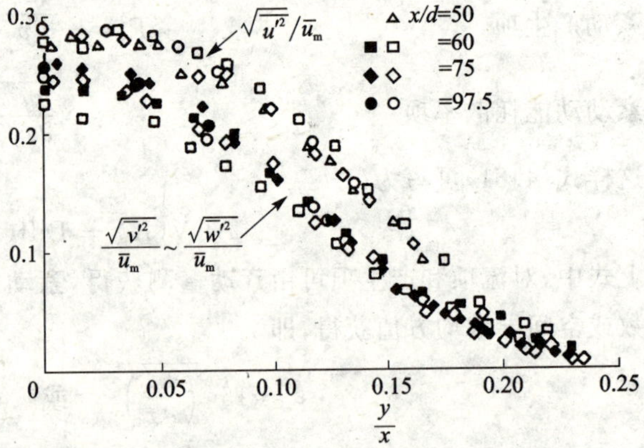

图 4.9　紊流脉动速度均方根值在断面上的分布

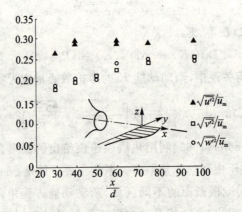

图 4.10　射流中心轴处紊流脉动速度均方根值沿程分布

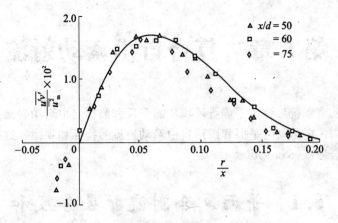

图 4.11 紊动切应力在横断面上的分布

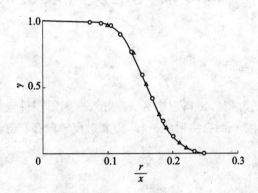

图 4.12 圆形自由紊动射流间歇因子 γ 沿断面分布

第 5 章 复合自由紊动射流

第 3 章和第 4 章系统地分析了静止环境中的平面和圆形自由紊动射流。本章重点研究环境介质和射流方向同向运动时平面和圆形自由紊动射流的特征和规律。这种在同向流动介质中的射流称为复合射流(compound jets)。

5.1 平面复合射流扩展厚度和轴向最大速度的衰变规律

1. 动量积分方程

设射流喷管出口厚度为 $2b_0$，出口速度为 u_0，射入一无限同种流体区域中，环境流体的速度为 u_1，如图 5.1 所示。与平面自由射流一样，沿着射流轴向存在射流初始区和充分发展区。

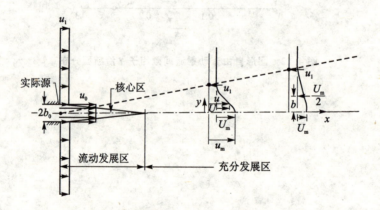

图 5.1 平面复合射流

平面射流的基本方程组为

$$u\frac{\partial u}{\partial x} + v\frac{\partial u}{\partial y} = \frac{1}{\rho}\frac{\partial \tau_t}{\partial y} \tag{5.1}$$

$$\frac{\partial u}{\partial x} + \frac{\partial v}{\partial y} = 0 \tag{5.2}$$

从 $y=0$ 到 $y=\infty$ 积分式(5.1)有

$$\rho\int_0^\infty u\frac{\partial u}{\partial x}dy + \rho\int_0^\infty v\frac{\partial u}{\partial y}dy = \int_0^\infty \frac{\partial \tau_t}{\partial y}dy \tag{5.3}$$

对上式中各项分别处理如下：

第 5 章 复合自由紊动射流

$$\int_0^\infty \rho u \frac{\partial u}{\partial x} dy = \frac{1}{2}\int_0^\infty \frac{\partial \rho u^2}{\partial x}dy = \frac{1}{2}\frac{d}{dx}\int_0^\infty \rho u^2 dy \tag{A}$$

$$\int_0^\infty \rho v \frac{\partial u}{\partial y}dy = \rho\int_0^\infty v\frac{\partial u}{\partial y}dy = \rho\left(uv\Big|_0^\infty - \int_0^\infty u\frac{\partial v}{\partial y}dy\right) = \rho u_1 v\big|_{y=\infty} + \rho\int_0^\infty u\frac{\partial u}{\partial x}dy =$$
$$\rho u_1\int_0^\infty \frac{\partial v}{\partial y}dy + \frac{1}{2}\frac{d}{dx}\int_0^\infty \rho u^2 dy = \frac{1}{2}\frac{d}{dx}\int_0^\infty \rho u^2 dy - \rho u_1\int_0^\infty \frac{\partial u}{\partial x}dy \tag{B}$$

注意,在上式推导中,利用了射流的对称和边界条件,即在射流对称轴上,$y=0, u=u_m$, $v=0$;在射流的外边界上,$y\to\infty, u=u_1, v=v_e$。

$$\int_0^\infty \frac{\partial \tau_t}{\partial y}dy = (\tau_t)\big|_0^\infty = 0 \tag{C}$$

现将式(A),(B),(C)代入式(5.3)中,得到

$$\frac{d}{dx}\int_0^\infty \rho u^2 dy - \rho u_1\int_0^\infty \frac{\partial u}{\partial x}dy = 0$$

$$\frac{d}{dx}\int_0^\infty \rho u(u-u_1)dy = 0 \tag{5.4}$$

式(5.4)表明,对于平面复合射流,沿射流纵轴剩余动量通量保持守恒。如果假定射流喷管厚度为 $2b_0$,出口速度为 u_0,则射流出口剩余动量为 $M_0 = 2\rho u_0(u_0-u_1)b_0$。由式(5.4)可得

$$2\int_0^\infty \rho u(u-u_1)dy = M_0 = 2\rho u_0(u_0-u_1)b_0 \tag{5.5}$$

上式即为复合平面自由射流的动量积分方程。

如设 $u=u_1+U$,则由实验发现在射流充分发展区,U 速度分布满足相似性条件,如图 5.2 所示为 Weinstein 等(1955,1956)给出的 $U_m/u_1=0.25, 0.43, 0.54, 0.84, 0.95, 1.74$ 对应的时均速度分布曲线。

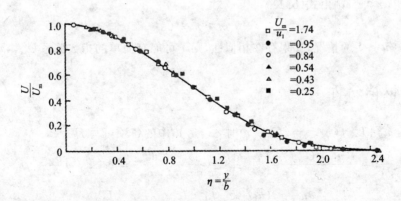

图 5.2 平面复合射流时均速度分布的相似性(Weinstein 等,1956)

令

$$U = U_m f(y/b) = U_m f(\eta) \tag{5.6}$$

式中,$U=u-u_1, U_m=u_m-u_1$。由此可得

$$u = u_1 + U_m f(\eta) \tag{5.6a}$$

将式(5.6)代入式(5.4),得

$$\frac{\mathrm{d}}{\mathrm{d}x}\int_0^\infty \rho(u_1 + U_m f)U_m f b \,\mathrm{d}\eta = 0 \tag{5.7}$$

$$\frac{\mathrm{d}}{\mathrm{d}x}\int_0^\infty \rho u_1 U_m f b \,\mathrm{d}\eta + \frac{\mathrm{d}}{\mathrm{d}x}\int_0^\infty \rho U_m^2 f^2 b \,\mathrm{d}\eta = 0 \tag{5.8}$$

$$\frac{\mathrm{d}}{\mathrm{d}x}\left[b\frac{U_m}{u_1}\int_0^\infty f \,\mathrm{d}\eta + b\left(\frac{U_m}{u_1}\right)^2\int_0^\infty f^2 \,\mathrm{d}\eta\right] = 0 \tag{5.8a}$$

在式(5.8a)中,括号内两项的量级和大小取决于 U_m/u_1 的比值。下面针对不同的 U_m/u_1 比值分别讨论。

(1) $U_m/u_1 \gg 1$ 的情况

这种情况下的平面复合射流称为强射流(strong jets)。此时在式(5.8)中,第二项远大于第一项,这样式(5.8a)可简化为

$$\frac{\mathrm{d}}{\mathrm{d}x}\left[b\left(\frac{U_m}{u_1}\right)^2\int_0^\infty f^2 \,\mathrm{d}\eta\right] = 0 \tag{5.9}$$

如设 $U_m \propto x^m$, $b \propto x^n$,则由式(5.9)可得

$$n + 2m = 0 \tag{5.10}$$

(2) $U_m/u_1 \ll 1$ 的情况

这种情况下的平面复合射流称为弱射流(weak jets)。对于 $U_0/u_1 \gg 1$ 的情况,弱射流出现在远离喷管出口的位置;当 U_0/u_1 取小值时,弱射流出现在离喷管出口较近的位置。此时在式(5.8)中,第一项远大于第二项,这样式(5.8a)可简化为

$$\frac{\mathrm{d}}{\mathrm{d}x}\left[b\frac{U_m}{u_1}\int_0^\infty f \,\mathrm{d}\eta\right] = 0 \tag{5.11}$$

如设 $U_m \propto x^m$, $b \propto x^n$,则由式(5.11)可得

$$m + n = 0$$

对于 $U_0/u_1 \sim 1$ 的情况,如果存在相似性,则不可能有简单的指数关系 $U_m \propto x^m$, $b \propto x^n$。

2. 相似性分析

当设 $u = u_1 + U_m f(\eta)$, $\tau_t = \rho U_m^2 g(\eta)$ 时,式(5.1)中的各项可写为

$$\frac{\partial u}{\partial x} = \frac{\partial(u_1 + U_m f)}{\partial x} = U_m \frac{\mathrm{d}f}{\mathrm{d}\eta}\frac{\partial \eta}{\partial b}\frac{\mathrm{d}b}{\mathrm{d}x} + f\frac{\mathrm{d}U_m}{\mathrm{d}x} = -U_m f' \eta \frac{b'}{b} + fU_m'$$

$$\frac{\partial u}{\partial y} = \frac{\partial(u_1 + U_m f)}{\partial y} = U_m f' \frac{\partial \eta}{\partial y} = \frac{U_m}{b}f'$$

式中, $f' = \dfrac{\mathrm{d}f(\eta)}{\mathrm{d}\eta}$, $b' = \dfrac{\mathrm{d}b}{\mathrm{d}x}$, $U_m' = \dfrac{\mathrm{d}U_m}{\mathrm{d}x}$。

$$u\frac{\partial u}{\partial x} = (u_1 + U_m f)\frac{\partial(U_m f)}{\partial x} = u_1 U_m' f + U_m U_m' f^2 - \frac{u_1 U_m b'}{b}\eta f' - \frac{U_m^2 b'}{b}\eta ff' \tag{5.12}$$

第5章 复合自由紊动射流

$$v = \int_0^y \frac{\partial v}{\partial y}dy = -\int_0^y \frac{\partial u}{\partial x}dy = -\int_0^y \left(U'_m f - \frac{U_m b'}{b}\eta f'\right)dy = U_m b'\int_0^\eta \eta f' d\eta - U'_m b\int_0^\eta f d\eta$$

或者

$$v = U_m b'\left(\eta f - \int_0^\eta f d\eta\right) - U'_m b \int_0^\eta f d\eta$$

由此可得

$$v\frac{\partial u}{\partial y} = \frac{U_m^2 b'}{b}\left(\eta f f' - f'\int_0^\eta f d\eta\right) - U_m U'_m f'\int_0^\eta f d\eta \tag{5.13}$$

对于紊动切应力项有

$$\frac{1}{\rho}\frac{\partial \tau_t}{\partial y} = \frac{1}{\rho}\frac{\partial (\rho U_m^2 g)}{\partial y} = \frac{U_m^2}{b}g' \tag{5.14}$$

现将式(5.12)~(5.14)代入式(5.1)中,得

$$g' = \frac{bU'_m}{U_m}\frac{u_1}{U_m}f - \frac{u_1}{U_m}b'\eta f' + \frac{bU'_m}{U_m}\left(f^2 - f'\int_0^\eta f d\eta\right) - b'f'\int_0^\eta f d\eta \tag{5.15}$$

如设 $U_m \propto x^m, b \propto x^n$,式(5.15)等号右边有关项可写为

$$\frac{bU'_m}{U_m}\frac{u_1}{U_m} \propto x^{n-1}\frac{u_1}{U_m} \tag{5.16a}$$

$$b'\frac{u_1}{U_m} \propto x^{n-1}\frac{u_1}{U_m} \tag{5.16b}$$

$$\frac{bU'_m}{U_m} \propto x^{n-1} \tag{5.16c}$$

$$b' \propto x^{n-1} \tag{5.16d}$$

在式(5.15)中,假定与 η 有关的函数量级相同,则可根据强或弱射流进行简化。如对于强射流而言,式(5.15)中等号右边的前两项是次要的,此时可简化为

$$g' = \frac{bU'_m}{U_m}\left(f^2 - f'\int_0^\eta f d\eta\right) - b'f'\int_0^\eta f d\eta \tag{5.17}$$

由相似性要求

$$\frac{bU'_m}{U_m} \propto x^0 \quad \text{和} \quad b' \propto x^0 \tag{5.18}$$

将 $U_m \propto x^m, b \propto x^n$ 代入上式,可得

$$\frac{bU'_m}{U_m} \propto x^{n+m-1-m} = x^{n-1} \propto x^0 \quad \text{和} \quad b' \propto x^{n-1} \propto x^0$$

指数 $n=1$。利用式(5.10),获得 $m=-1/2$。因此,对于强射流情况,有

$$b \propto x, \quad U_m \propto \frac{1}{\sqrt{x}} \tag{5.19}$$

对于弱射流情况,忽略式(5.15)中等号右边的后两项,得到

$$g' = \frac{bU'_m}{U_m}\frac{u_1}{U_m}f - \frac{u_1}{U_m}b'\eta f' \tag{5.20}$$

由相似性要求

$$\frac{bU'_m}{U_m}\frac{u_1}{U_m} \propto x^0 \quad \text{和} \quad \frac{u_1}{U_m}b' \propto x^0 \tag{5.21}$$

将 $U_m \propto x^m$，$b \propto x^n$ 代入上式，可得

$$\frac{bU'_m}{U_m}\frac{u_1}{U_m} \propto x^{n+m-1-m-m} = x^{n-1-m} \propto x^0 \quad \text{和} \quad b'\frac{u_1}{U_m} \propto x^{n-1-m} \propto x^0$$

$$n-m-1=0$$

利用式(5.12)，$n+m=0$，获得 $n=1/2$，$m=-1/2$。故对于弱射流情况，有

$$b \propto \sqrt{x}, \quad U_m \propto \frac{1}{\sqrt{x}} \tag{5.22}$$

3. 量纲分析法

对于平面复合紊动射流，由动量方程(5.5)可得，沿射流轴向任一截面的剩余总动量保持守恒，即

$$2\int_0^\infty \rho u(u-u_1)\mathrm{d}y = M_0 = 2\rho u_0(u_0-u_1)b_0 \tag{5.23}$$

式中，M_0 为喷管出口处射流的剩余总动量。因此，可假定

$$U_m = f_1(M_0, \rho, x) \tag{5.24}$$

利用量纲分析，上式可写为

$$U_m \bigg/ \sqrt{\frac{M_0}{\rho x}} = \text{const}$$

现将 $M_0=2\rho u_0(u_0-u_1)b_0$ 代入上式，可得

$$\frac{U_m}{\sqrt{u_0(u_0-u_1)}} = \frac{C_1}{\sqrt{x/b_0}} \tag{5.25}$$

式中，常数 C_1 可由实验资料确定。

现引入一个特征尺度 θ（称为动量损失厚度），M_0 可写为

$$M_0 = 2\theta\rho u_1^2 \tag{5.26}$$

则 $\theta=b_0\beta(\beta-1)$。其中，$\beta=u_0/u_1$。式(5.25)可写为

$$\frac{U_m}{u_1} = \frac{C_1}{\sqrt{x/\theta}} \tag{5.27}$$

如果令 $U_m=f_1(M_0, u_1, \rho, x)$，则由量纲分析可得 $U_m/u_1=f(\sqrt{x/\theta})$。对于 b，由量纲分析只能得到

$$b = C_2 x \tag{5.28}$$

显然，基于量纲分析不可能得到弱射流的尺度变化特征。

5.2 平面复合强射流时均速度分布理论解

本节分别介绍平面复合强射流的 Tollmien 和 Gortler 时均速度分布解。对于弱射流情况

无理论分析解。

1. Tollmien 解

对于平面紊动射流,根据 Prandtl 的混合长模式,紊动切应力关系式是

$$\frac{\tau_t}{\rho} = -\overline{u'v'} = l_m^2 \frac{\partial u}{\partial y}\left|\frac{\partial u}{\partial y}\right| = l_m^2\left(\frac{\partial u}{\partial y}\right)^2 \tag{5.29}$$

式中,l_m 为混合长。对于平面复合强射流,由式(5.19)可知,$b \propto x$,$U_m \propto \frac{1}{\sqrt{x}}$。故知

$$b \propto x, \quad l_m \propto b \quad \text{或} \quad l_m = \alpha x$$

并由时均速度分布相似性,令

$$u = u_1 + U = u_1 + U_m f\left(\frac{y}{b}\right) \tag{5.30}$$

如令 $\phi = \frac{y}{Cx}$,$U_m = \frac{C_1}{\sqrt{x}}$,$C$ 和 C_1 为比例常数。则上式可写为

$$u = u_1 + U_m f\left(\frac{y}{b}\right) = u_1 + \frac{C_1}{\sqrt{x}} f(\phi) \tag{5.31}$$

由连续方程(5.2)

$$\frac{\partial u}{\partial x} + \frac{\partial v}{\partial y} = 0$$

引入流函数 ψ,则有

$$u = \frac{\partial \psi}{\partial y}, \quad v = -\frac{\partial \psi}{\partial x} \tag{5.32}$$

积分上式,可得

$$\psi = \int u \, dy = u_1 cx\phi + \frac{C_1}{\sqrt{x}}\int f Cx \, d\phi = u_1 cx\phi + CC_1\sqrt{x} F(\phi) \tag{5.33}$$

式中,$F(\phi) = \int f \, d\phi$。并且

$$u = \frac{\partial \psi}{\partial y} = \frac{\partial(u_1 cx\phi + CC_1\sqrt{x} F)}{\partial y} = u_1 + \frac{C_1}{\sqrt{x}} F' \tag{5.34}$$

$$v = -\frac{\partial \psi}{\partial x} = -\frac{\partial(u_1 cx\phi + CC_1\sqrt{x} F)}{\partial x} = \frac{CC_1}{\sqrt{x}}\left(\phi F' - \frac{1}{2}F\right) \tag{5.35}$$

式中,$F' = dF/d\phi$。

$$\frac{\partial u}{\partial x} = \frac{\partial}{\partial x}\left(u_1 + \frac{C_1}{\sqrt{x}} F'\right) = -\frac{C_1}{x\sqrt{x}}\left(\frac{F'}{2} + \phi F''\right)$$

$$\frac{\partial u}{\partial y} = \frac{\partial}{\partial y}\left(u_1 + \frac{C_1}{\sqrt{x}} F'\right) = \frac{C_1}{Cx\sqrt{x}} F''$$

这样式(5.1)中的对流项可写为

$$u\frac{\partial u}{\partial x} = -\frac{C_1}{x\sqrt{x}}\left(u_1 + \frac{C_1}{\sqrt{x}} F'\right)\left(\frac{F'}{2} + \phi F''\right) =$$

$$-\frac{C_1 u_1}{x\sqrt{x}}\left(\frac{F'}{2} + \phi F''\right) - \frac{C_1^2}{x^2}\left(\frac{F'F'}{2} + \phi F''F'\right) \tag{5.36}$$

$$v\frac{\partial u}{\partial y} = \frac{CC_1}{\sqrt{x}}\left(\phi F' - \frac{F}{2}\right)\frac{C_1}{Cx\sqrt{x}}F'' = \frac{C_1^2}{x^2}\left(\phi F'F'' - \frac{F}{2}F''\right) \tag{5.37}$$

紊动切应力项可写为

$$\frac{1}{\rho}\frac{\partial \tau_t}{\partial y} = 2l_m^2\frac{\partial u}{\partial y}\frac{\partial^2 u}{\partial y^2} = \frac{2\alpha^2}{C^3}\frac{C_1^2}{x^2}F''F'''$$

由于 α 和 C 为自由常数，故为便于求解方程，选取 $2\alpha^2 = C^3$，则上式变为

$$\frac{1}{\rho}\frac{\partial \tau_t}{\partial y} = 2l_m^2\frac{\partial u}{\partial y}\frac{\partial^2 u}{\partial y^2} = \frac{C_1^2}{x^2}F''F''' \tag{5.38}$$

现将式(5.36)~(5.38)代入边界层控制方程(5.1)，得

$$u\frac{\partial u}{\partial x} + v\frac{\partial u}{\partial y} = \frac{1}{\rho}\frac{\partial \tau_t}{\partial y}$$

$$F''F''' + \frac{1}{2}F'F' + \frac{1}{2}FF'' + \frac{\sqrt{x}u_1}{C_1}\left(\frac{F'}{2} + \phi F''\right) = 0 \tag{5.39}$$

或者写为

$$F''F''' + \frac{1}{2}F'F' + \frac{1}{2}FF'' + \frac{u_1}{U_m}\left(\frac{F'}{2} + \phi F''\right) = 0 \tag{5.39a}$$

对于强射流情况，$U_m/u_1 \gg 1$，忽略上式的小量，可得

$$F''F''' + \frac{1}{2}FF'' + \frac{1}{2}F'F' = 0 \tag{5.40}$$

式(5.40)完全与平面自由射流的方程(3.30a)相同，式(5.40)也可写为

$$\frac{d}{d\phi}[(F'')^2 + FF'] = 0 \tag{5.40a}$$

边界条件是

$$\begin{aligned}
y &= 0, & \phi &= 0, & U/U_m &= F'(0) = 1 \\
y &= \infty, & \phi &= \infty, & U/U_m &= F'(\infty) = 0 \\
y &= 0, & \phi &= 0, & v &= 0, & F(0) &= 0 \\
y &= 0, & \phi &= 0, & \tau_t &= 0, & F''(0) &= 0 \\
y &= \infty, & \phi &= \infty, & \tau_t &= 0, & F''(\infty) &= 0
\end{aligned}$$

利用 $\phi=0$ 处的边界条件，积分式(5.40a)，得

$$(F'')^2 + FF' = 0 \tag{5.40b}$$

式(5.40b)的 Tollmien 数值解为

$$\frac{U}{U_m} = \left(0.86 + \frac{0.14}{1+\eta}\right)\exp(-0.621\eta^2) \tag{5.41}$$

式中，$\eta = y/b_{1/2}$。

2. Gortler 解

对于紊动切应力项 τ_t，如果采用 Prandtl 提出的尾迹形式的涡粘性假设，有

$$\frac{\tau_t}{\rho} = -\overline{u'v'} = \nu_t\frac{\partial u}{\partial y}$$

对于强射流，假定涡粘度 ν_t 为

$$\nu_t \propto U_m b, \qquad b \propto x \quad \text{或} \quad \nu_t = \alpha U_m b$$

式中,α 为常数。并由时均速度分布相似性,可令

$$u = u_1 + U = u_1 + U_m F'\left(\sigma \frac{y}{x}\right) \tag{5.42}$$

取 $\xi = \sigma \dfrac{y}{x}$,$\sigma$ 为自由常数。又由于 $U_m \propto 1/\sqrt{x}$,则式(5.42)可写为

$$u = u_1 + \frac{C_1}{\sqrt{x}} F'(\xi) \tag{5.43}$$

式中,C_1 为常数。由连续方程(5.2)

$$\frac{\partial u}{\partial x} + \frac{\partial v}{\partial y} = 0$$

引入流函数 ψ,则有

$$u = \frac{\partial \psi}{\partial y}, \qquad v = -\frac{\partial \psi}{\partial x}$$

式中,流函数 ψ 为

$$\psi = \int u \, \mathrm{d}y = u_1 \frac{x\xi}{\sigma} + \frac{C_1}{\sqrt{x}} \int \frac{F' x}{\sigma} \mathrm{d}\xi = u_1 \frac{x\xi}{\sigma} + \frac{C_1}{\sigma} \sqrt{x} F(\xi) \tag{5.44}$$

式中,$F(\xi) = \int F' \mathrm{d}\xi$,且

$$u = \frac{\partial \psi}{\partial y} = u_1 + \frac{C_1}{\sqrt{x}} F' \tag{5.45a}$$

$$v = -\frac{\partial \psi}{\partial x} = \frac{C_1}{\sigma \sqrt{x}} \left(\xi F' - \frac{1}{2} F\right) \tag{5.45b}$$

$$\frac{\partial u}{\partial x} = \frac{\partial}{\partial x}\left(u_1 + \frac{C_1}{\sqrt{x}} F'\right) = -\frac{C_1}{x\sqrt{x}}\left(\frac{F'}{2} + \xi F''\right) \tag{5.46a}$$

$$\frac{\partial u}{\partial y} = \frac{\partial}{\partial y}\left(u_1 + \frac{C_1}{\sqrt{x}} F'\right) = \frac{\sigma C_1}{x\sqrt{x}} F'' \tag{5.46b}$$

式(5.1)中的对流项可写为

$$u \frac{\partial u}{\partial x} = -\frac{C_1}{x\sqrt{x}}\left(u_1 + \frac{C_1}{\sqrt{x}} F'\right)\left(\frac{F'}{2} + \xi F''\right) \tag{5.47}$$

$$v \frac{\partial u}{\partial y} = \frac{C_1}{\sigma\sqrt{x}}\left(\xi F' - \frac{F}{2}\right)\frac{\sigma C_1}{x\sqrt{x}} F'' = \frac{C_1^2}{x^2}\left(\xi F' F'' - \frac{F}{2} F''\right) \tag{5.48}$$

又由于

$$\frac{\tau_t}{\rho} = -\overline{u'v'} = \nu_t \frac{\partial u}{\partial y} = \alpha U_m b \frac{\partial u}{\partial y} = C\alpha \frac{C_1}{\sqrt{x}} x \frac{\partial u}{\partial y} = C_1 C_2 \sqrt{x} \frac{\partial u}{\partial y} \tag{5.49}$$

式中,$C_2 = C\alpha$ 为常数。紊动切应力项可写为

$$\frac{1}{\rho} \frac{\partial \tau_t}{\partial y} = \frac{\partial}{\partial y}\left(\nu_t \frac{\partial u}{\partial y}\right) = \frac{\partial}{\partial y}\left(\alpha U_m b \frac{\partial u}{\partial y}\right) = \sigma^2 C_2 \frac{C_1^2}{x^2} F'''$$

由于 σ 和 C_2 为自由常数,故为便于求解方程,取 $\sigma^2 C_2 = 1/4$,则上式变为

$$\frac{1}{\rho} \frac{\partial \tau_t}{\partial y} = \frac{1}{4} \frac{C_1^2}{x^2} F''' \tag{5.50}$$

现将式(5.47)、(5.48)和式(5.50)代入边界层控制方程(5.1)中,得

$$u\frac{\partial u}{\partial x} + v\frac{\partial u}{\partial y} = \frac{1}{\rho}\frac{\partial \tau_t}{\partial y}$$

$$-\frac{u_1}{U_m}\left(\frac{F'}{2} + \xi F''\right) - \left(\frac{F'F'}{2} + \xi F''F'\right) + \left(\xi F'F'' - \frac{1}{2}FF''\right) = \frac{1}{4}F''' \tag{5.51}$$

对于强射流情况,$U_m/u_1 \gg 1$,忽略上式中的小量,可得

$$F''' + 2FF'' + 2F'F' = 0 \tag{5.51a}$$

或者

$$\frac{d}{d\xi}[F'' + 2FF'] = 0 \tag{5.51b}$$

边界条件是

$$y = 0, \quad \xi = 0, \quad U = U_m, \quad U/U_m = F'(0) = 1$$
$$y = \infty, \quad \xi = \infty, \quad U = 0, \quad U/U_m = F'(\infty) = 0$$
$$y = 0, \quad \xi = 0, \quad v = 0, \quad F(0) = 0$$
$$y = 0, \quad \xi = 0, \quad \tau_t = 0, \quad F''(0) = 0$$
$$y = \infty, \quad \xi = \infty, \quad \tau_t = 0, \quad F''(\infty) = 0$$

利用$\xi=0$处的边界条件,积分式(5.51b)得

$$F'' + 2FF' = 0 \tag{5.51c}$$

或写为

$$\frac{d}{d\xi}(F' + F^2) = 0 \tag{5.51d}$$

再利用$\xi=0$处的边界条件,积分式(5.51d),可得

$$F' + F^2 = 1$$

求解上式,最后得

$$F(\xi) = \frac{1 - e^{-2\xi}}{1 + e^{-2\xi}} = \tanh\xi, \quad F'(\xi) = 1 - F^2 = 1 - \tanh^2\xi \tag{5.52}$$

则

$$U/U_m = F'(\xi) = 1 - \tanh^2\xi \tag{5.52a}$$

$$\frac{v}{U_m} = \frac{1}{\sigma}\left(\xi - \xi\tanh^2\xi - \frac{1}{2}\tanh\xi\right) \tag{5.52b}$$

设$U=0.5U_m$,$y=b_{1/2}$,代入式(5.52a)可得

$$1 - \tanh^2\left(\sigma\frac{b_{1/2}}{x}\right) = \frac{1}{2}$$

即

$$\sigma\frac{b_{1/2}}{x} = \frac{1}{2}\ln\frac{\sqrt{2}+1}{\sqrt{2}-1} \approx 0.881$$

所以,$\xi = \sigma\frac{y}{x} = 0.881\frac{y}{b_{1/2}} = 0.881\eta$,将其代入式(5.52a)和(5.52b)中,得

$$\frac{U}{U_m} = 1 - \tanh^2 \xi = 1 - \tanh^2\left(0.881 \frac{y}{b_{1/2}}\right) = 1 - \tanh^2(0.881\eta) \tag{5.53}$$

$$\frac{v}{U_m} = \frac{1}{\sigma}\left(0.881\eta - 0.881\eta \tanh^2(0.881\eta) - \frac{1}{2}\tanh(0.881\eta)\right) \tag{5.53a}$$

射流特征半厚度可写为

$$b_{1/2} = 0.881 \frac{x}{\sigma} \tag{5.53b}$$

如将 Gortler 解 $u = u_1 + U_m(1 - \tanh^2\xi)$ 代入动量积分式(5.5)中,有

$$2\int_0^\infty \rho u(u - u_1)\mathrm{d}y = M_0 = 2\rho u_0(u_0 - u_1)b_0$$

$$u_1 U_m \frac{x}{\sigma}\int_0^\infty (1 - \tanh^2\xi)\mathrm{d}\xi + U_m^2 \frac{x}{\sigma}\int_0^\infty (1 - \tanh^2\xi)^2 \mathrm{d}\xi = u_0^2 b_0 \left(1 - \frac{1}{\beta}\right) \tag{5.54}$$

利用强射流条件,忽略上式等号左边第一项,并由数值积分可得

$$\int_0^\infty (1 - \tanh^2\xi)^2 \mathrm{d}\xi = 0.667$$

将上式代入式(5.54),有

$$\frac{U_m}{u_0} = 1.224 \frac{\sqrt{\sigma}}{\sqrt{x/b_0}} \sqrt{1 - \frac{1}{\beta}} \tag{5.55}$$

5.3 平面复合紊动射流实验结果与分析

各国学者对于平面复合射流的时均速度分布和其他特征量进行了测量,如 Weinstein(1955)实验观测了 $\beta = 1.5, 2.0, 3.0$ 的复合射流;Bradbury(1965)研究了 $\beta = 6.25, 14.3$ 的复合射流;Anwar 和 Weller(1969)给出了 $\beta = 8.7, 71.5, 118.0$ 的平面复合射流。同时,Bradbury(1965)还给出紊动量的测量结果。

1. 时均速度分布

由 Bradbury(1965)给出的时均速度分布相似曲线如图 5.3 所示,Bradbury 所用的 U_m/u_1 最小值为 1.7,位于 $x/b_0 = 140$。Bradbury 相似曲线为

$$\frac{U}{U_m} = \exp[-0.6749\eta^2(1 + 0.027\eta^4)] \tag{5.56}$$

式中,$\eta = y/b_{1/2}$。图 5.4 为 Bradbury 和 Riley(1967)给出的 $U_m/u_1 = 0.2, 0.41, 1.13, 1.93, 6.64$ 对应的时均速度分布曲线。图 5.5 比较了 Bradbury 相似曲线与平面射流的 Tollmien 和 Gortler 曲线,可见在 $\eta = 0.0 \sim 1.0$ 之间 Bradbury 曲线与平面射流的 Gortler 曲线吻合较好,而当 $\eta > 1.0$ 时,Bradbury 曲线更接近于平面射流的 Tollmien 曲线。

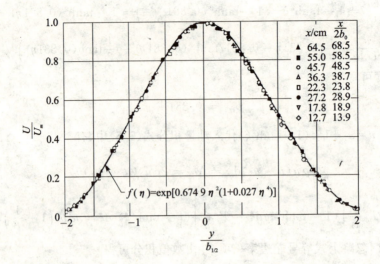

图 5.3 平面复合自由紊动射流纵向时均速度分布(Bradbury,1965)

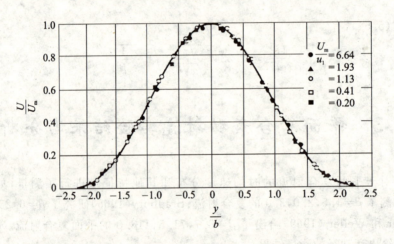

图 5.4 平面复合紊动射流纵向时均速度分布(Bradbury 和 Riley,1967)

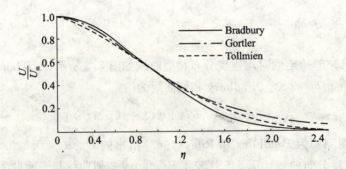

图 5.5 Bradbury 相似曲线与平面射流的 Tollmien 和 Gortler 曲线比较

2. 射流的扩展厚度和轴向最大时均速度衰变规律

Bradbury 等给出的射流中心线上时均速度衰变曲线为

$$\frac{U_m}{u_0} = \frac{3.41}{\sqrt{x/b_0}} \sqrt{1 - \frac{1}{\beta}} \tag{5.56a}$$

对于 $u_1 = 0$ 的情况,$\beta \to \infty$,式(5.56a)变为

$$\frac{U_m}{u_0} = \frac{3.41}{\sqrt{x/b_0}} \tag{5.56b}$$

对于射流的长度尺度,由前面的分析可知,强射流 $b \propto x$,弱射流 $b \propto \sqrt{x}$。Rajaratnam 利用 Bradbury(1967)的实验成果,将式(5.56a)代入动量积分方程中,获得下列关系式

$$\frac{b_{1/2}}{b_0} = 0.118 \frac{x}{b_0} \frac{1}{1 + \frac{0.41}{\sqrt{\beta(\beta-1)}} \sqrt{\frac{x}{b_0}}} \tag{5.57}$$

图 5.6 给出实验观测结果和式(5.57)计算值的比较,对于 $\beta = 6.25$ 的情况,实验值与式(5.57)的计算值吻合较好;对于 $\beta = 14.2$ 的情况,实验值低于式(5.57)的计算值;当 $\beta \to \infty$ 时,式(5.57)的计算值大于平面射流的曲线。

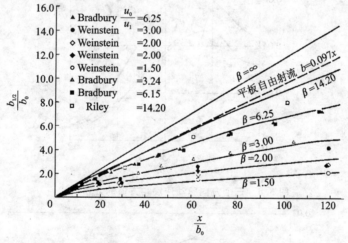

图 5.6 平面复合射流长度尺度

3. 一些紊动特征量的分布

Bradbury 用热线风速仪对 $u_0/u_1 = 6.25$ 的平面复合紊动射流的某些紊动特征量进行了测量。图 5.7 给出了 $\overline{u'^2}/U_m^2$ 的分布,可见当 $x/b_0 \geqslant 44$ 时,纵向紊动强度是相似的。图 5.8 为三个方向脉动速度均方值的分布曲线。图 5.9 给出了紊动剪应力的分布,将时均速度测量值代入运动方程计算,得出的紊动剪应力与实测值吻合尚好。应指出的是,弱平面复合紊动射流的 $\overline{u'v'}/U_m^2$ 最大值是强平面复合紊动射流的 2.3 倍。图 5.10 为 Bradbury 给出的 $U_m/u_1 = 1.8, 3.1, \infty$ 对应的平面复合射流的横向速度分布,可见在 $U_m/u_1 = 1.8$ 与 3.1 时,横向速度的分布(v/U_m)是不相似的,此外随着 U_m/u_1 的减小,v_e/U_m 也减小。

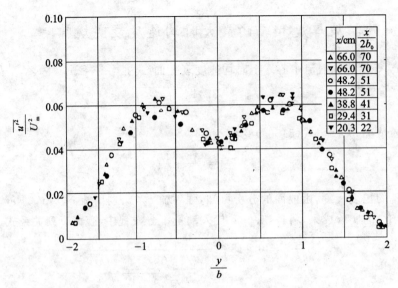

图 5.7　$\overline{u'^2}/U_m^2$ 的分布曲线

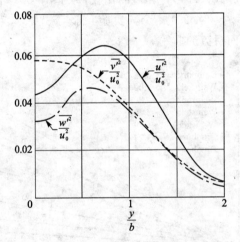

图 5.8　三个方向脉动速度均方值的分布曲线

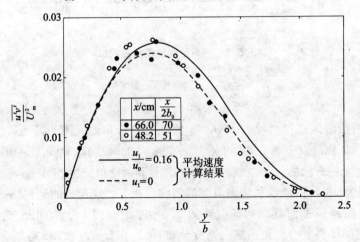

图 5.9　紊动剪应力的分布曲线

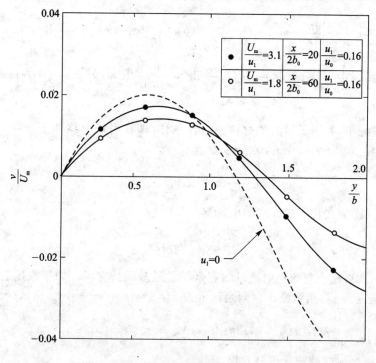

图 5.10 横向速度分布曲线

5.4 圆形复合射流扩展厚度和轴向最大速度的衰变规律

1. 动量积分方程

设射流喷管出口半径为 r_0,出口速度为 u_0,射入一无限同种流体区域中,环境流体的速度为 u_1,如图 5.1 所示。与圆形自由射流一样,沿着射流轴向存在射流初始区和充分发展区。圆形射流的基本方程组为

$$u\frac{\partial u}{\partial x} + v\frac{\partial u}{\partial r} = \frac{1}{\rho r}\frac{\partial r\tau_t}{\partial r} \tag{5.58}$$

$$\frac{\partial ru}{\partial x} + \frac{\partial rv}{\partial r} = 0 \tag{5.59}$$

从 $r=0$ 到 $r=\infty$ 积分式(5.58)有

$$\rho\int_0^\infty ru\frac{\partial u}{\partial x}dr + \rho\int_0^\infty rv\frac{\partial u}{\partial r}dr = \int_0^\infty \frac{\partial r\tau_t}{\partial r}dr \tag{5.60}$$

对上式中各项分别处理如下

等号左边第一项 $\int_0^\infty \rho ur\frac{\partial u}{\partial x}dr = \frac{\rho}{2}\int_0^\infty r\frac{\partial u^2}{\partial x}dr = \frac{\rho}{2}\frac{d}{dx}\int_0^\infty ru^2 dr = \frac{1}{4\pi}\frac{d}{dx}\int_0^\infty \rho u^2 \cdot 2\pi r dr \quad (D)$

等号左边第二项 $\int_0^\infty \rho v r \dfrac{\partial u}{\partial r} dr = \left(\rho u v r \big|_0^\infty - \int_0^\infty \rho u \dfrac{\partial r v}{\partial r} dr\right) = \rho u_1 \int_0^\infty \dfrac{\partial r v}{\partial r} dr + \int_0^\infty \rho u \dfrac{\partial r u}{\partial x} dr =$

$\dfrac{1}{2}\dfrac{d}{dx}\int_0^\infty r\rho u^2 dr - \rho u_1 \int_0^\infty \dfrac{\partial r u}{\partial x} dr = \dfrac{1}{4\pi}\dfrac{d}{dx}\int_0^\infty 2\pi r\rho u^2 dr - \dfrac{1}{2\pi}\dfrac{d}{dx}\int_0^\infty \rho u u_1 \cdot 2\pi r dr$

(E)

注意，在上式推导中，利用了射流的对称和边界条件，即在射流对称轴上，$r=0$，$u=u_m$，$v=0$；在射流的外边界上，$r\to\infty$，$u=u_1$，$v=v_e$。

等号右边项
$$\int_0^\infty \dfrac{\partial r\tau_t}{\partial r} dr = (r\tau_t)\big|_0^\infty = 0 \tag{F}$$

现将(D)，(E)，(F)三式代入式(5.60)中，得到

$$\dfrac{1}{2\pi}\dfrac{d}{dx}\int_0^\infty \rho u(u-u_1)2\pi r dr = 0 \tag{5.61}$$

式(5.61)表明，圆形复合射流沿射流纵轴剩余动量通量保持守恒。如果假定射流喷管出口半径为 r_0，出口速度为 u_0，则射流出口剩余动量为 $M_0 = \pi r_0^2 \rho u_0(u_0-u_1)$。由式(5.61)可得

$$\int_0^\infty \rho u(u-u_1)2\pi r dr = M_0 = \pi r_0^2 \rho u_0(u_0-u_1) \tag{5.62}$$

上式即为复合圆形射流的动量积分方程。

如设 $u=u_1+U$，则由实验发现在射流充分发展区，U 速度分布满足相似性条件。令
$$U = U_m f(r/b) = U_m f(\eta) \tag{5.63}$$

式中，$U=u-u_1$，$U_m=u_m-u_1$，b 为长度尺度（为 $U=0.5U_m$ 时对应的 r 值）。由此可得

$$u = u_1 + U_m f(\eta) \tag{5.64}$$

现将式(5.64)代入式(5.61)，得

$$\dfrac{d}{dx}\int_0^\infty b^2 \eta (u_1 U_m f + U_m^2 f^2) d\eta = 0 \tag{5.65}$$

用 u_1^2 除以上式，有

$$\dfrac{d}{dx}\int_0^\infty b^2 \eta \left(\dfrac{U_m}{u_1}f + \dfrac{U_m^2}{u_1^2}f^2\right) d\eta = 0 \tag{5.66}$$

现考虑两种情况。对于强射流，$U_m/u_1 \gg 1$，则式(5.66)可写为

$$\dfrac{d}{dx}\int_0^\infty b^2 \eta \dfrac{U_m^2}{u_1^2} f^2 d\eta \approx 0 \tag{5.67}$$

或者

$$\dfrac{d}{dx}\int_0^\infty b^2 \eta U_m^2 f^2 d\eta \approx 0 \tag{5.68}$$

简化后，有

$$\dfrac{d}{dx}(b^2 U_m^2)\int_0^\infty \eta f^2 d\eta \approx 0 \tag{5.69}$$

考虑到上式中的定积分是常数，则有

$$\dfrac{d}{dx}(b^2 U_m^2) \approx 0 \tag{5.70}$$

如设 $U_m \propto x^m, b \propto x^n$,则由式(5.70)得到
$$m + n = 0 \tag{5.71}$$
对于弱射流,$U_m/u_1 \ll 1$,则式(5.66)可写为
$$\frac{d}{dx}(b^2 U_m) \int_0^\infty \eta f d\eta \approx 0 \tag{5.72}$$
考虑到上式中的定积分是常数,则有
$$\frac{d}{dx}(b^2 U_m) \approx 0 \tag{5.73}$$
如设 $U_m \propto x^m, b \propto x^n$,则由式(5.73)得到
$$m + 2n = 0 \tag{5.74}$$
当 $U_m \sim u_1$ 时,根据式(5.66),理论上不存在相似解。

2. 相似性分析

当设 $u = u_1 + U_m f(\eta), \tau_t = \rho U_m^2 g(\eta)$ 时,式(5.58)中的各项可写为
$$\frac{\partial u}{\partial x} = \frac{\partial (u_1 + U_m f)}{\partial x} = U_m \frac{df}{d\eta} \frac{\partial \eta}{\partial b} \frac{db}{dx} + f \frac{dU_m}{dx} = -U_m f' \eta \frac{b'}{b} + f U_m'$$

$$\frac{\partial u}{\partial r} = \frac{\partial (u_1 + U_m f)}{\partial r} = U_m f' \frac{\partial \eta}{\partial r} = \frac{U_m}{b} f'$$

式中,$f' = \frac{df(\eta)}{d\eta}, b' = \frac{db}{dx}, U_m' = \frac{dU_m}{dx}$。

$$u \frac{\partial u}{\partial x} = (u_1 + U_m f) \frac{\partial (U_m f)}{\partial x} = u_1 U_m' f + U_m U_m' f^2 - \frac{u_1 U_m b'}{b} \eta f' - \frac{U_m^2 b'}{b} \eta f f' \tag{5.75}$$

$$rv = \int_0^r \frac{\partial rv}{\partial r} dr = -\int_0^r \frac{\partial ru}{\partial x} dr = -\int_0^r r\left(U_m' f - \frac{U_m b'}{b} \eta f'\right) dr = U_m b b' \int_0^\eta \eta^2 f' d\eta - U_m' b^2 \int_0^\eta \eta f d\eta$$

或者
$$v = U_m b' \frac{1}{\eta} \int_0^\eta \eta^2 f' d\eta - U_m' b \frac{1}{\eta} \int_0^\eta \eta f d\eta$$

由此可得
$$v \frac{\partial u}{\partial r} = \frac{U_m^2 b'}{b} \frac{f'}{\eta} \int_0^\eta \eta^2 f' d\eta - U_m U_m' \frac{f'}{\eta} \int_0^\eta \eta f d\eta \tag{5.76}$$

对于紊动切应力项,有
$$\frac{1}{\rho r} \frac{\partial r \tau_t}{\partial r} = \frac{U_m^2}{b} \left(\frac{g}{\eta} + g'\right) \tag{5.77}$$

现将式(5.75)与式(5.76)代入式(5.58)中,得
$$\frac{bU_m'}{U_m} \frac{u_1}{U_m} \eta f + \frac{bU_m'}{U_m} \left(\eta f^2 - f' \int_0^\eta \eta f d\eta\right) - \frac{u_1}{U_m} b' \eta^2 f' -$$
$$b'\left(\eta^2 f f' - f' \int_0^\eta \eta^2 f d\eta\right) = g + \eta g' \tag{5.78}$$

如设 $U_m \propto x^m, b \propto x^n$,式(5.78)等号左边有关各项可写为

$$\frac{bU'_m}{U_m}\frac{u_1}{U_m} \propto x^{n-1}\frac{u_1}{U_m} \tag{5.79a}$$

$$b'\frac{u_1}{U_m} \propto x^{n-1}\frac{u_1}{U_m} \tag{5.79b}$$

$$\frac{bU'_m}{U_m} \propto x^{n-1} \tag{5.79c}$$

$$b' \propto x^{n-1} \tag{5.79d}$$

在式(5.78)中,假定与 η 有关的函数量级相同,则可根据强射流或弱射流进行简化。如对于强射流而言,式(5.78)可简化为

$$\frac{bU'_m}{U_m}\left(\eta f^2 - f'\int_0^\eta \eta f \mathrm{d}\eta\right) - b'\left(\eta^2 ff' - f'\int_0^\eta \eta^2 f \mathrm{d}\eta\right) = g + \eta g' \tag{5.80}$$

由相似性要求

$$\frac{bU'_m}{U_m} \propto x^0 \quad \text{和} \quad b' \propto x^{n-1} \propto x^0 \tag{5.81}$$

将 $U_m \propto x^m, b \propto x^n$ 代入上式,可得

$$\frac{bU'_m}{U_m} \propto x^{n+m-1-m} = x^{n-1} \propto x^{n-1} \propto x^0 \quad \text{和} \quad b' \propto x^{n-1} \propto x^0$$

指数 $n=1$。利用式(5.71),获得 $m=-1$。因此,对于强圆形复合射流,有

$$b \propto x, \quad U_m \propto \frac{1}{x} \tag{5.82}$$

对于弱射流而言,式(5.78)简化为

$$\frac{bU'_m}{U_m}\frac{u_1}{U_m}\eta f - \frac{u_1}{U_m}b'\eta^2 f' = g + \eta g' \tag{5.83}$$

由相似性要求

$$\frac{bU'_m}{U_m}\frac{u_1}{U_m} \propto x^0 \quad \text{和} \quad \frac{u_1}{U_m}b' \propto x^0 \tag{5.84}$$

将 $U_m \propto x^m, b \propto x^n$ 代入上式,可得

$$\frac{bU'_m}{U_m}\frac{u_1}{U_m} \propto x^{n+m-1-m-m} = x^{n-1-m} \propto x^0 \quad \text{和} \quad b'\frac{u_1}{U_m} \propto x^{n-1-m} \propto x^0$$

$$n-m-1 = 0$$

利用式(5.74),$2n+m=0$,获得 $n=1/3, m=-2/3$。故对于弱圆形复合射流,有

$$b \propto x^{1/3}, \quad U_m \propto \frac{1}{x^{2/3}} \tag{5.85}$$

3. 量纲分析法

对于圆形复合紊动射流,由动量方程(5.62)可知,沿射流轴向任一截面的剩余总动量保持守恒,即

$$\int_0^\infty \rho u(u-u_1) 2\pi r \mathrm{d}r = M_0 = \pi r_0^2 \rho u_0 (u_0 - u_1) \tag{5.86}$$

式中,M_0 为喷管出口处射流的剩余总动量。假定

$$U_m = f_1(M_0, \rho, x) \tag{5.87}$$

利用量纲分析，上式可写为

$$U_m \bigg/ \sqrt{\frac{M_0}{\rho x^2}} = \text{const}$$

现将 $M_0 = \pi r_0^2 \rho u_0 (u_0 - u_1)$ 代入上式，可得

$$\frac{U_m}{\sqrt{u_0(u_0 - u_1)}} = \frac{C_1}{x/r_0} \tag{5.88}$$

式中，常数 C_1 可由实验资料确定。

现引入一个特征尺度 θ（称为动量损失厚度），M_0 可写为

$$M_0 = \pi \theta^2 \rho u_1^2 \tag{5.89}$$

式中，$\theta = r_0 \sqrt{\beta(\beta-1)}$，$\beta = u_0/u_1$。式(5.88)可写为

$$\frac{U_m}{u_1} = \frac{C_1}{x/r_0} \tag{5.90}$$

如果令 $U_m = f_1(M_0, u_1, \rho, x)$，则由量纲分析可得 $U_m/u_1 = f(x/\theta)$。对于 b，由量纲分析只能得到

$$b = C_2 x \tag{5.91}$$

显然，基于量纲分析不可能得到弱射流的尺度变化特征。

5.5 圆形复合紊动射流实验结果与分析

各国学者对于圆形复合射流的时均速度分布和其他特征量进行了测量。图 5.11 所示为 Tani 和 Kobashi(1951) 给出的时均速度分布曲线。Forstall 和 Shapiro(1950) 实验观测了 $\beta = 2.0, 4.0, 5.0$ 的复合射流，发现在充分发展的紊动射流区复合射流的时均速度分布满足 Squire 和 Trouncer(1944) 给出的余弦函数，即

$$\frac{U}{U_m} = \frac{1}{2}\left(1 + \cos\left(\frac{\pi}{2} \cdot \frac{r}{b}\right)\right) \tag{5.92}$$

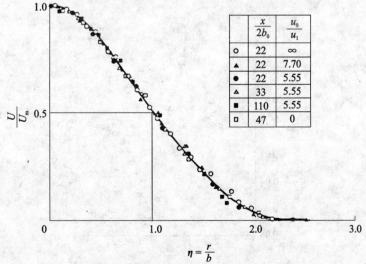

图 5.11 圆形复合射流时均速度分布曲线

Forstall 和 Shapiro 还发现,在 $\beta=2.0\sim5.0$ 的实验范围内,$U_m \propto 1/x$。其他研究者也证实在 U_m/u_1 相当宽的范围内,时均速度分布是相似的,且 $U_m \propto 1/x$。Forstall 和 Shapiro 建议

$$\frac{U_m}{u_0-u_1} = \frac{4+12u_1/u_0}{x/d} \tag{5.93}$$

Bradbury(1967)建议

$$\frac{U_m}{\sqrt{u_0(u_0-u_1)}} = \frac{12.6}{x/r_0} \tag{5.94}$$

现由图 5.12 给出 U_m 的实验结果。此外,Kobashi(1952)与 Antonia 和 Bilger(1973)等人用热线风速仪对 $u_0/u_1=2\sim5$ 的圆形复合紊动射流的某些紊动特征量进行了测量,现由图 5.13 给出 U_m/u_1 从 0.25 减少到 0.04 的紊动剪应力分布,其中,$\frac{x}{d}=248$ 对应 $\frac{U_m}{u_1}=0.04$ 的情况,通过对比图 5.13 与图 4.11 发现弱圆形复合紊动射流的 $\overline{u'v'}/U_m^2$ 最大值是强圆形复合紊动射流的 3.3 倍。

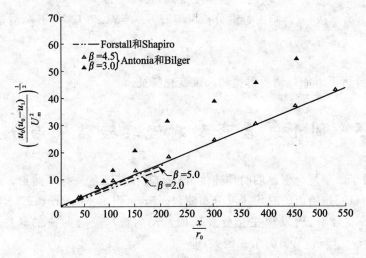

注:实线为式(5.94)的计算值

图 5.12 时均速度尺度 U_m 的变化曲线

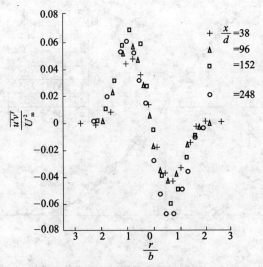

图 5.13 $\beta=3.0$ 时圆形复合紊动射流的剪应力分布曲线

第 6 章 自由紊动混合层

在两股均匀同向流体的交界面区域将产生自由紊动混合层,也称自由剪切层。由于速度间断面强烈的剪切作用,在交界区将产生剧烈的紊动扩散,从而导致慢的流体层加速、快的流体层减速,在交界面近区发生动量交换。实验表明混合层的厚度沿着流向不断增加,说明动量交换的影响区域不断增大。本章讨论紊动混合层的基本规律及其特征。

6.1 平面紊动混合层的相似性分析

如图 6.1 所示,设一股半无限厚的均匀射流以速度 u_0 离开平板进入同种静止的流体中,在交界面区域将出现动量交换,从而形成平面混合层。以平板端点作为坐标原点建立如图 6.1 所示的 Oxy 坐标系,用 OA 和 OB 近似表示混合层的上下边界,实验表明这两条边界线是近似通过原点的直线。图 6.2 所示为平面剪切层的沿程时均速度分布(Leipmann 和 Laufer,1947)。为了检验沿程各断面时均速度分布的相似性,以 $u=u_0$ 位置作为 y 的起点向下算起,用 b 表示 $u=0.5u_0$ 处的 y 值。如果绘制沿程各断面 u/u_0 与 y/b 的曲线,实验表明这些不同断面曲线均归一到一条曲线上,如图 6.3 所示,说明时均速度分布是相似的。

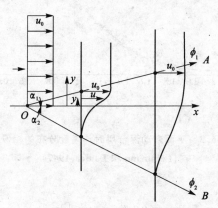

图 6.1 平面紊动混合层(剪切层)

对于平面剪切层,其运动方程为

$$u\frac{\partial u}{\partial x}+v\frac{\partial u}{\partial y}=\frac{1}{\rho}\frac{\partial \tau_t}{\partial y} \tag{6.1}$$

$$\frac{\partial u}{\partial x}+\frac{\partial v}{\partial y}=0 \tag{6.2}$$

由时均速度分布的相似性条件,设

$$\frac{u}{u_0}=f\left(\frac{y}{b}\right)=f(\eta) \tag{6.3}$$

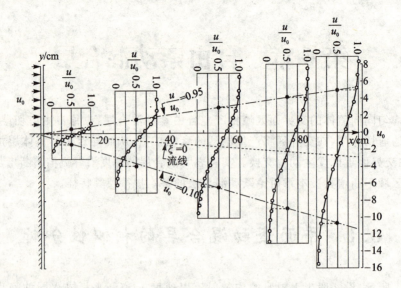

图 6.2 平面紊动混合层时均速度分布曲线
(Leipmann 和 Laufer,1947)

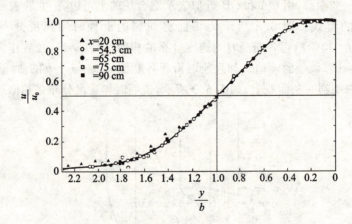

图 6.3 平面紊动混合层时均速度分布的相似性
(Leipmann 和 Laufer,1947)

取紊动切应力项为

$$\frac{\tau_t}{\rho u_0^2} = \frac{-\rho \overline{u'v'}}{\rho u_0^2} = g\left(\frac{y}{b}\right) = g(\eta) \tag{6.4}$$

现将以上各式代入控制方程(6.1)与(6.2)中,可得

$$\frac{\partial u}{\partial x} = \frac{\partial (u_0 f)}{\partial x} = u_0 \frac{\mathrm{d}f}{\mathrm{d}\eta}\frac{\partial \eta}{\partial b}\frac{\mathrm{d}b}{\mathrm{d}x} = -u_0 f' \eta \frac{b'}{b}$$

$$\frac{\partial u}{\partial y} = \frac{\partial (u_0 f)}{\partial y} = u_0 f' \frac{\partial \eta}{\partial y} = \frac{u_0}{b}f'$$

式中,$f' = \dfrac{\mathrm{d}f(\eta)}{\mathrm{d}\eta}$, $b' = \dfrac{\mathrm{d}b}{\mathrm{d}x}$。式(6.1)等号左边第一项可写为

$$u\frac{\partial u}{\partial x} = u_0 f \frac{\partial (u_0 f)}{\partial x} = -\frac{u_0^2 b'}{b}\eta f f' \tag{6.5}$$

为了估计式(6.1)等号左边第二项,由连续方程可得

$$v = \int_{y^*}^{y} \frac{\partial v}{\partial y} dy = -\int_{y^*}^{y} \frac{\partial u}{\partial x} dy = u_0 b' \int_{\eta^*}^{\eta} \eta f' d\eta = u_0 b' (F_1(\eta) - F_1(\eta^*))$$

式中,y^* 表示 $v=0$ 对应的 y 值;$\int \eta f' d\eta = F_1(\eta)$。

由此可得

$$v \frac{\partial u}{\partial y} = \frac{u_0^2 b'}{b} f'(F_1(\eta) - F_1(\eta^*)) \tag{6.6}$$

对于紊动切应力项,有

$$\frac{1}{\rho} \frac{\partial \tau_t}{\partial y} = \frac{1}{\rho} \frac{\partial (\rho u_0^2 g)}{\partial y} = \frac{u_0^2}{b} g' \tag{6.7}$$

现将式(6.5)~(6.7)代入式(6.1)中,得

$$g' = -b'(\eta f f' - f' F_1) - b' h(x) f' \tag{6.8}$$

式中,$h(x) = F_1(\eta_*)$。在上式中,由于等号左边仅是 η 的函数,因此其等式右边项也应仅是 η 的函数。为此,要求 b' 和 $b' h(x)$ 应与 x 无关,即

$$b' h(x) \propto x^0 \quad \text{和} \quad b' \propto x^0 \tag{6.9}$$

由此可得

$$b \propto x, \quad y_* \propto x \tag{6.10}$$

6.2 平面紊动混合层时均速度分布理论解

1. Tollmien 解

由平面紊动混合层的边界层控制方程(6.1)和(6.2)可知,两个方程中包括了三个未知量 u, v, τ_t,为此需要一个补充关系式。Tollmien(1926)采用 Prandtl 的混合长模式补充了紊动切应力关系式,即

$$\frac{\tau_t}{\rho} = -\overline{u'v'} = l_m^2 \frac{\partial u}{\partial y} \left| \frac{\partial u}{\partial y} \right| = l_m^2 \left(\frac{\partial u}{\partial y} \right)^2$$

取混合长 l_m 为

$$b \propto x, \quad l_m \propto b \quad \text{或} \quad l_m = \beta x$$

并由时均速度分布相似性,令

$$\frac{u}{u_0} = f_1(y/b) = f\left(\frac{y}{ax}\right) = f(\phi) \tag{6.11}$$

式中,$\phi = \frac{y}{ax}$,a 为比例常数。由连续方程式(6.2)

$$\frac{\partial u}{\partial x} + \frac{\partial v}{\partial y} = 0$$

引入流函数 ψ,则有

$$u = \frac{\partial \psi}{\partial y}, \qquad v = -\frac{\partial \psi}{\partial x} \tag{6.12}$$

积分上式，可得

$$\psi = \int u \mathrm{d}y = u_0 \int fax \mathrm{d}\phi = u_0 ax F(\phi) \tag{6.13}$$

式中，$F(\phi) = \int f \mathrm{d}\phi$，并且

$$u = \frac{\partial \psi}{\partial y} = \frac{\partial (u_0 ax F)}{\partial y} = F' \frac{u_0 ax}{ax} = u_0 F' \tag{6.14}$$

$$v = -\frac{\partial \psi}{\partial x} = -\frac{\partial (u_0 ax F)}{\partial x} = au_0(\phi F' - F) \tag{6.15}$$

式中，$F' = \mathrm{d}F/\mathrm{d}\phi$，则

$$\frac{\partial u}{\partial x} = \frac{\partial}{\partial x}(u_0 F') = -u_0 F'' \frac{\phi}{x}$$

$$\frac{\partial u}{\partial y} = \frac{\partial}{\partial y}(u_0 F') = \frac{u_0}{ax} F''$$

这样式(6.1)中的对流项可写为

$$u \frac{\partial u}{\partial x} = -\frac{u_0^2}{x} \phi F' F'' \tag{6.16}$$

$$v \frac{\partial u}{\partial y} = \frac{u_0^2}{x}(\phi F' F'' - F F'') \tag{6.17}$$

紊动切应力项可写为

$$\frac{1}{\rho}\frac{\partial \tau_\mathrm{t}}{\partial y} = 2 l_\mathrm{m}^2 \frac{\partial u}{\partial y}\frac{\partial^2 u}{\partial y^2} = \frac{2\beta^2}{a^3}\frac{u_0^2}{x} F'' F'''$$

由于 a 和 β 为自由常数，故为便于求解方程，选取 $2\beta^2 = a^3$，则上式变为

$$\frac{1}{\rho}\frac{\partial \tau_\mathrm{t}}{\partial y} = 2 l_\mathrm{m}^2 \frac{\partial u}{\partial y}\frac{\partial^2 u}{\partial y^2} = \frac{u_0^2}{x} F'' F''' \tag{6.18}$$

现将式(6.16)~(6.18)代入边界层控制方程(6.1)，得

$$u\frac{\partial u}{\partial x} + v\frac{\partial u}{\partial y} = \frac{1}{\rho}\frac{\partial \tau_\mathrm{t}}{\partial y}$$

$$-\phi F'' F' + (\phi F' F'' - F F'') = F'' F''' \tag{6.19}$$

整理后，有

$$F'' F''' + F F'' = 0 \tag{6.20}$$

边界条件是：

沿着线 OA，有

$$y = y_1, \qquad \phi = \phi_1, \qquad u/u_0 = F'(\phi_1) = 1$$

$$\frac{\partial u}{\partial y} = 0, \qquad F''(\phi_1) = 1$$

$$v = 0, \qquad F(\phi_1) = \phi_1 \quad (\text{Tollmien 假定})$$

沿着线 OB，有

$$y = y_2, \qquad \phi = \phi_2, \qquad u/u_0 = F'(\phi_2) = 0$$

$$\frac{\partial u}{\partial y} = 0, \qquad F''(\phi_2) = 0$$

由式(6.20)可得，$F''(F'''+F)=0$。若 $F''=0$，得到 $F'=\text{const}$，说明时均速度分布是均匀的。这显然不是所求问题的解。因此，有

$$F'''+F=0 \tag{6.21}$$

这是一个三阶线性常微分方程，1926 年 Tollmien 给出的解是

$$F(\phi)=C_1\mathrm{e}^{-\phi}+C_2\mathrm{e}^{\phi/2}\cos\left(\frac{\sqrt{3}}{2}\phi\right)+C_3\mathrm{e}^{\phi/2}\sin\left(\frac{\sqrt{3}}{2}\phi\right) \tag{6.22}$$

式中，各常数为 $C_1=-0.017\,6$，$C_2=0.133\,7$，$C_3=0.687\,6$，$\phi_1=0.981$，$\phi_2=-2.040$。

如果以 $u=u_0$ 位置作为 Y 的起点向下算起，用 b 表示 $u=0.5u_0$ 处的 Y 值，由 $u=0.5u_0$ 得 $\phi_{0.5}=-0.347$，$b=ax(\phi_1-\phi_{0.5})=1.328ax$，$b_\mathrm{m}=ax(\phi_1-\phi_2)=3.021ax$

$$\eta=\frac{Y}{b}=\frac{\phi_1-\phi}{\phi_1-\phi_{0.5}}$$

现绘制沿程各断面 u/u_0 与 η 的曲线，如图 6.4 所示。为便于比较，图中也给出了平面紊动射流的 Tollmien 的数值解。图 6.5 给出了 Tollmien 解的横向速度分布曲线。

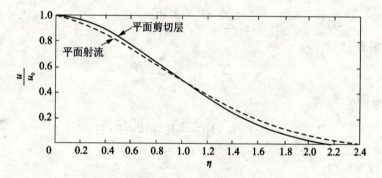

图 6.4 平面紊动混合层的 Tollmien 解

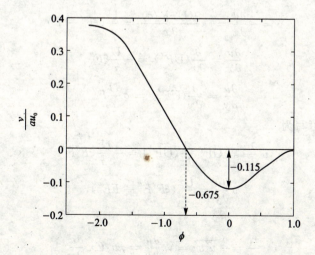

图 6.5 平面紊动混合层横向速度分布的 Tollmien 解

2. Gortler 解

对于紊动切应力项 τ_t，考虑到自由混合层不受固壁面的限制和影响，Gortler(1942)采用了 Prandtl 提出的尾迹形式的涡粘性假设，即

$$\frac{\tau_t}{\rho} = -\overline{u'v'} = \nu_t \frac{\partial u}{\partial y}$$

对于自由混合层，假定涡粘度 ν_t 为

$$\nu_t = ku_0 b, \quad b \propto x \quad \text{或} \quad \nu_t = ku_0 Cx$$

式中，k 和 C 为常数，并由时均速度分布相似性，Gortler 取

$$\frac{u}{U} = F'\left(\sigma \frac{y}{x}\right) = F'(\xi) \tag{6.23}$$

式中，$\xi = \sigma \frac{y}{x}$，σ 为自由常数；$U = 0.5u_0$。由连续方程式(6.2)

$$\frac{\partial u}{\partial x} + \frac{\partial v}{\partial y} = 0$$

引入流函数 ψ，则有

$$u = \frac{\partial \psi}{\partial y}, \quad v = -\frac{\partial \psi}{\partial x}$$

式中流函数 ψ 为

$$\psi = \int u \, \mathrm{d}y = U \int \frac{F'x}{\sigma} \mathrm{d}\xi = \frac{U}{\sigma} x F(\xi) \tag{6.24}$$

式中，$F(\xi) = \int F' \mathrm{d}\xi$，且

$$u = \frac{\partial \psi}{\partial y} = \frac{\partial (UxF/\sigma)}{\partial y} = \frac{UxF'}{\sigma} \cdot \frac{\sigma}{x} = UF' \tag{6.25}$$

$$v = -\frac{\partial \psi}{\partial x} = -\frac{\partial (UxF/\sigma)}{\partial x} = \frac{U}{\sigma}(\xi F' - F) \tag{6.26}$$

$$\frac{\partial u}{\partial x} = \frac{\partial}{\partial x}(UF') = -\frac{U}{x} \xi F''$$

$$\frac{\partial u}{\partial y} = \frac{\partial}{\partial y}(UF') = \sigma \frac{U}{x} F''$$

式(6.1)中的对流项可写为

$$u \frac{\partial u}{\partial x} = UF' \frac{\partial}{\partial x}(UF') = -\frac{U^2}{x} \xi F'' F' \tag{6.27}$$

$$v \frac{\partial u}{\partial y} = \frac{U^2}{x}(\xi F' F'' - F F'') \tag{6.28}$$

又由于

$$\frac{\tau_t}{\rho} = -\overline{u'v'} = \nu_t \frac{\partial u}{\partial y} = ku_0 Cx \frac{\partial u}{\partial y}$$

紊动切应力项可写为

$$\frac{1}{\rho} \frac{\partial \tau_t}{\partial y} = \frac{\partial}{\partial y}\left(\nu_t \frac{\partial u}{\partial y}\right) = \frac{\partial}{\partial y}\left(ku_0 Cx \frac{\partial u}{\partial y}\right) = ku_0 Cx \sigma^2 \frac{U}{x^2} F''' = \frac{1}{2} kC\sigma^2 \frac{U^2}{x} F'''$$

由于 σ, k 和 C 为自由常数,故为便于求解方程,取 $\sigma^2 Ck=1$,则上式变为

$$\frac{1}{\rho}\frac{\partial \tau_t}{\partial y} = \frac{1}{2}\frac{U^2}{x}F''' \tag{6.29}$$

现将式(6.27)~(6.29)代入边界层控制方程(6.1)中,得

$$-\xi F''F' + (\xi F'F'' - FF'') = \frac{1}{2}F''' \tag{6.30}$$

整理后有

$$F''' + 2FF'' = 0 \tag{6.31}$$

边界条件是

$$y = -\infty, \quad \xi = -\infty, \quad u = 0, \quad u/U = F'(-\infty) = 0$$
$$y = \infty, \quad \xi = \infty, \quad u = u_0, \quad u/U = F'(\infty) = 2$$

Gortler 假定 F 的级数解为

$$F(\xi) = \xi + F_1(\xi) + F_2(\xi) + \cdots \tag{6.32}$$

获得的一阶近似为

$$\frac{u}{U} = 1 + \frac{2}{\sqrt{\pi}}\int_0^\xi \exp(-z^2)\mathrm{d}z \tag{6.33}$$

或者

$$\frac{u}{u_0} = 0.5 + \frac{1}{\sqrt{\pi}}\int_0^\xi \exp(-z^2)\mathrm{d}z \tag{6.34}$$

对于 Gortler 解,y 的起算点不是位于流层的交界面上,而是位于 $u = 0.5u_0$ 点处,如图 6.6 所示。

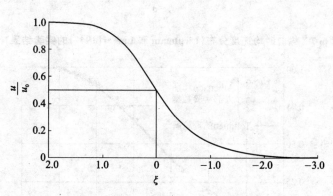

图 6.6 平面混合层的 Gortler 解

6.3 平面紊动混合层实验结果与分析

早期 Reichardt(1942)、Liepmann 和 Laufer(1947)、Albertson(1950)等人对平面混合层进行了大量的实验研究。图 6.7 给出了 Liepmann 和 Laufer(1947)纵向时均速度分布的实验结果和理论解的比较,图中实线为 Gortler 解式(6.34)的计算值,虚线为 Tollmien 解式(6.22)的计算值。通过比较发现,Gortler 解中的自由常数 $\sigma \approx 11.0$,Tollmien 解中的自由常数

$a \approx 0.084$。如果利用 $a \approx 0.084$，计算的平面混合层的卷吸速度 $v_e = 0.033 u_0$ ($v_e = v_{-\infty}$)。图 6.8 所示为 Albertson 等人(1950)时均速度分布的实验结果和 Tollmien 理论解的比较($a = 0.09$)。

如果取 $a \approx 0.087$，则在任一断面处，混合层边界厚度为

$$b_m = ax(\phi_1 - \phi_2) = 0.087 \times 3.021 x = 0.263 x \tag{6.35}$$

并且

$$b = ax(\phi_1 - \phi_{0.5}) = 0.087 \times 1.328 x = 0.116 x \tag{6.36}$$

应指出的是，此处 b 和 b_m 的起算点位于平面混合层的上边界线 ϕ_1。如果用 α_1 和 α_2 分别表示上下边界线的扩散角，则由实验得出 $\alpha_1 \approx 4.8°$，$\alpha_2 \approx 9.5°$。

此外，Wygnanski 和 Fiedler(1970)对紊动量进行了测量。现由图 6.9 给出紊动切应力的分布，图 6.10 给出平面混合层三向脉动速度均方根值分布。

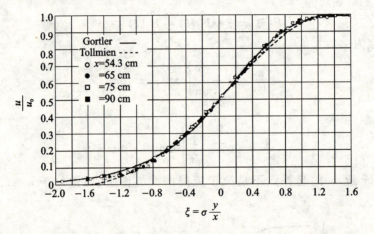

图 6.7　纵向时均速度分布(Liepmann 和 Laufer(1947)的实验结果)

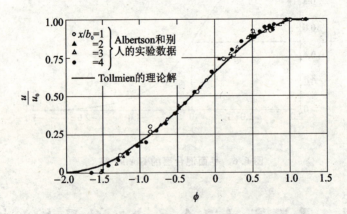

图 6.8　纵向时均速度分布(Albertson 等(1950)的实验结果)

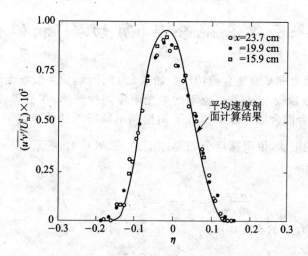

图 6.9 平面混合层紊动切应力分布

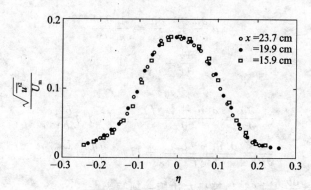

(a) 平面混合层 x 向脉动速度均方根值分布

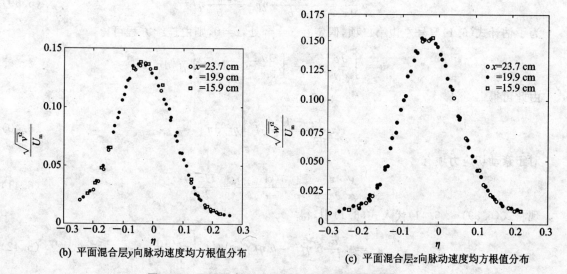

(b) 平面混合层 y 向脉动速度均方根值分布　　(c) 平面混合层 z 向脉动速度均方根值分布

图 6.10 平面混合层三向脉动速度均方根值分布

6.4 平面复合混合层(剪切层)相似性分析

平面复合混合层也称平面复合剪切层。如图 6.11 所示,设一股半无限厚的均匀流体以速度 u_0 相切流过另一股以较小速度 u_1 流动的半无限厚同种流体,在交界面区域将出现动量交换,从而形成平面复合混合层。如果相对于 u_1 绘制不同断面处的速度分布,实验发现各断面速度分布保持相同的形状,说明速度分布是相似的,如图 6.12 所示($\frac{u_1}{u_0}=0.51$,Watt,1967)。根据相似性条件,可设

$$\frac{u-u_1}{u_0-u_1} = \frac{U}{U_m} = f(y/b) = f(\eta) \tag{6.37}$$

式中,$\eta = y/b$,b 为混合层的长度尺度;$U_m = u_0 - u_1$。同时

$$\frac{\tau_t}{\rho U_m^2} = g(\eta) \tag{6.38}$$

代入运动方程

$$u\frac{\partial u}{\partial x} + v\frac{\partial u}{\partial y} = \frac{1}{\rho}\frac{\partial \tau_t}{\partial y}$$

$$\frac{\partial u}{\partial x} + \frac{\partial v}{\partial y} = 0$$

可得

$$\frac{\partial u}{\partial x} = \frac{\partial(u_1 + U_m f)}{\partial x} = -U_m f' \eta \frac{b'}{b}$$

$$\frac{\partial u}{\partial y} = \frac{\partial(u_1 + U_m f)}{\partial f} = U_m f' \frac{\partial \eta}{\partial y} = \frac{U_m}{b} f'$$

式中,$f' = \frac{\mathrm{d}f(\eta)}{\mathrm{d}\eta}$,$b' = \frac{\mathrm{d}b}{\mathrm{d}x}$。式(6.1)等号左边第一项写为

$$u\frac{\partial u}{\partial x} = -\frac{u_1 U_m b'}{b}\eta f' - \frac{U_m^2 b'}{b}\eta f f' \tag{6.39}$$

为了估计式(6.1)等号左边第二项,假定在 $y = \infty$ 处,$v = 0$,则由连续方程可得

$$v = \int_\infty^y \frac{\partial v}{\partial y}\mathrm{d}y = -\int_\infty^y \frac{\partial u}{\partial x}\mathrm{d}y = U_m b' \int_\infty^\eta \eta f' \mathrm{d}\eta$$

由此可得

$$v\frac{\partial u}{\partial y} = \frac{U_m^2 b'}{b} f' \int_\infty^\eta \eta f' \mathrm{d}\eta \tag{6.40}$$

对于紊动切应力项有

$$\frac{1}{\rho}\frac{\partial \tau_t}{\partial y} = \frac{1}{\rho}\frac{\partial(\rho U_m^2 g)}{\partial y} = \frac{U_m^2}{b}g' \tag{6.41}$$

现将式(6.39)~(6.41)代入式(6.1)中,得

$$g' = -\frac{u_1}{U_m}b'\eta f' - b'\eta f f' + b' f' \int_\infty^\eta \eta f' \mathrm{d}\eta \tag{6.42}$$

由式(6.42)可得,b' 与 x 无关,即

$$b' \propto x^0 \quad \text{或} \quad b = C_2 x \tag{6.43}$$

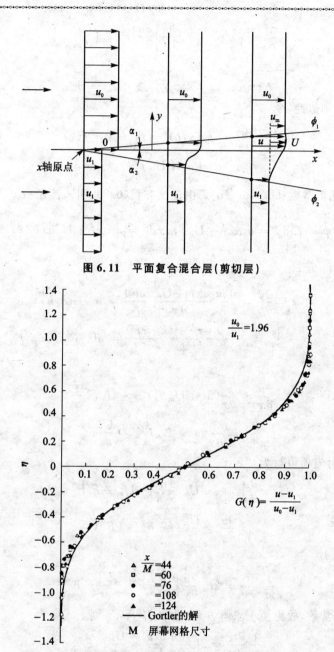

图 6.11　平面复合混合层（剪切层）

图 6.12　平面复合混合层时均速度分布曲线（Watt,1967）

6.5　平面复合混合层（剪切层）时均速度分布规律

1. Tollmien 解

采用 Prandtl 的混合长模式补充了紊动切应力关系式，即

$$\frac{\tau_t}{\rho} = -\overline{u'v'} = l_m^2 \frac{\partial u}{\partial y}\left|\frac{\partial u}{\partial y}\right| = l_m^2\left(\frac{\partial u}{\partial y}\right)^2$$

取混合长 l_m 为

$$b \propto x, \quad l_m \propto b \quad \text{或} \quad l_m = \beta x$$

并由时均速度分布相似性，令

$$\frac{u - u_1}{u_0 - u_1} = f_1(y/b) = f\left(\frac{y}{ax}\right) = f(\phi) \tag{6.44}$$

$$u = u_1 + U_m f(\phi)$$

式中，$\phi = \frac{y}{ax}$，a 为比例常数；$U_m = u_0 - u_1$。由连续方程(6.2)，引入流函数 ψ，有

$$\psi = \int u\,dy = u_1 ax\phi + U_m \int f ax\,d\phi = u_1 ax\phi + U_m ax F(\phi) \tag{6.45}$$

式中，$F(\phi) = \int f\,d\phi$，并且

$$u = \frac{\partial \psi}{\partial y} = \frac{\partial(u_1 ax\phi + U_m ax F)}{\partial y} = u_1 + U_m F' \tag{6.46}$$

$$v = -\frac{\partial \psi}{\partial x} = -\frac{\partial(u_1 ax\phi + U_m ax F)}{\partial x} = aU_m(\phi F' - F) \tag{6.47}$$

式中，$F' = dF/d\phi$。

$$\frac{\partial u}{\partial x} = \frac{\partial}{\partial x}(u_1 + U_m F') = -U_m F''\frac{\phi}{x}$$

$$\frac{\partial u}{\partial y} = \frac{\partial}{\partial y}(u_1 + U_m F') = \frac{U_m}{ax} F''$$

这样式(6.1)中的对流项可写为

$$u\frac{\partial u}{\partial x} = -u_1 U_m \frac{\phi}{x} F'' - U_m^2 \frac{\phi}{x} F' F'' \tag{6.48}$$

$$v\frac{\partial u}{\partial y} = \frac{U_m^2}{x}(\phi F' F'' - F F'') \tag{6.49}$$

紊动切应力项可写为

$$\frac{1}{\rho}\frac{\partial \tau_t}{\partial y} = 2l_m^2 \frac{\partial u}{\partial y}\frac{\partial^2 u}{\partial y^2} = \frac{2\beta^2}{a^3}\frac{U_m^2}{x} F'' F'''$$

由于 a 和 β 为自由常数，故为便于求解方程，选取 $2\beta^2 = a^3$，则上式变为

$$\frac{1}{\rho}\frac{\partial \tau_t}{\partial y} = 2l_m^2 \frac{\partial u}{\partial y}\frac{\partial^2 u}{\partial y^2} = \frac{U_m^2}{x} F'' F''' \tag{6.50}$$

现将式(6.48)~(6.50)代入边界层控制方程(6.1)，得

$$-\frac{u_1}{U_m}\phi F'' - \phi F'' F' + (\phi F' F'' - F F'') = F'' F''' \tag{6.51}$$

整理后，得

$$F''\left(F''' + F + \frac{u_1}{U_m}\phi\right) = 0 \tag{6.52}$$

若 $F'' = 0$，得到时均速度分布是非物理的常数解。故上式变为

$$F''' + F = \frac{1}{1-\alpha}\phi \tag{6.53}$$

式中,$\alpha = u_0/u_1$。边界条件为

沿着ϕ_1线,有
$$y = y_1, \quad \phi = \phi_1, \quad F'(\phi_1) = 1$$
$$\tau = 0, \quad F''(\phi_1) = 0$$
$$v_1 = 0, \quad F(\phi_1) = \phi_1$$

沿着ϕ_2线,有
$$y = y_2, \quad \phi = \phi_2, \quad F'(\phi_2) = 0, \quad F''(\phi_2) = 0$$

Kuethe(1935)给出的解为

$$F(\phi) = C_1 e^{-\phi} + C_2 e^{\phi/2} \cos\left(\frac{\sqrt{3}}{2}\phi\right) + C_3 e^{\phi/2} \sin\left(\frac{\sqrt{3}}{2}\phi\right) + \frac{1}{1-\alpha}\phi \tag{6.54}$$

式中,C_1, C_2, C_3为积分常数。Kuethe 计算了上式的取值。现由图 6.13 给出 ϕ_1 和 ϕ_2 与 $\dfrac{u_1}{u_0}$ 的关系曲线,图 6.14 给出 $\dfrac{u-u_1}{u_0-u_1}$ 与 $\dfrac{y}{b_e}\left(\dfrac{y}{b_e} = \dfrac{\phi-\phi_1}{\phi_2-\phi_1}\right)$ 的分布曲线,式中,$\dfrac{u_1}{u_0}$分别为 0 与 0.5。

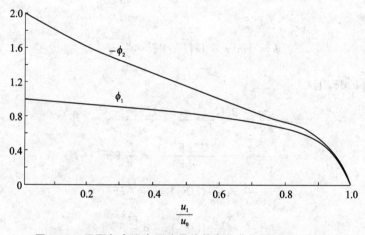

图 6.13　平面复合混合层边界线的变化曲线(Kuethe,1935)

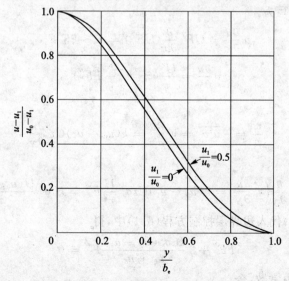

图 6.14　平面复合混合层时均速度分布 Tollmien 解(Kuethe,1935)

2. Gortler 解

采用涡粘性假设,紊动切应力可写为

$$\frac{\tau_t}{\rho} = -\overline{u'v'} = \nu_t \frac{\partial u}{\partial y}$$

对于自由混合层,假定涡粘度 ν_t 为

$$\nu_t = k(u_0 - u_1)b, \quad b \propto x \quad 或 \quad \nu_t = k(u_0 - u_1)Cx$$

式中,k 和 C 为常数。并由时均速度分布相似性,Gortler 取

$$\frac{u}{U} = F'\left(\sigma \frac{y}{x}\right) = F'(\xi) \tag{6.55}$$

式中,$\xi = \sigma \frac{y}{x}$,σ 为自由常数;$U = \frac{u_0 + u_1}{2}$。引入流函数 ψ,有

$$u = \frac{\partial \psi}{\partial y}, \quad v = -\frac{\partial \psi}{\partial x}$$

式中,流函数 ψ 为

$$\psi = \int u \, dy = U \int F' x \, d\xi = \frac{U}{\sigma} x F(\xi) \tag{6.56}$$

式中,$F(\xi) = \int F' d\xi$,且

$$u = \frac{\partial \psi}{\partial y} = \frac{\partial (UxF/\sigma)}{\partial y} = \frac{UxF'}{\sigma} \cdot \frac{\sigma}{x} = UF' \tag{6.57}$$

$$v = -\frac{\partial \psi}{\partial x} = -\frac{\partial (UxF/\sigma)}{\partial x} = \frac{U}{\sigma}(\xi F' - F) \tag{6.58}$$

$$\frac{\partial u}{\partial x} = \frac{\partial}{\partial x}(UF') = -\frac{U}{x}\xi F''$$

$$\frac{\partial u}{\partial y} = \frac{\partial}{\partial x}(UF') = \sigma \frac{U}{x}F''$$

式(6.1)中的对流项可写为

$$u \frac{\partial u}{\partial x} = UF' \frac{\partial}{\partial x}(UF') = -\frac{U^2}{x}\xi F''F' \tag{6.59}$$

$$v \frac{\partial u}{\partial y} = \frac{U^2}{x}(\xi F'F'' - FF'') \tag{6.60}$$

又由于

$$\frac{\tau_t}{\rho} = -\overline{u'v'} = \nu_t \frac{\partial u}{\partial y} = k(u_0 - u_1)Cx \frac{\partial u}{\partial y}$$

紊动切应力项可写为

$$\frac{1}{\rho}\frac{\partial \tau_t}{\partial y} = \frac{\partial}{\partial y}\left(\nu_t \frac{\partial u}{\partial y}\right) = k(u_0 - u_1)Cx\sigma^2 \frac{U}{x^2}F''' = kC\sigma^2 \frac{U(u_0 - u_1)}{x}F''' \tag{6.61}$$

现将式(6.59)~(6.61)代入边界层控制方程(6.1)中,得

$$FF'' + 2\frac{kC\sigma^2(u_0 - u_1)}{u_0 + u_1}F''' = 0 \tag{6.62}$$

考虑到 σ, k 和 C 为自由常数,令

$$\sigma = \frac{1}{2} \frac{1}{\sqrt{kC}} \sqrt{\frac{u_0 + u_1}{u_0 - u_1}} \tag{6.63}$$

则上式变为

$$F''' + 2FF'' = 0 \tag{6.64}$$

Gortler 假定 F 的级数解为

$$F(\xi) = \xi + \lambda_1 F_1(\xi) + \lambda_1^2 F_2(\xi) + \cdots \tag{6.65}$$

式中，$\lambda_1 = (u_0 - u_1)/(u_0 + u_1)$。

获得的一阶近似为

$$\frac{u}{U} = 1 + \frac{u_0 - u_1}{u_0 + u_1} \operatorname{erf} \xi \tag{6.66}$$

式中，$\operatorname{erf} \xi = \frac{2}{\sqrt{\pi}} \int_0^{\xi} \exp(-z^2) \mathrm{d}z$。式(6.66)还可写为

$$\frac{u}{u_0 - u_1} = \frac{\alpha + 1}{2(\alpha - 1)} + \frac{1}{2} \operatorname{erf} \xi \tag{6.67}$$

或者

$$\frac{u - u_1}{u_0 - u_1} = \frac{1 + \operatorname{erf} \xi}{2} \tag{6.68}$$

上式说明，用相对速度表示的速度分布与平面混合层的情况(式(6.34))相同。

3. 实验结果

前人对平面复合射流进行了大量的实验研究，对于时均速度分布，Zhestkov 等(1963)的实验结果与 Tollmien 解($u_0/u_1 = \infty$)吻合较好；而 Watt(1967)的实验结果与 Gortler 解($u_1/u_0 = 0.5$)吻合较好。如果取混合层的厚度 Δb 为混合层边界线 $\frac{u - u_1}{u_0 - u_1} = 0.1$ 与 0.9 之间的距离，实验表明

$$\frac{\Delta b}{0.165 x} = \frac{\alpha - 1}{\alpha + 1} \tag{6.69}$$

式中，$\alpha = u_0/u_1$。由于 $b_m \approx 1.6 \Delta b$，利用 Tollmien 解，并取 $a = 0.087$，则有

$$a = 0.087 \frac{\alpha - 1}{\alpha + 1} \tag{6.70}$$

将上式与图 6.13 中的曲线结合起来，可得平面复合混合层边界线扩展角与速度比 u_1/u_0 关系曲线，如图 6.15 所示。所得混合层厚度近似式为

$$b_m = 0.263 \frac{\alpha - 1}{\alpha + 1} x, \qquad b = 0.115 \frac{\alpha - 1}{\alpha + 1} x \tag{6.71}$$

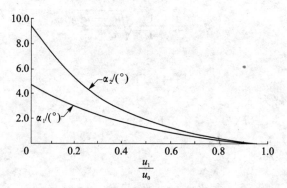

图 6.15 平面复合混合层边界线扩展角与速度比 (u_1/u_0) 关系曲线

6.6 环形紊动混合层(剪切层)

在圆形自由射流的初始发展区,将形成如图 6.16 所示的环形紊动混合层,射流核心区的末端即为环形混合层内边界线与射流轴线的交汇处。

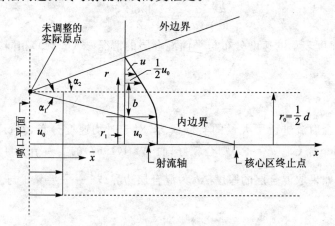

图 6.16 环形紊动混合层示意图

对于环形混合层,控制方程(时均定常流动)为

$$u\frac{\partial u}{\partial x} + v\frac{\partial u}{\partial r} = \frac{1}{\rho r}\frac{\partial r\tau_t}{\partial r} \tag{6.72}$$

$$\frac{\partial ru}{\partial x} + \frac{\partial rv}{\partial r} = 0 \tag{6.73}$$

积分式(6.72),得

$$\frac{d}{dx}\int_0^\infty 2\pi r\rho u^2 \, dr = 0 \tag{6.74}$$

说明轴向动量保持守恒。在混合层内,设纵向时均速度分布是相似性的,取

$$\frac{u}{u_0} = f\left(\frac{r-r_1}{b}\right) = f(\eta) \tag{6.75}$$

式中,r_1 为内边界的半径;b 为剪切层的特征长度,通常 b 取混合层内边界和 $u=0.5u_0$ 点之间

第6章 自由紊动混合层

的距离。将式(6.74)重新写为

$$\frac{d}{dx}\int_0^{r_1} 2\pi r\rho u_0^2 dr + \frac{d}{dx}\int_{r_1}^{\infty} 2\pi r\rho u^2 dr = 0 \tag{6.76}$$

现把式(6.75)代入上式中,有

$$\frac{\rho u_0^2}{2}\frac{d}{dx}r_1^2 + \frac{d}{dx}(b^2\rho u_0^2 F_1) + \frac{d}{dx}(r_1 b\rho u_0^2 F_2) = 0 \tag{6.77}$$

式中,$F_1 = \int_0^{\infty}\eta f^2 d\eta$,$F_2 = \int_0^{\infty} f^2 d\eta$。沿着 x 向积分上式,并利用喷口处的初始条件,可得

$$\left(\frac{r_1}{r_0}\right)^2 + \left(2F_2\frac{b}{r_0}\right)\frac{r_1}{r_0} + \left[2F_1\left(\frac{b}{r_0}\right)^2 - 1\right] = 0 \tag{6.78}$$

解出上式,得

$$\frac{r_1}{r_0} = \sqrt{\left(\frac{b}{r_0}\right)^2(F_2^2 - 2F_1) + 1} - \frac{b}{r_0}F_2 \tag{6.79}$$

式中,常数 F_1 和 F_2 近似等于 0.065 和 0.31。Rajaratnam 等利用实验结果,提出下列简化式

$$\frac{r_1}{r_0} = 1 - \frac{b}{r_0}F_2 \tag{6.80}$$

为了解出 r_1 和 b 随 x 的变化曲线,尚需要另一个方程。Albertson 等(1950)假定 b 随 x 成线性关系,利用动量积分方程,得到

$$\frac{r_1}{r_0} = 1 - \frac{x}{L_C} \tag{6.81}$$

式中,L_C 为射流核心区的长度。

前人对环形混合层进行了大量的实验研究。如图 6.17 所示(Rajaratnam 和 Pani,1972),混合层内的纵向时均速度分布是相似的,并且较好地吻合于 Squrire 和 Trouncer(1944)给出的余弦函数。在图 6.18～6.20 中,分别给出 r_1/r_0,b/r_0,r_2/r_0 随 x/r_0 的变化曲线。其中,各特征尺度的经验公式是

$$\frac{r_1}{r_0} = 0.95 - 0.097\frac{x}{r_0} \tag{6.82}$$

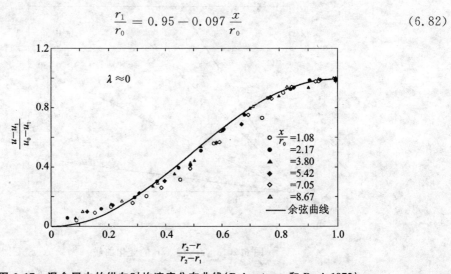

图 6.17 混合层内的纵向时均速度分布曲线(Rajaratnam 和 Pani,1972)

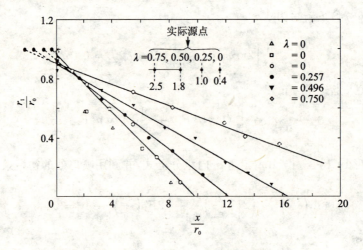

图 6.18　r_1/r_0 随 x/r_0 的变化曲线

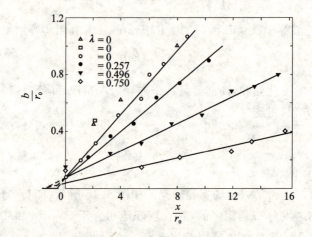

图 6.19　b/r_0 随 x/r_0 的变化曲线

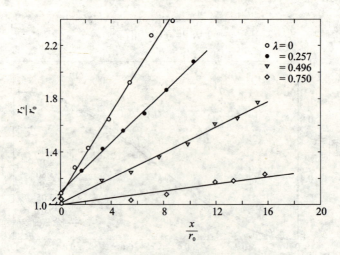

图 6.20　r_2/r_0 随 x/r_0 的变化曲线

$$\frac{b}{r_0} = 0.1 + 0.111 \frac{x}{r_0} \tag{6.83}$$

$$\frac{r_2}{r_0} = 1.07 + 0.158 \frac{x}{r_0} \tag{6.84}$$

式(6.82)表明,圆形射流核心区的长度约为 $10r_0$ 或 $5d$(d 为喷管出口直径)。Rajaratnam 等的实验结果还表明,混合层内边界角度为 $5.7°$,外边界角度为 $9.0°$。此外,Albertson(1950)给出的流量经验公式是

$$\frac{Q}{Q_0} = 1 + 0.083 \frac{x}{d} + 0.013 \left(\frac{x}{d}\right)^2 \tag{6.85}$$

由上式得到的卷吸速度为

$$\frac{v_e}{u_0} = \frac{1}{r_2/d}\left(0.010 + 0.003 \frac{x}{d}\right) \tag{6.86}$$

由图 6.21 可见,在 $x/d \approx 4.0$ 时混合层的 $\frac{v_e}{u_0}$ 与充分发展时的射流的 $\frac{v_e}{u_0}$ 的比值约为 0.026。对于紊动特征量的分布由图 6.22(纵向脉动速度均方根值的分布曲线)和图 6.23(紊动切应力分布)给出。

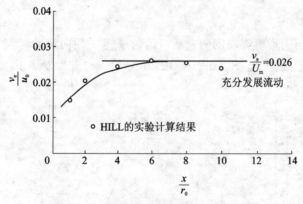

图 6.21 混合层区卷吸系数的变化曲线

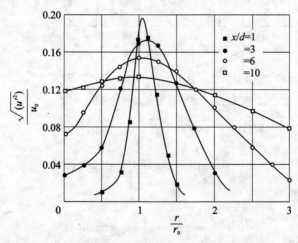

图 6.22 纵向脉动速度均方根值的分布曲线(Sami 等,1967)

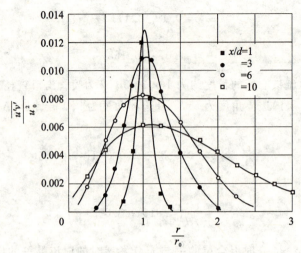

图 6.23 紊动切应力分布曲线(Sami 等,1967)

6.7 复合环形紊动混合层(剪切层)

如图 6.24 所示,当圆形射流周围的介质以均匀速度 u_1 同向运动时,射流核心区内的紊动剪切层将形成复合环形混合层。Squrire 和 Trouncer(1944)首先发展了一种积分方法。

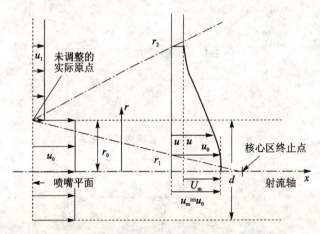

图 6.24 复合环形紊动混合层示意图

首先沿着 r 方向积分方程(6.72),得

$$\frac{\partial}{\partial x}\int_0^r \rho u^2 r\mathrm{d}r - \rho u \frac{\partial}{\partial x}\int_0^r ur\mathrm{d}r = r\tau_t \tag{6.87}$$

然后假定速度分布曲线为

$$\frac{u-u_1}{u_0-u_1} = \frac{U}{U_m} = \frac{1}{2}(1-\cos(\pi\xi)) \tag{6.88}$$

式中,$\xi = \dfrac{r_2-r}{r_2-r_1}$,$r_1$ 和 r_2 分别表示剪切层的内外边界,并且紊动切应力为

$$\tau_t = \rho C^2 (r_2 - r_1)^2 \left(\frac{\partial u}{\partial r}\right)^2 \tag{6.89}$$

式中,常数 C^2 近似取 0.006 7。根据上述假定,Squire 和 Trouncer 得到下列指数关系

$$a_{11} r_1^2 + 2 a_{10} r_1 r_2 + a_{00} r_2^2 = r_0^2 \tag{6.90}$$

$$\frac{\mathrm{d}}{\mathrm{d}x}(A_{11} r_1^2 + 2 A_{10} r_1 r_2 + A_{00} r_2^2) = B(r_1 + r_2) \tag{6.91}$$

式中,各系数为

$$a_{11} = 2\left(\frac{5-\lambda}{16} - \frac{1}{\pi^2}\right)$$

$$a_{10} = \frac{2}{\pi^2}$$

$$a_{00} = 2\left(\frac{3+\lambda}{16} - \frac{1}{\pi^2}\right)$$

$$A_{11} = \frac{13+3\lambda}{16} - \frac{1+\lambda}{2\pi} - \frac{5+3\lambda}{4\pi^2}$$

$$A_{10} = \frac{1-\lambda}{16} + \frac{5+3\lambda}{4\pi^2}$$

$$A_{00} = \frac{1-\lambda}{16} + \frac{1+\lambda}{16} - \frac{5+3\lambda}{4\pi^2}$$

$$B = \frac{1}{2}\pi^2 (1-\lambda) C^2$$

$$\lambda = u_1 / u_0$$

式(6.90)和式(6.91)的计算曲线由图 6.25 给出。由图可见,对 $\lambda=0$ 的情况,外边界曲线与 Kuethe 的精细分析结果吻合较好,但内边界差一些。Rajaratnam 等(1972)对 $\lambda=0,0.26$, 0.5,0.7 的情况进行了实验,并利用式(6.90)和式(6.91)确定常数 C^2,结果表明 C^2 从 $\lambda=0$ 的 0.004 2 增加到 $\lambda=0.75$ 的 0.009。图 6.26 和图 6.27 所示为 Rajaratnam 等人的实验结果与 Squire 和 Trouncer 的曲线比较,最大偏差为 15%。在 λ 不同的情况下,Rajaratnam 等给出的 $r_1/r_0, b/r_0, r_2/r_0$ 随 x/r_0 的变化曲线如图 6.18~6.20 所示。各特征尺度的经验公式是

$$\frac{r_1}{r_0} = 0.95 - m_1 \frac{x}{r_0} \tag{6.92}$$

$$\frac{r_2}{r_0} = 1.04 + m_2 \frac{x}{r_0} \tag{6.93}$$

$$\frac{b}{r_0} = 0.08 + m_3 \frac{x}{r_0} \tag{6.94}$$

其中,常数 m_1, m_2, m_3 随 λ 的变化曲线如图 6.28 所示。对于 $\lambda=0.496$ 的情况,时均速度分布相似曲线的实验结果与余弦函数的比较如图 6.29 所示。时均速度分布相似曲线的实验结果与 $\lambda \approx 0$ 的曲线的比较如图 6.30 所示,射流核心区长度随 λ 的变化曲线如图 6.31 所示,由图可见,随 λ 的增加核心区长度是增大的,在 $\lambda=0$ 时,$L_C = 10 r_0$;而在 $\lambda=0.75$ 时,$L_C = 25 r_0$。相应的射流内外边界角度 α_1 和 α_2 随 λ 的变化曲线如图 6.32 所示。由图可见,α_1 从 $\lambda=0$ 时的 5.6°减小到 $\lambda=0.75$ 时的 2.1°,α_2 从 $\lambda=0$ 时的 8.9°减小到 $\lambda=0.75$ 时的 0.75°。

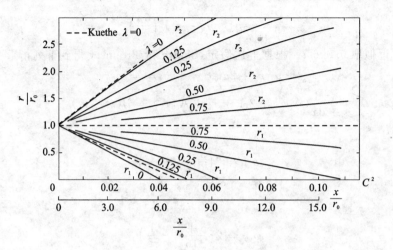

图 6.25 复合环形混合层边界发展曲线

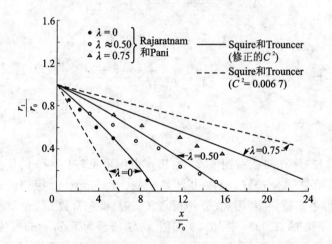

图 6.26 复合环形混合层内边界实验结果

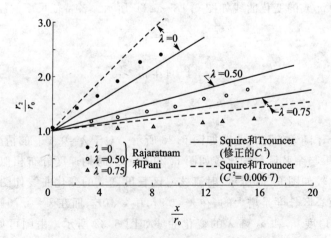

图 6.27 复合环形混合层外边界实验结果

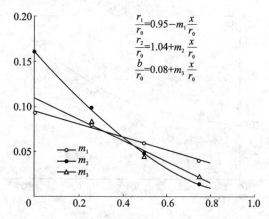

注意：对于 $\lambda=0.75$，最后一个方程的常数是0.04

图 6.28 m_1, m_2, m_3 随 λ 的变化曲线

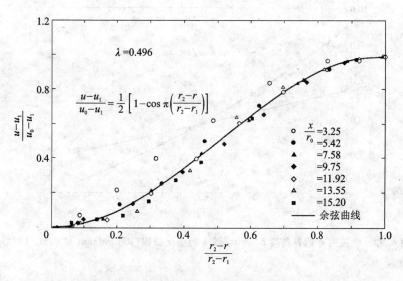

图 6.29 时均速度分布相似曲线的实验结果与余弦函数的比较（Rajaratnam 和 Pani，1972）

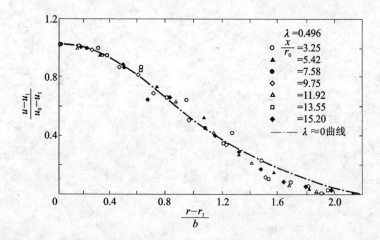

图 6.30 时均速度分布相似曲线的实验结果与 $\lambda \approx 0$ 的曲线的比较（Rajaratnam 和 Pani，1972）

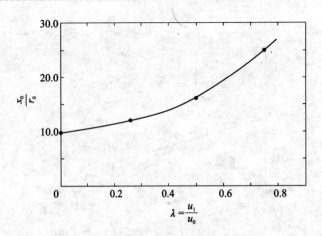

图 6.31 射流核心区长度随 λ 的变化曲线(Rajaratnam 和 Pani, 1972)

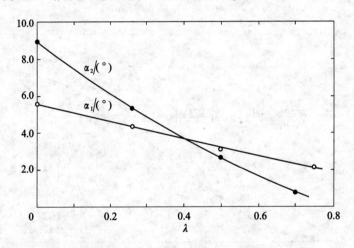

图 6.32 射流内外边界角度 α_1 和 α_2 随 λ 的变化曲线(Rajaratnam 和 Pani, 1972)

第7章 可压缩二维紊流自由射流

在研究不可压自由射流时,认为密度为常数;但当射流的马赫数 $Ma > 0.5$ 时,则必须考虑密度变化的影响。迄今为止,人们还未对可压缩紊流射流进行深入的研究,现有理论多数是将不可压缩紊流射流半经验理论应用于可压缩紊流射流。这里介绍 Olson 对可压缩二维射流的分析。

7.1 可压缩自由射流的基本方程及流速分布

Olson 的理论分析的特点是运用了 Prandtl 的混合长度理论,同时考虑了流体的可压缩性,并且与不可压射流一样,假定混合边界层内流速分布是相似的,且呈高斯分布。

考察中心线以上、流速为中心线流速的半位置 ξ^* 以下、x 到 $x+\mathrm{d}x$ 的单位厚度这几个控制面所围的射流微段。由图 7.1 知单位时间内从控制面 $x+\mathrm{d}x$ 处流出的流体的动量在 x 轴向上的投影为

$$\rho_0 h_i u_0^2 + \int_0^{\xi^*} \rho u^2 \mathrm{d}\xi + \mathrm{d}\left[\rho_0 h_i u_0 + \int_0^{\xi^*} \rho u^2 \mathrm{d}\xi\right]$$

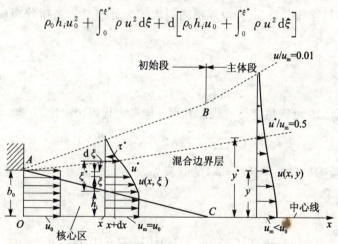

图 7.1 可压缩二维紊流自由射流力学模型

单位时间内,从上部控制面 $\mathrm{d}x \cdot 1$(1 指 1 个单位长度)加入质点的动量(认为加入质点速度由 0 突然变为 u^*)在 x 轴向的投影为

$$\mathrm{d}\left[\rho_0 u_0 h_i + \int_0^{\xi^*} \rho u \mathrm{d}\xi\right] \cdot (\mathrm{d}x \cdot 1 \cdot u^*)$$

单位时间内从控制面 x 处流入控制体内的流体动量在 x 轴向上的投影为

$$\rho_0 h_i u_0^2 + \int_0^{\xi^*} \rho u^2 \mathrm{d}\xi$$

单位时间内作用在控制面上的外力冲量在 x 轴向上的投影为

$$\tau^* \, dx \cdot 1$$

依据变质量质点系的动量方程,应有

$$\left\{\rho_0 h_i u_0^2 + \int_0^{\xi^*} \rho u^2 d\xi + d\left[\rho_0 h_i u_0^2 + \int_0^{\xi^*} \rho u^2 d\xi\right]\right\} -$$

$$d\left[\rho_0 u_0 h_i + \int_0^{\xi^*} \rho u d\xi\right] u^* \, dx - \left[\rho_0 h_i u_0^2 + \int_0^{\xi^*} \rho u^2 d\xi\right] = -\tau^* \, dx$$

整理后,得

$$\frac{d}{dx}\left[(\rho_0 u_0^2 h_i) + \int_0^{\xi^*} \rho u^2 d\xi\right] = \left[u^* \frac{d}{dx}\left(\rho u_0 h_i + \int_0^{\xi^*} \rho u d\xi\right)\right] - \tau^* \quad (7.1)$$

式中,$h_i = \dfrac{x_c - x}{x_c} b_0$,$b_0$ 为喷嘴的半宽度。

以 Prandtl 的混合长度理论中的第二假设,剪切应力 τ^* 应为

$$\tau^* = -\rho^* \varepsilon \frac{du}{d\xi}\bigg|_{\xi=\xi^*} \quad (7.2)$$

式中

$$\varepsilon = K \xi^* \frac{u_c}{2} \quad (7.3)$$

K 是量纲为 1 的剪切应力经验常数,由实验给定,在初始段和主段取值不同。

Albertson(1971)等提出,在混合边界层内射流流速分布设为高斯分布(此假定与实验十分符合),即

$$\frac{u}{u_m} = e^{-B_1(\xi/\xi^*)^2} \quad (7.4)$$

式中,B_1 由 $\xi/\xi^* = 1$(即 $u^*/u_m = 0.5$)确定,$B_1 = 0.6931$。

对于完全气体射流,由绝热变化的状态方程与能量方程得密度比为

$$\frac{\rho}{\rho_0} = \frac{p_e}{p_0}\left\{1 + \frac{\gamma - 1}{2}(Ma)_0^2\left[1 - \left(\frac{u}{u_0}\right)^2\right]\right\}^{-1} \quad (7.5)$$

式中,p_0 是射流在喷嘴出口处的压力;p_e 是射流外边界处的压力;$(Ma)_0 = u_0/c$,c 是声速;γ 是比热容比(绝热指数)。

对于完全膨胀射流,$p_0/p_e = 1$,故有

$$\frac{\rho}{\rho_0} = \left\{1 + \frac{\gamma - 1}{2}(Ma)_0^2\left[1 - \left(\frac{u}{u_0}\right)^2\right]\right\}^{-1} \quad (7.6)$$

将式(7.2)~(7.6)代入式(7.1),整理后得

$$\frac{d\left[\dfrac{\xi^*}{w} f_1(U)\right]}{d\left(\dfrac{x}{w}\right)} - 0.5U \frac{d\left[\dfrac{\xi^*}{w} f_2(U)\right]}{d\left(\dfrac{x}{w}\right)} + \frac{dh_i}{dx}(1 - 0.5U) = -K f_3(U) \quad (7.7)$$

式中,$w = 2b_0$,$U = \dfrac{u_m}{u_0}$

$$f_1(U) = \int_0^1 \frac{\rho u^2}{\rho_0 u_0^2} d\left(\frac{\xi}{\xi^*}\right) = \int_0^1 \frac{U^2 \left(\dfrac{u}{u_m}\right)^2}{1 + \dfrac{\gamma - 1}{2}(Ma)_0^2\left[1 - U^2\left(\dfrac{u}{u_m}\right)^2\right]} d\left(\frac{\xi}{\xi^*}\right) \quad (7.8a)$$

$$f_2(U) = \int_0^1 \frac{\rho u}{\rho_0 u_0^2} d\left(\frac{\xi}{\xi^*}\right) = \int_0^1 \frac{U\left(\frac{u}{u_m}\right)}{1 + \frac{\gamma-1}{2}(Ma)_0^2 \left[1 - U^2\left(\frac{u}{u_m}\right)^2\right]} d\left(\frac{\xi}{\xi^*}\right) \tag{7.8b}$$

$$f_3(U) = \frac{B_2}{2}\left[\frac{U^2}{1 + \frac{\gamma-1}{2}(Ma)_0^2(1 - 0.25U^2)}\right] \tag{7.8c}$$

式中,$B_2 = 2B_1 e^{-B_1 \frac{u_c}{u_m}}$,当取 u_c 为中心线处流速时,$B_2 = B_1$。

根据射流的动量沿 x 轴向守恒,有

$$\rho_0 u_0^2 h_i + \xi^* \int_0^\infty \rho u^2 d\left(\frac{\xi}{\xi^*}\right) = \rho_0 u_0^2 b_0 \tag{7.9}$$

将上式等号两边除以 $\rho_0 u_0^2$,并改为写成量纲为 1 的形式,得

$$\frac{\xi^*}{w} = \frac{1 - \frac{h_i}{b_0}}{2f_4(U)} \tag{7.10}$$

式中

$$f_4(U) = \int_0^\infty \frac{\rho u^2}{\rho_0 u_0^2} d\left(\frac{\xi}{\xi^*}\right)$$

将式(7.10)代入式(7.7)中,可解出 U,即求得射流中心线上的速度 $u_m(x)$ 的变化规律。将 u_m 代入式(7.4)中,就可求出对应于 x 界面上的流速分布 $u(x,\xi)$。

$$u(x,\xi) = u_m(x) e^{-B_1(\xi/\xi^*)^2} \tag{7.11}$$

进而由式(7.6)可以求出密度 ρ 的变化规律。由绝热变化状态方程还可求出温度 T 的分布规律。

由图 7.1 知

$$\frac{h_i}{b_0} = 1 - \frac{x/w}{x_c/w} \tag{7.12}$$

将上式代入式(7.10),并令 $U=1$ 得

$$\frac{\xi^*}{w} = \frac{(x/w)(x_c/w)}{2f_4(1)} \tag{7.13}$$

将式(7.12)及(7.13)代入式(7.7)中,得

$$\frac{x_c}{w} = \frac{c_2}{K} \tag{7.14}$$

式中

$$c_2 = \frac{0.5[f_1(1) + f_2(1)] - f_1(1)}{2f_3(1) \cdot f_4(1)} \tag{7.15}$$

以上是针对一般情况的讨论。在初始段中,$U = \frac{u_m}{u_0} = 1$,$f_1(1), f_2(1), f_3(1), f_4(1)$ 是定值,故 c_2 为常数。当已知射流剪切应力常数,则可依式(7.14)求出初始段(核心区)的长度。式(7.14)表明核心区宽度呈线性减小。

初始段的扩展规律可用 $u/u_m = 0.5$ 线至中心线的距离 y^* 表征。显然,$y^* = h_i + \xi^*$。将式(7.12)代入式(7.14)化成量纲为 1 的形式,画出射流初始段扩展特性曲线如图 7.2 所示。

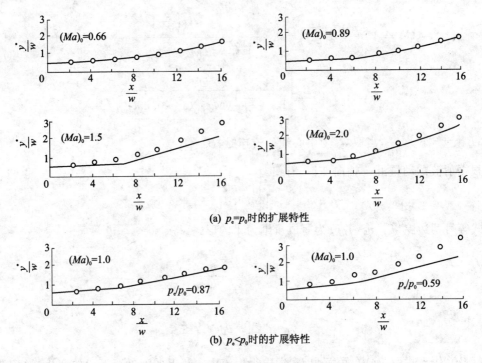

图 7.2 自由射流扩展特性(实线为理论值)

7.2 射流主体段的基本方程及流速分布

射流主体段的分析方法与初始段相同,它们的区别在于主体段中核心区消失(即 $h_i=0$),ξ 应以 y 代替,y 是从中心线处量起,$U=u_m/u_0<1$。射流主体段的动量方程可直接由式(7.7)推得。为此,令 $h_i=0$,以 y^* 代替 ξ^*,有

$$\frac{y^*}{w} = \frac{1}{2f_4(U)}$$

将上式代入式(7.7)中,得主体段的动量方程为

$$\frac{\mathrm{d}[g_1(U)]}{\mathrm{d}\left(\frac{x}{w}\right)} - 0.5U\frac{\mathrm{d}[g_2(U)]}{\mathrm{d}\left(\frac{x}{w}\right)} = -Kf_3(U) \tag{7.16}$$

式中

$$g_1(U) = \frac{f_1(U)}{2f_4(U)}, \qquad g_2(U) = \frac{f_2(U)}{2f_4(U)}$$

令

$$F(U) = \frac{g_1'(U) - 0.5Ug_2'(U)}{f_3(U)} \tag{7.17}$$

故式(7.16)可改写成

$$F(U)\mathrm{d}U = -K\mathrm{d}\left(\frac{x}{w}\right) \tag{7.18}$$

积分此基本方程,得

$$\int_1^U F(U)\,dU = -K\left(\frac{x}{w} - \frac{x_c}{w}\right) \tag{7.19}$$

可用数值分析法由上式解出 $U(x) = \dfrac{u_m(x)}{u_0}$,从而求得中心线上流速的变化规律,如图7.3所示,图中"。"为实验值。将求出的 $u_m(x)$ 代入式(7.4)中,且以 y 代替 ξ,y^* 代替 ξ^*,即可求得 x 截面上的流速分布规律为

$$u(x,y) = u_m e^{-B_1 (y/y^*)^2} \tag{7.20}$$

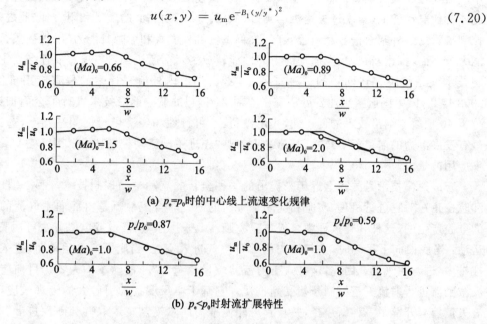

(a) $p_e = p_0$ 时的中心线上流速变化规律

(b) $p_e < p_0$ 时射流扩展特性

图7.3 自由射流中心线流速变化曲线(实线为理论值)

7.3 不完全膨胀自由射流

前面讨论的是完全膨胀射流($p_e/p_0 = 1$)情形。对于不完全膨胀射流($p_e/p_0 < 1$)情形,可采用当量转换方法,将前述完全膨胀射流的结果推广应用到不完全膨胀射流情形。这时前述公式中的$(Ma)_0$应以当量马赫数$(Ma)_{eq}$代替,Ma是总压为p_0的射流向周围压力为p_e的静止流体中做绝热膨胀喷出时的马赫数。b_{eq}是当量喷嘴半宽度,它由下式给出

$$b_{eq} = \left[\left(\frac{b_0}{\gamma(Ma)_0^2}\right)\left(1 - \frac{p_e}{p_0}\right) + b_0\right]\left(\frac{Ma_0}{Ma_{eq}}\right)^2\left(\frac{p_0}{p_e}\right) \tag{7.21}$$

图7.2(b)给出 $p_e < p_0$ 情形的射流扩展特性曲线,图7.3(b)给出了对应情形下中心线流速的变化曲线。

第8章 合成射流简介

随着航空技术的发展和未来空战技术要求的提高,对排气装置功能的要求也大大提高了。不仅需要排气装置能提供推力,还需要在飞机低速和大迎角飞行时,能提供一定矢量,用于补充或替代气动舵面,实现过失速机动飞行,从而减小气动舵面的质量和阻力;除此之外,还要求控制喷管的红外辐射信号和喷管噪声,改善飞机红外隐身和声隐身能力,以提高飞行器的生存能力。因而,探索新技术、全面提高上述性能就成为目前新机预研一项重要任务。主动流动控制技术就是解决上述问题的一种重要手段,也是国内外研究探索的具有应用价值的方法。2002年2月,中国航空工业发展研究中心对21世纪的航空前沿技术进行了全面扫描,在重点分析40项航空前沿技术的创新性、实用性、技术可行性和经济可行性的基础上,选出了10项最有发展潜力的航空前沿技术,其第5项就是"先进主动流动控制技术",因为它有着广泛的军事应用前景。

合成射流技术是国际上近年来提出的一种全新的流动主动控制技术,国外一批科研机构和院校正在对它进行机理、实验和应用等方面的研究。合成射流是由面向主气流的底面封闭的空腔产生的,这种装置被称为合成射流激励器。采用压电、静电或电磁方法可使底面做上下运动:当底面向下运动时,主气流内的部分空气进入空腔;当底面向上运动时,进入的空气又被排出,进入主气流。因此,这种人工射流的质量流量为零,而动量不为零。目前应用合成射流激励器进行射流矢量控制开始受到重视。它基于小尺度扰动引起大的宏观效应理论,为射流矢量控制开辟了一种新途径,并且有可能使推力向量控制技术取得突破性进展。合成射流作为主动流动控制中一种潜在的方法,已经引起了广泛的关注。

合成射流激励器是合成射流技术的核心部件,工作时除振动膜振动外无作动部件,只须通过改变激励器电信号的频率、振幅和相位就可以根据要求进行调节控制。目前,美国NASA研究中心、乔治亚理工大学等一批科研机构和院校正在对它进行机理、实验和应用等方面的研究。合成射流技术应用前景十分广阔。气动力控制方面,在飞行器机翼表面设置合成射流激励器控制流动向湍流转变可以降低阻力。矢量控制方面,具有对小型喷气发动机进行推力矢量控制的潜力,其控制原理与次流喷射相同。由于合成射流激励器无须射流供应和喷射系统,因此结构非常简单、结构质量大大减低并且具有调节功能,有望使推力矢量控制技术获得突破性进展;同时,还有望用于增强发动机燃烧室内的燃烧掺混。随着MEMS技术的发展,其应用前景将更为广阔,在微小元器件内的换热控制方面也将大有作为。研究合成射流激励器对宏观低速流流动方向控制工作过程,最直接的方法就是将激励器腔体、激励器出口喉道以及其工作所处的外部受控流场作为一个单连域考虑,激励器全流场计算模型——X-L模型,使这一过程的数值计算得以实现。

8.1 国内、国外发展现状

在国外,20世纪80年代,加拿大P.J.Vermenlen等对低速气体单喷流(纵向、横向射流)的声激励感受性及对燃气燃烧室内燃烧情况和出口温度分布情况进行了实验研究;美国Morris、Ahuja、Tam等在NASA的资助下,从1980-1988年对声激励条件下喷管冷热流动掺混进行了详细的测量和数值模拟研究;日本在20世纪90年代中期对共轴喷流的声激励感受性进行了实验研究。上述研究,虽只是拟序结构研究基础的一部分,但对理解外部激励影响剪切层流动的机理起到了至关重要的作用,为后续的主动流动控制打下了扎实的理论和实验基础。

近期,Lockheed Martin公司和Langley中心利用稳态注气、脉动注气等方法实现了喷管喉部流动面积调控及推力矢量控制,1%的注射流可以增加1.5°推力矢量角。Langley中心在2000年也提出了多种激励器的概念,用于流动控制实验。Stanford大学对控制理论和控制算法方面进行了较深入的研究。美国波音公司从20世纪80年代起开始的ACE项目计划,在第一阶段的异温流体流动混合上取得成功,并将该技术应用于JT80发动机上,以减小战场运输机C17的发动机地面大功率起降时排气对地勤人员的危害,同时也可防止尾喷流对机体的损伤,并对减小喷流红外辐射也有一定效果;第二阶段利用主动控制技术实现机翼流动减阻,并将这种技术应用到V22"鱼鹰"机翼上,在整机风洞实验中,在盘旋状态,成功地将飞机有效载荷从1 800 kg提高到2 300 kg,提高了约20%,效果明显,巡航状态的风洞试验也取得了满意的效果。在内流分离与抑制方面,主动流动控制也取得了显著的成效。当前,主动流动控制(AFC)已经成为智能材料和智能结构领域(SPIE)的一个重要组成方面。

早在20世纪60年代,西方航空发达国家就开始对推力矢量技术进行探索和研究,20世纪70年代以来,世界各国都对各种推力矢量装置进行了大量的实验研究。实验表明,喷气尾流的推力方向及矢量角在0°~20°范围内变化,就能满足飞机高机动性能的要求。

Coles在20世纪70年代早期和晚期的一个平板接口实验测试中就提出了一个紊流的剪切流观念。这种流体受综合的基本互相密合的旋涡结构约束。

Lighthill(1978)认为气流运动是由声波引起的,声冲流是由声能的耗散或者传播的衰减而造成的。如此衰减偶尔也能在非常高的频率下、在流体的里面发生,或者因为粘性效应在固体边界附近发生。气流运动结合固体边界的振动已经成为许多调查的主题,最值得注意的是对于圆筒轴的时间-谐波的振动所引起的气流速度在水下能达到1 cm/s,名义上频率达到45 Hz。Ingard和Labate(1950)用在圆筒中的声波的驻波来使孔口板附近产生振动的速度场而且在孔口板旁边放置压力表,这样可以在孔口的两边上观察一系列没有净质量注入的旋涡喷射。Lebedeva(1980)利用一个轴对称的喷管,通过管底部的孔口来传播高振幅的声波(150 dB)的方法获得了高达10 cm/s的速度。Mednikov和Novitskii(1975)在没有净质量注入的情况下,利用一个机械活塞来驱动一个低频率(10~100 Hz)振动,得到了平均速度达到17 m/s的速度场。

1996年James、Jacobs和Glezer通过调查发现在水中湍流的喷射有了新的变化,是由一个安装在平板上的振动膜片引起的。在膜板的中心可产生常态的喷射,这种喷射包含一系列放射状的流体,而且只有每次振动周期在膜片中心出现一串小的气泡时才会出现。从20世

50 年代后期，人们开始研究用流动驱动器来控制射流。在空腔附近的相同流体能产生一个基本的喷射。这些驱动器能够用于多种"模拟装置"和"数控"，同样也能在没有机械运动的那部分流体中起组织和控制的作用。"模拟装置"中的引发器在两个方向上控制喷射的容积流动率，可以导致其中一个输出口流动率与最初的容积流动率呈比例改变。"数控"驱动器是一个双稳定流装置，它可以用来控制喷射和柯达效应，即监督其中一个输出口的基本流动。虽然大部分流体技术在空洞附近受限制，但是一些装置也可以在自由剪流中应用。Viets(1975)在自由矩形喷射中发现了自振，这使得他得出了双稳态多谐振荡器引发器的概念。最近，Raman 和 Cornelius(1995)用两个这样的喷射产生相互作用，也能在一个较大的喷射中，产生时间谐波振动。控制喷射位于基本喷射的两个相反的面上。在相同或不同的相位时，彼此之间都能够产生影响。在没有活动驱动器的情况下，用柯达效应或者在一系列喷口边界延长部分曲面的附属面上同样也能产生矢量喷射。Koch(1990)用在固体扩散器附近的边界喷射也产生部分附属物，因此改变了基本射流。Strykowski(1996)等人则提出了相反的观点，他们认为低速和高速喷射也能产生矢量喷射效果。1997 年，Lim 和 Redekopp 开始对一个喷口下流边界上的吸入效果进行数字化的研究。

早在 20 世纪五六十年代，就有人研究在火箭喷管上利用流动控制来改变推力方向，以替代质量越来越大的万向架系统。但现在的研究重点是空气发动机的推力矢量控制，以减小喷管的质量、复杂性和成本。

近几年，流动控制应用于喷管的相关研究已经起步，利用主动控制技术研制新型喷流控制在实验中已取得初步成功。在控制理论和现代测试技术的基础上，北京航空航天大学热动力研究所实验与测量实验室从 1996 年起对这种技术进行了跟踪及创新研究，在流动混合实验台上进行了初步实验研究，取得了不错的成果。

近年来，其发展趋势大致为：
（1）进一步提高效果；
（2）激励器的研制与应用；
（3）安全可靠的空燃比的自动调控技术。

已经研究的矢量喷管的几种流动控制技术，其中主要有激波诱导、附壁喷射、逆流喷射、流动-机械混合控制和合成射流控制法。

与常规射流不同，合成射流是用激励器外的主流合成的，它将动量传递给主流而没有质量的增加，并使主流失稳，产生强烈的涡。因而它在扰动和混合主流方面特别有效。如果合成射流的方向与主流方向一致，它将对主流产生"拉"的作用；如果合成射流的方向与主流方向一致，它将对主流起"推"的作用。将激励器放在矩形喷管出口附近，上下各放置一个激励器，如果将上激励器安排成"推"的模式，那么主流就会向上偏转；反之，则主流向下偏转。在低速主流情况下，矢量角可达 30°。如果上、下激励器都安排成"拉"的模式，则主流会发散，加速与周围大气的混合，使核心区长度几乎缩短一半，从而降低排气温度、红外辐射和噪声。

主动流动控制技术已经发展了十几年，至今方兴未艾。由国外相关研究可以看出，主动流动控制技术中，单体激励器调控流动的能力是有限的；而排气系统等部件中的实际流动状况十分复杂，激励器又面临高温高速内流的工作环境考验。因此，由激励器、控制器、传感器三部分组成的主动流动控制系统中，激励器必须是微型、多个集成在一起的，即微型化、集成化的；且材料有一定的耐温能力，以保障激励器的正常使用。

目前研究中的激励器大致可分为三类：

(1) 机械类。结构上呈现悬臂梁状态，依靠浸在流体中的自由端振动产生的涡列直接与流体耦合；缺点是产生的涡列频率通常较低，但近年来压电陶瓷结构的出现，使频率上限也可达几千赫兹。

(2) 流体类。典型代表为稳态吹气、稳态吸气、脉动射流、合成射流，其工作介质可以直接与主流相耦合，频率可调节范围也要宽一些，是主动流动控制领域研究最多、最具应用希望的激励器。

(3) 声学类。代表为电动或气动喇叭，其特点是频带宽、控制容易；但声与流体中运动结构的相速度不同，不能直接耦合，须通过尾缘库塔条件等作为中介，能量转化的效率比较低。

8.2 主动流动控制技术及其应用概述

主动流动技术是近年发展起来的、与被动流动控制技术相对应的流动控制方法，是一种有着广阔发展前途的新技术。该技术方法基于流体中涡尺度的层次性、拟序结构、涡的外部激励感受性等原理，利用外加的微小能量（相对于控制对象而言），诱导主流中的相关流动结构（含 Kolmogorov 尺度），实现波涡共振，从而促进流体内部运动形式之间的能量迁移与转化，重组流体内部运动形式的分配比例，达到改变流动宏观参数的目的。这种方法充分利用了流体湍流流态的非定常性和非线性。

涡扇发动机排气系统在排气混合器和喷管出口区域实现的流动混合，产生推力及喷管后部外壁的气流分离阻力，都可以归结为中心射流与周围流体（管内流或机体扰流射流及大气）之间、机体扰流与壁面之间的剪切层、附面层流动。因此，利用适当频率的外加闭环合成射流激励分别调控剪切层、附面层中的 K-H 波和 T-S 波的发展演化，即可实现增混、抑制红外、调控矢量推力、降低喷管外阻的目的，也可以克服被动流动控制方法（扰流片等）不能随发动机状态变化而自适应的缺点。

8.3 合成射流技术

合成射流技术作为主动流动控制中一种潜在的方法已经引起了广泛的关注。合成射流又称零质量射流，即用细小的流动变化（只占主流流量百分之几的流体射流或零流量的合成射流）来改变一股比其大得多的流动的特性。其基本原理是，在带有小孔（或缝）的空腔内，依靠内部膜片的周期性往复振动，促使空腔内外的流体周期性的进出小孔，使得一个周期内通过小孔的流体净流量正负相抵为零，但给予外界流体的射流动量是非零的。合成射流激励器是一种重要的主动流动控制激励器，对于附面层减阻、流动转捩、增强流动掺混、实现喷流推力矢量等方面都有重要的用途。

1. 机理研究

在加入激励诱导之后，由于喷流中拟序结构对声激励具有敏感性，即喷流对声激励具有感受性，导致喷流的流动结构发生了明显的变化。Ahuja 等利用纹影法显示出有/无声激励条件下的喷流流动图像，对比异同后指出：

(1) 加入声激励后，喷流宽度明显增加，在喷口下游一定距离处，大涡开始卷起，并向下游运动。当声激励频率加倍时，流场中展向涡数目加倍。

(2) 激励频率的增加引起的变化主要表现在环绕大涡的小涡的变化，而且随着激励功率的提高，大涡越来越起决定性作用，喷流宽度也越来越大，从而增加喷流与外界流体的混合。

Matta 利用高速激光照相方法研究喷流受激后的流动情况，实验结果表明：

(1) 激励诱导反卷大涡生成频率与声激励频率无关，涡尺度与声激励功率有关。

(2) 随着激励功率的提高，喷流扩散角增加，核心区长度缩短，当声激励功率增加到一定值时，核心区长度能够缩短为零。

(3) 在远下游，无激励时喷流横截面为圆形，在有激励时横截面宽度沿声激励加入方向拉伸变长；另一方向宽度变短，呈椭圆形。

2. 应用研究

试验数据表明，通过控制激励器的幅值、频率以及风洞中流体的速度，可以增大流体下游的扩散率，加速掺混。但是，喷流剪切层不稳定的特点使扰动很微弱。

合成射流激励器的发展包括以下学科的综合：流体机械、结构力学、材料科学和声学。NASA 的第一个目标是发展大功率的、可以实用于流体控制的合成射流喷管。现在，NASA 的合成射流激励器的功率或者速度领先于世界。主动流动控制的核心就是激励器，新的激励器就是合成射流激励器，其已经论证发展的流动控制能力包括分离控制及矢量控制。

现在学术界已经论证了压电陶瓷合成射流激励器进行流体控制的能力，其中包括：气动升力和拉力的修正、前体涡旋的控制、喷管矢量和延展控制、掺混加强和流体分离控制。实验室风洞实验就是要把这项技术应用在实际的飞行条件中。其中有两项较高的要求：其一，提高激励器单体的性能；其二，优化多激励输出的综合效果。

在增强流体混合的各种非定常途径中，以波-涡共振原理为基础，利用外加强的波（声激励）来调控涡的发展已经演化成为一种新兴的、深受人们重视的主动流动控制方法。这种方法在航空发动机中得到了广泛的应用，对发动机性能的提高有着不可忽视的现实意义，并有良好的发展前景。这种方法是将传感器技术、计算机技术、激励器技术结合成一体，是以小的能量输入把涡流中随机的非定常性转化为高度有序的结构的一种新手段。这种手段的发展不仅会消除非定常性的不利结果，而且会进一步挖掘非定常涡运动内在的潜能。

3. 激励器的用途

作为一项对喷流进行主动控制的新技术，激励器备受关注。由于它质量小、构成简单且不需要复杂的附加设备,国外对它用途的研究非常广泛,特备是在航空航天领域。

激励器通过阻止气流在航空发动机叶片上的分离,可以得到较高的增压比,继而产生更大的推力。同理,可以在许多叶片机系统中得到相似的结论。例如,泵将能聚集更大的流体,螺旋桨能产生更大的拉力。激励流动控制技术的研究首先在航空领域开展,并取得了可观的成就。美国波音公司从 20 世纪 80 年代起开始的 ACE 项目计划分两个阶段完成,在第一阶段的异温流体流动混合上取得成功;在第二阶段的流动减阻上,将这种技术应用到 V22"鱼鹰"可旋转机翼飞机上。在机翼上控制扰动流,可以减少所需的牵引力,进而降低油耗,提高利润。例如,整个飞机每减少 1‰的牵引力,这架飞机每年将能提供约 30 万美元的额外收益。在发动机中,提高油气的混合程度,可以降低污染气的排放水平。

4. 激励器模型

描述流体运动的基本方程是欧拉方程或 N-S 方程,但解两方程所需的时间和资源远不能满足实时性要求,因此作为实时闭环主动流动控制方程,必须对其进行必要的简化或寻找其他的建模方法,以实现实时主动流动控制。

合成射流激励器就是用流体逻辑电路产生摆动的速度-压力扰动在喷射和剪切层内延缓分离、增大掺混和消除噪声。应用流体激励装置剪切流体控制是因为合成射流激励器有以下优点:没有移动部分;通过控制频率、振幅和相位产生激励;可以在温度较高的环境运行;对电磁体的干扰不敏感;立体装置很容易一体化。

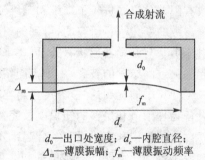

d_0—出口处宽度;d_c—内腔直径;
Δ_m—薄膜振幅;f_m—薄膜振动频率

图 8.1 合成射流示意图

一个合成射流激励器有一个很薄的边缘夹得很紧的隔膜,此隔膜受驱动会横向振动。图 8.1 所示是合成射流示意图。可以通过对薄膜振动的频率、振幅的大小的设置来控制激励器出口处流体的运动情况。图 8.2 所示为合成射流激励器的效果图。隔膜可视为封闭墙的一堵墙;另一堵墙上的孔(或是一个二维的缝)一般都比较窄,宽度大约为 0.5 mm,缝的长度比较长,这样就能在较宽的范围内控制流场。

图 8.2 合成射流激励器效果图

8.4 合成射流的数值模拟

较早的关于合成射流的数值模拟是由 Kral 等人进行的,他们计算了二维层流和湍流流场,用一湍流模型来增加粘性扩散并模仿涡列破裂,其计算结果与 Smith 和 Glezer 的实验结果吻合较好。同时,他认为在孔口有一分析速度形,并且腔内流动未被计算。分析速度形与腔内流动可在试验中观测到,但在二维层流求解中未被发现。

可以说最具代表性的表征激励器的数值研究是由 Rizzetta 等人在空军研究所中完成的。在这项研究中,用 CFD 来模拟不同条件下的合成射流,对细长缝隙形微型射流进行了二维和三维研究。射流的几何形状与 Glezer's 在乔治亚理工测到的相似。对二维方案来说,空腔高度和雷诺数是射流性能的两个重要参数。3D 模拟探测到了展向非定常性的存在,这将导致旋涡结构的破裂。这些非定常性质没有出现在二维模拟中。

1998 年,Donald 等人通过求解非定常可压 N-S 方程对激励器腔内流场和外部射流流场进行数值模拟研究。对内流来说,可用非结构化网格系统;而对外部射流流场,用高阶隐性紧致有限差分格式进行了二维和三维流动模拟。在二维模拟中,是根据空腔深度和雷诺数这两个参数的变化进行研究的,得到的射流出口速度型和外部流场主要区别在于分析模型的不同。射流形状与激励器形状有关,可用来作为实际应用的更为现实的边界条件。展向非定常性引起了一致涡结构的破裂,由于不能精确的确定实验装置,故在二维空间中无法再现。然而,在三维计算中捕捉到这一现象,且与实验预测相吻合,这一个结果是令人振奋的。相信有了激励设备物理细节和足够的知识以及完备的计算条件,完成复杂合成射流的流场计算是可能的。

数值模拟和实验研究结合起来才能更清晰地了解流动特性,但是对几何参数和流动参数的应用范围还需要进一步的探讨。2000 年,Conrad 等人用数值方法对二维合成射流流动进行了研究,这种方法利用虚面的灵活性来详细地表征流动特性及其对主流和几何参数的敏感性。Guo 等人在没有横向流动的情况下,模拟了两个相邻合成射流激励器的相互作用。Mittal 和 Pes 等人研究了平板上层流边界层内单个射流的动力学性能。2003 年,Jing Gui 等人研究了在横向流动作用下,两个合成射流之间的相互作用。模拟中用到了 RANS 求解器和 SA 一方程湍流模型,这项模型是继 Kral 等人首次在没有空腔、合成射流速度垂直于平板的情况下用了简单周期性边界条件,主要研究了两个合成射流之间不同参数,如速度、频率和相位差大小对流场的影响。

总之,设计满意的流体动力特征始终是航空涡轮推进系统设计的一个关键,而流动控制几乎可以应用于航空涡轮推进系统的每一个重要部件,并改善其气动热力性能。因此,如果未来的发动机采用一些流动控制技术,就可能大幅度地提高性能,减轻质量。一般认为,该技术在低温度的固定几何发动机部件上应用的技术难度最小,例如起飞时的亚音速进气道、风扇喷管、风扇机匣等。在发动机间的固定几何部件上,如涡轮过渡机匣、中介机匣等,温度逐步升高,流动控制技术的应用难度也逐步增大。最后,难度最大且近期不可能应用的地方是发动机的热端和叶轮机旋转叶片。一个可靠的、功能良好的流动控制系统对高温、高 Ma 数、结构和旋转载荷以及相关的问题都提出了重大的技术挑战。

1. 合成射流的基本原理

图 8.3 是气体合成射流的一个原理简图。它通过薄膜周期振动的方式驱动腔体的一边，使得气体由另一边的小孔进入和流出腔体。在气体流入周围空间时，流出的气体和周围静止气体之间形成一个剪切层，这层涡旋将卷绕形成一个涡环（在二维情况下是涡对），并在自引作用下离开腔体向下游运动。与此同时，随着薄膜往回运动，气体将从小孔被吸入空腔，而涡环此时已远离腔体，因此不受吸入过程的影响。这样，一系列的涡环将形成，这些涡环在运动过程中将经历不稳定及破碎等过程而最终在小孔附近形成湍流喷流。

合成射流激励器的结构决定了性能。要实现合成射流技术在工程上的广泛作用，首先必须考察激励器结构参数对合成射流的影响规律。

合成射流激励器是近几年国际上提出的一种全新的流动控制技术，虽然合成射流技术起步较晚，但发展很快，对该技术在流动分离控制、增强掺混作用、前体涡的控制以及射流方向的控制等方面开展了大量的实验和简单的数值模拟研究。随着研究的深入，合成射流技术可望用于高马赫数飞行体表面气体流动控制、增强超燃冲压发动机燃烧掺混以及火箭发动机推力矢量控制等方面。

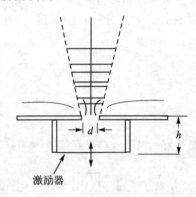

图 8.3　合成射流激励器形成示意图

为了利用合成射流技术进行推力向量控制，可尝试使用一个到多个射流激励器，使得合成射流本身可以改变方向。通过改变合成射流激励器的工作条件可以有效地控制射流形成和演化的结果，使得合成射流流动发生偏转。这种现象为合成射流应用于方向控制提供了实验依据。

2. 合成射流激励器计算模拟

合成射流激励器的显著特点是微型化，空腔的尺寸与声波波长相比很小。工作过程中，无论是薄膜的振动，还是产生的射流气动力参数，它们的变化都很小，因此可以认为空腔内部气体密度均匀，也就是说合成射流激励器是一个集中参数的弹性元件。

国外学者 L. D. Kral 等人在数值模拟合成射流激励器工作合成的外部合成射流场时，最早提出了简化的合成射流激励器模型。Kral 将激励器出口处流动作为外流场数值模拟的来流条件，直接给出了激励器出口处与金属膜同步振动的正弦速度变化表达式。国内何高让博士在 Kral 等人的简化模型基础上，考虑到激励器出口处流体粘性的影响，对 Kral 等人的简化模型进行了一定的修改和补充，认为激励器出口处速度分布不再为常数，而是近似呈 Hagen-Poiseuille 分布。基于这两种模型的综合，通过数值模拟获得了一些有意义的结果。这些模型都属于典型的激励器出口流动速度模型，只适用于对激励器出口流场的数值分析，当需要较深入的研究整个流场的流动以及流动激励时，非常有必要建立一个将激励器腔体、激励器出口喉道以及工作形成的外部流场作为一个单连域考虑的激励器计算模型。

(1) 单连域计算模型

研究合成射流激励器的工作过程,最直接的方法就是将激励器腔体、激励器出口喉道以及其工作形成的外部流场作为一个单连域考虑,并在此域上求解 N-S 方程得出所有的流动参数。

在单连域计算的前提下,由于金属膜振动带来的动边界问题,使计算复杂。因此,需要对激励器的工作过程进行简化。

① 激励器腔底金属模振幅一般很小(几十微米量级),而金属膜面积相对而言很大,这意味着金属膜振动时薄膜形成的曲度非常小(曲率半径非常大),从而可以将金属薄膜振动示意图 8.4(a) 简化为图 8.4(b)。因此,在某一时刻,金属振动膜各处速度相同,且只有振动方向(x方向)速度,即

$$\hat{U}_x(y_1,z_1,t) = \hat{U}_x(y_2,z_2,t) \tag{8.1a}$$

$$\hat{U}_y = 0 \tag{8.1b}$$

$$\hat{U}_z = 0 \tag{8.1c}$$

其中,(y_1,z_1),(y_2,z_2) 为金属振动膜上任意两点;x 是振动模的位移矢量。

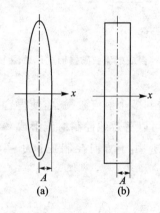

图 8.4 金属膜振动示意图

② 考虑到金属膜的振动幅度很小(几十微米量级),而激励器腔体的深度相对于金属膜的振幅要大得多(比金属膜的振幅大一个数量级以上),从而忽略金属膜振动引起的腔体体积变化。

③ 在处理金属膜振动边界时,考虑到金属膜附近流体运动的随体运动特性,直接以金属膜贴体附近流体的流动速度条件作为单连域的来流条件,从而省去了金属膜振动带来的动边界问题,因此金属膜贴体流体流动满足下式

$$u = \mathrm{d}x/\mathrm{d}t = U_x \tag{8.2}$$

假设采用余弦电压信号驱动,驱动频率为 f,金属膜振幅为 A,初相角为 Φ_0,则任意时刻 t 金属膜的位移为

$$x = A\cos(2\pi ft + \Phi_0) \tag{8.3}$$

将式(8.3)代入式(8.2),可得到

$$u(t) = -2\pi ftA\sin(2\pi ft + \Phi_0) \tag{8.4}$$

显然,$x = 0$,$u(t)$ 值最大,$u(t) = \pm 2\pi fA$;$x = \pm A$ 时,$u(t)$ 值最小,$u(t) = 0$。令 $U_0 = -2\pi fA$,则上式表示成

$$u(t) = U_0\sin(2\pi ft + \Phi_0) \tag{8.5}$$

上式即为激励器简化模型的单连域来流条件。

X-L 模型与国内外现有模型比较,在计算合成射流激励器、合成射流场以及研究合成射流与外流相互作用机理中具有明显的优势。X-L 模型作为一种全场流动模型,实现了合成射流全流场数值模拟,从而为合成射流流动机理的数值模拟研究奠定了基础。

(2) 控制方程及边界条件处理

流场外场来流静止,激励器腔体内外射流最大速度均很低。在流动速度不高的情况下,可假定模拟的流场为不可压。考虑到激励器出口宽长比很小(1/20),因此流场只进行二维处理。同时考虑流动的粘性和非定常的特性,求解二维、非定常、不可压雷诺时均 N-S 方程。

不可压控制方程的质量、动量守恒方程由连续方程和 N-S 方程的雷诺时均形式分别给出

$$\nabla \bar{u} = 0 \tag{8.6}$$

$$\rho \frac{\partial \bar{u}}{\partial t} + \rho \bar{u} \Delta \bar{u} = -\Delta \bar{P} + (\mu_l + \mu_t) \nabla^2 \bar{u} \tag{8.7}$$

式中,μ_l,μ_t 分为层流、湍流粘度。

简化得到 X-L 模型亚音速入口来流条件为

$$u(t) = U_0 \cdot \sin(2\pi f t + \Phi_0) \tag{8.8}$$

(3) 单射流外流流场的模拟

① 针对激励器腔体内流场及合成流场的特点,在出口窄缝平面采用周期速度分布函数作为连续变化的边界条件。考虑到激励器出口窄缝有一定的深度以及流体的粘性,认为在出口处 x 方向上的速度分布函数为 $g(x)$,满足下式

$$u_n(y = b, x, t) = u_m g(x) \sin(2\pi f t) \tag{8.9}$$

同时,认为入流速度与驱动压电陶瓷的外加信号同步。采用正弦电信号驱动,激励器出口速度分布函数为

$$g(x) = \cos(\pi x/h), \qquad -h/2 < x < h/2 \tag{8.10}$$

式中,u_m 为激励器出口最大速度;x 和 y 分别代表展向和流向;f 为驱动频率;$g(x)$ 为 x 方向速度分布函数;b 为各激励器在 y 方向的位置。

在处理边界条件时,激励器出口为速度条件,Φ_0 为初相角

$$u_n(y = b, x, t) = u_m g(x) \sin(2\pi f t + \Phi_0) \tag{8.11}$$

同时,若只考虑速度的时谐扰动性,在激励器出口处有

$$\frac{\partial \bar{p}}{\partial x} = -\frac{\partial \bar{u}_n}{\partial t} \tag{8.12}$$

② 激励器产生的射流与常规射流流场的本质区别在于其入流速度方向是交替变化的。正是由于这个特点,漩涡对才在激励器出口处产生,并向下游迁移形成射流。入流速度与驱动射流作动器压电陶瓷的外加信号同步。如果采用余弦电压信号驱动,激励器出口速度为

$$u_n(y = b, x, t) = u_m g(y) \cos(2\pi f t) \tag{8.13}$$

式中,u_m 为出口最大速度;f 为驱动频率;$g(y)$ 为 y 方向速度分布函数,本文取

$$g(y) = 1 - (y/(h/2))^2 \tag{8.14}$$

③ 对空腔周围的水平和垂直固体壁面来说,可采用无滑移绝热壁面和消散的名义压力梯度。无滑移的形式为

$$u = v = 0 \tag{8.15a}$$

$$w = \frac{\partial z_w}{\partial t} \tag{8.15b}$$

而在较低边界处,压力可由无粘动量方程得到

$$\frac{\partial p}{\partial \zeta} = -\left(\frac{\rho}{J}\right)(\xi_x \eta_y - \xi_y \eta_x)\frac{\partial^2 z_B}{\partial t^2} \tag{8.16}$$

由于只考虑上方外流区域,射流出口速度(u,v)的横向和展向分量为零,垂直方向的射流速度w可按记录的数据进行描述。在这些方案中,无粘动量方程可由下式表示

$$\frac{\partial p}{\partial \zeta} = -\rho\left(\frac{1}{\zeta_z}\frac{\partial w}{\partial t} + w\frac{\partial w}{\partial \zeta}\right) \tag{8.17}$$

这可用来确定压力。管口出口密度基本保持恒定,是从内流解中外推出来的。量纲为1的空腔平均深度,通过改变低边界的位置来使空腔气流产生振动变化,其振幅为

$$z_B = z_0 + A\sin(\omega t) \tag{8.18}$$

8.5 计算结果与分析

对于合成射流激励器来说,获得能量的多少将直接影响到控制效果的优劣。因此,本次计算主要通过改变合成射流激励器的参数来计算激励器出口的最大速度,以此来确定激励器参数对最大出口速度的影响。计算采用 FLUENT 软件,湍流模型选用了 S-A 一方程模型。计算中的固壁选为无滑移边界条件,出口选压力出口,振动膜采用动边界条件处理。由于振动膜的振幅相对于振动膜直径(腔体直径)来说非常的小,因此振动膜振动时所形成的曲率半径非常的大(图 8.4(a))。选取振动膜的振动为简谐振动,如果以此振动经过平衡位置的时刻为初始时刻,则其运动方程为

$$A = A_0 \sin(2\pi ft)$$

所以

$$v = 2\pi f A_0 \cos(2\pi ft)$$

由于习惯将吹气开始的时刻选为 0 时刻,则

$$v = 2\pi f A_0 \cos(2\pi ft - \pi/2) \doteq 2\pi f A_0 \sin(2\pi ft)$$

1. 速度矢量场

图 8.5 为在腔体深度 4 mm,出口宽度 0.5 mm,频率 100 Hz,振幅为 0.05 mm 时,一个周期内速度矢量图的演化过程。由图可见,在一个周期内合成射流速度矢量的演化过程是:在 $t=0$ 时,出口旋涡尚未形成;在 $t=0.25T$ 时,上一个周期产生的旋涡继续向下游迁移,而且和上一张图比较可知,它的迁移速度已经很小,旋涡强度也在逐渐减弱。与此同时,在出口附近,新的旋涡也已经产生;在 $t=0.5T$ 时,新产生的旋涡以较高的速度向下游迁移,而上个周期产生的旋涡已经很弱了;当 $t=0.75T$ 时,在流场中就只能观察到这个周期产生的旋涡了,上个周期产生的旋涡已经消失并和周围流体混为一体了。

第 8 章 合成射流简介

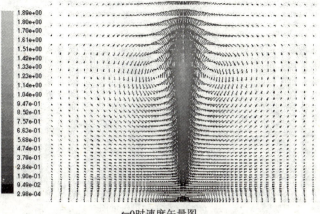
$t=0$ 时速度矢量图

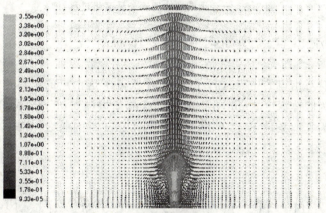
$t=0.25T$ 时速度矢量图

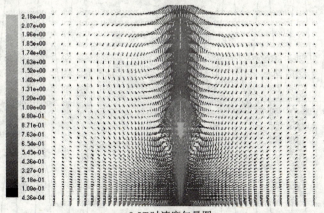
$t=0.5T$ 时速度矢量图

图 8.5　一个周期内的速度矢量演化过程

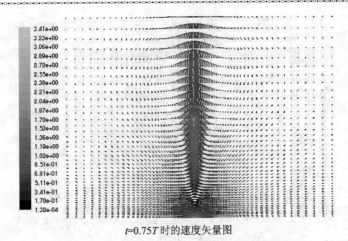

$t=0.75T$ 时的速度矢量图

图 8.5　一个周期内的速度矢量演化过程(续)

2. 合成射流出口速度随时间的变化规律

在计算过程中,对出口的中点进行了监视,并获得了这个点的出口速度随时间变化的规律。其中,图 8.6 为腔体深度 3 mm,出口宽度 0.5 mm,振幅 0.05 mm 时出口中点随时间变化的曲线,而图 8.7 为其他条件不变,出口宽度变为 1 mm 时的曲线。两图中横坐标为时间步

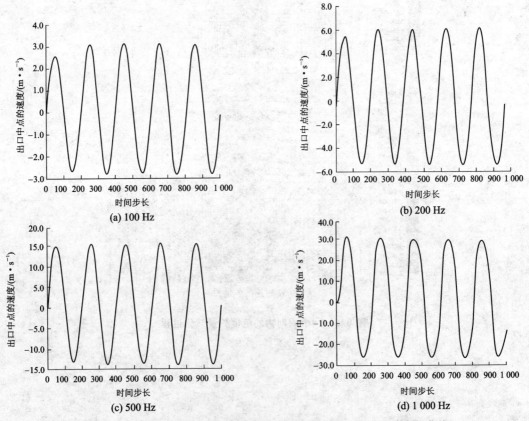

图 8.6　不同激励频率下,$d=0.5$ mm 时出口中点速度随时间的变化曲线

长。由图 8.6 与 8.7 可见，无论频率和出口的宽度如何变化，出口中点的速度随着时间做正弦变化。略有不同的是，在大频率下，出口速度响应的延迟要大于小频率下的情况。这和许多文献中的结论一致，并且在许多合成射流流场的计算中，还直接给定一个周期性的速度边界条件。

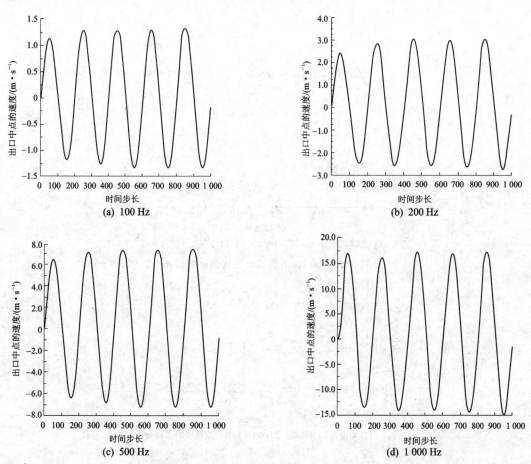

图 8.7 不同激励频率下，$d=1\text{ mm}$ 时出口中点速度随时间的变化曲线

3. 合成射流器出口处速度的横向分布

图 8.8 为腔体深度 4 mm，振幅 0.05 mm 时在吹程某个时刻出口处速度的横向分布。第一个图为出口宽度为 0.5 mm 时的情况，第二个图为出口宽度为 1 mm 时的情况。可以看出，这两个图都呈现出中间大、两头小的态势，呈"帽子"形状。唯一的区别是在出口宽度较大的情况下，速度最大值的范围在扩大。

图 8.9 为 2 000 Hz 下出口速度的横向分布曲线，其他参数和图 8.8 中的一样。可以看出，在图 8.9 中，两图依然呈现中间大、两头小的分布态势，并且出口宽度为 1 mm 时的速度最大值的范围要比出口宽度为 0.5 mm 时大一些。同时和图 8.8 比较也可以发现，无论是高频还是低频，速度沿出口宽度的变化趋势基本一致，也就是说出口处的横向速度分布与频率关系不大。

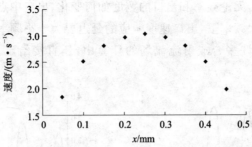

(a) 出口宽度为0.5 mm时，100 Hz下出口处速度的横向分布

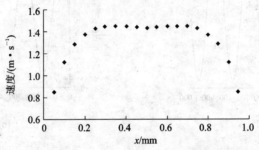

(b) 出口宽度为1 mm时，100 Hz下出口处速度的横向分布

图 8.8　100 Hz 下出口处速度的横向分布

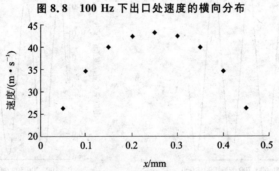

(a) 出口宽度为0.5 mm时，2 000 Hz下出口处速度的横向分布

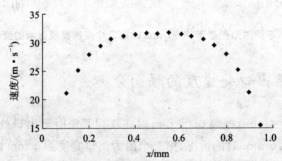

(b) 出口宽度为1 mm时，2 000 Hz下出口处速度的横向分布

图 8.9　2 000 Hz 下出口速度横向分布

参考文献

[1] BATCHELOR G H. The theory of homogeneous turbulence[M]. New York:Cambridge University Press,1953.

[2] ABRAMOVICH G N. The theory of turbulent jets[M]. Translated by Scipta Technical, Massachuetts: the MIT Press, 1963.

[3] LAUNDER B E,SPALDING D B. Mathematical models of turbulence[M]. London:Academic Press,1972.

[4] RAJARATNAM N. Turbulent jets[M]. Amsterdam:Elsevier Sc Publ Co. ,1976.

[5] FROST,MOULDEN T H. Handbook of turbulence[M]. New York:Plenum Press, 1977.

[6] SCHLICHTING H. Boundary layer theory[M]. New York:Mcgraw Hill Book Company,1979.

[7] RODI W. Turbulent buoyant jets and plumes:Vol. 6[M]. London:Pergamon Press, 1982.

[8] 赵学端,廖其奠. 粘性流体力学[M]. 北京:械工业出版社,1983.

[9] STANISIC M. The mthematical theory of turbulence[M]. New York:Springer - Verlag, 1984.

[10] PRANDTL L. 流体力学概论[M].郭永怀,陆士嘉,译.北京:科学出版社,1987.

[11] HINZE J O. 湍流:上、下册[M].黄永念,颜大椿,译.北京:科学出版社,1987.

[12] 韩惠霖.喷射理论及其应用[M].杭州:浙江大学出版社,1990.

[13] 陈义良.湍流计算模型[M].合肥:中国科学技术大学出版社,1991.

[14] 余常昭.紊动射流[M].北京:高等教育出版社,1993.

[15] 张长高.水动力学[M].北京:高等教育出版社,1993.

[16] FRISCH. Turbulnce[M]. New York:Cambridge University Press,1995.

[17] 董志勇.冲击射流[M].北京:海洋出版社,1997.

[18] 赵承庆,姜毅.气体射流动力学[M].北京:北京理工大学出版社,1997.

[19] 薛胜雄.高压水射流技术与应用[M].北京:机械工业出版社,1998.

[20] 沈忠厚.水射流理论与技术[M].东营:石油大学出版社,1998.

[21] 陈懋章.粘性流体动力学基础[M].北京:高等教育出版社,2002.

[22] ORSZAG S A,PATTERSON G S. Numerical simulation of three - dimensional homogeneous isotropic turbulence[J]. Phys. Review Lett,1972,28:76 - 79.

[23] MOSER R D, MOIN P. The effect of curvature in wall bounded turbulence[J]. JFM, 1987,175:479 - 510.

[24] MOIN P. Direct numerical simulation:A tool in turbulence research[J]. Annual Review of Fluid Mechanics,1998,30:535 - 578.

[25] KLEISER, ZANG T A. Numerical simulation of transition in wall-bounded shear flows[J]. Annual Review of Fluid Mechanics,1991,23: 495-537.

[26] METCACLFE R W. Secondary instability of a temporally growing mixing layer[J]. JFM, 1987,184:207-243.

[27] SPALART P R. Spectral methods for the Navier-Stokes equations with one infinite and two periodic directions[J]. Journal of Computational Physics,1991, 96:297-324.

[28] LE H, MOIN P. Direct numerical simulation of turbulent flow over back facing step [R]. Thermoscience division, Mechanical Engineering Department,Stanford:TF-58. Stanford University:1994.

[29] LELE S K. Computational aeroacousitics: a Review[R]. Reno:AIAA 97-0018.

[30] CANUTO C. Spetral Method in Fluid Dynamics[M]. New York: Springer-Verlag, 1987.

[31] 张兆顺,崔桂香,许春晓.湍流理论与模拟[M].北京:清华大学出版社,2005.

[32] 是勋刚.湍流[M].天津:天津大学出版社,1994.

[33] 范全林,张会强,郭印诚,等.平面自由湍射流拟序结构的大涡模拟研究[J].清华大学学报,2001,41:31-34.

[34] 范全林,张会强,郭印诚,等.圆湍射流的轴对称大涡模拟[J].燃烧科学与技术,2001,7:248-251.

[35] OLSON R E,CHIN Y T. Studies of reattaching jet flows in fluid-sate wall attachment devices[R]. Fluid Amplification 17, H. D. L. 1965.

[36] 平浚.射流理论基础及应用[M].北京:宇航出版社,1995.

[37] 娄慧娟.合成射流流场的数值模拟[D].北京:北京航空航天大学,2006.

[38] 杨治国.合成射流流场的实验测量和数据分析[D].北京:北京航空航天大学,2006.

[39] 罗振兵,夏智勋.合成射流技术及其在流动控制中应用的进展[J].力学进展,2005,35:221-234.

[40] 罗振兵,夏智勋,胡建新,等.相邻激励器合成射流流场数值模拟及机理研究[J].空气动力学学报,2004,22:52-59.

[41] SARKAR S, ERLEBACHER G, HUSSAINI M Y. The analysis and modeling of dilatational terms in compressible turbulence[R]. NASA-CR-181959,1989.

[42] CHASSAING P. The modeling of variable density turbulent flows[J], Turbulence and Combustion, 2001, 66:293-332.

[43] MORKOVIN M V. Effects of compressibility on turbulent flows[C]. The Mechanics of Turbulence. Paris: CNRS, 1962:367-380.

[44] ZEMAN O, On the decay of compressible isotropic turbulence[J]. Physics of Fluids A, 1991,3(5):951-955.

[45] SARKAR S, ERLEBACHER G, HUSSAINI M Y. Direct simulation of compressible turbulence in a shear flow[J]. Theory of Computational Fluid Dynamics, 1991,2:291-

305.

[46] BRADSHAW P. Turbulence modeling with application to turbomachinery[J]. Progress in Aerospace Science, 1996, 32: 575-624.

[47] WILCOX D C. Turbulence modeling for CFD[M]. 2nd ed. California: DCW Industries, Inc., 1998.

[48] SARKAR S. The pressure-dilatation correlation in compressible flows[J]. Physics of Fluids A, 1992, 4(12): 2647-2682.

[49] WILCOX D C. Dilatation-dissipation corrections for advanced turbulence models[J]. AIAA, 1992, 30(11): 2639-2646.